21 世纪高等院校自动化类实用规划教材

EDA 技术与 VHDL 基础

杨 健 主 编

岳 绚 王永喜 副主编

清华大学出版社

北 京

内 容 简 介

本书以 QuartusⅡ9.1 集成开发环境的使用为例，通过理论知识和实例讲解，让读者熟悉可编程逻辑器件的设计流程，同时介绍了 VHDL、状态机设计、组合和时序逻辑电路设计和常用接口电路设计。

全书重点讲解基础知识，强调基础数字模块的设计与熟练应用。在内容编写上采用纵向和横向相结合的写法，纵向基础知识的学习穿插大量实例讲解，使学生建立 VHDL 知识体系的完整性；横向应用实例的学习穿插基础知识要点和设计经验讲解，使学生掌握理论知识的具体应用，从而帮助读者从不同角度认识 VHDL，提高灵活运用的能力，建立自己的设计思路。

本书可作为高职高专电子信息类、计算机应用类等相关专业的教材或参考书，也可作为工程技术人员的参考书。

图书在版编目(CIP)数据

EDA 技术与 VHDL 基础/杨健主编；岳绚，王永喜副主编. --北京：清华大学出版社，2013 (2022.8重印)
(21 世纪高等院校自动化类实用规划教材)
ISBN 978-7-302-31360-1

Ⅰ. ①E… Ⅱ. ①杨… ②岳… ③王… Ⅲ. ①电子电路—计算机辅助设计—应用软件—高等学校—教材 ②硬件描述语言—程序设计—高等学校—教材 Ⅳ. ①TN702 ②TP312

中国版本图书馆 CIP 数据核字(2013)第 013982 号

责任编辑：李春明
装帧设计：杨玉兰
责任校对：周剑云
责任印制：朱雨萌

出版发行：清华大学出版社
网 址：http://www.tup.com.cn, http://www.wqbook.com
地 址：北京清华大学学研大厦 A 座 邮 编：100084
社 总 机：010-83470000 邮 购：010-62786544
投稿与读者服务：010-62776969, c-service@tup.tsinghua.edu.cn
质量反馈：010-62772015, zhiliang@tup.tsinghua.edu.cn
课件下载：http://www.tup.com.cn, 010-62791865
印 装 者：北京富博印刷有限公司
经 销：全国新华书店
开 本：185mm×260mm 印 张：18.5 字 数：445 千字
版 次：2013 年 3 月第 1 版 印 次：2022 年 8 月第 6 次印刷
定 价：49.00 元

产品编号：051171-02

前　言

EDA(electronic design automation)技术经过数十年的不断发展，已经进入快速发展阶段，成为推动现代电子工业发展的重要因素，甚至有人提出EDA技术是新世纪电子技术创新的源泉。特别是进入21世纪，随着可编程器件集成度的不断提高，开发工具功能的逐步增强，模拟电路的可编程芯片技术得到发展，使EDA技术与ASIC技术成为现代电子工业的重要支柱。

本书的内容共10章。第1章对EDA技术的相关基础知识进行简要介绍，使读者对EDA技术有一个整体的认识。第2章对可编程逻辑器件(PLD)的基本原理和编程配置方式进行简单的介绍。第3章对硬件描述语言(VHDL)的程序结构做初步讲解，引导读者开始进行深入学习。第4章介绍VHDL的语言要素和相关语句。第5章针对Altera公司的可编程逻辑器件，通过使用QuartusⅡ9.1集成开发环境，详细介绍原理图输入方式和VHDL文本输入方式的可编程逻辑器件开发过程。第6章介绍使用QuartusⅡ9.1集成开发环境实现“自底向上”和“自顶向下”的设计方法。第7章介绍使用VHDL实现有限状态机设计和在Quartus Ⅱ软件中进行状态图输入法设计的方法。第8章介绍QuartusⅡ9.1集成开发环境中宏功能模块的调用方法。第9章介绍基础逻辑器件的VHDL描述方法。第10章通过对典型接口电路的设计与分析，介绍数字电子系统的设计方法，帮助读者进行简单数字系统的设计。

本书以实际技能应用为基础，内容简明扼要，删除不常用或少用的知识点，突出重点知识讲解，强化应用，注重发挥实例教学的优势，叙述上力求深入浅出，将知识点讲解与能力培养相结合，注重培养学生的工程应用能力和解决实际问题的能力。

为解决理论和实践的“冲突点”，本书在内容上采用横向和纵向相结合的写法，纵向基础知识的学习穿插大量实例讲解，使学生建立VHDL知识体系的完整性；横向应用实例的学习穿插基础知识要点和设计经验讲解，使学生掌握理论知识的具体应用，从而帮助读者从不同角度认识VHDL，提高灵活运用的能力。

本书由杨健主编，岳绚、王永喜任副主编，胡玫参编。编定分工如下：兰州职业技术学院信息工程系杨健负责制定编写大纲，并编写第8～10章；岳绚编写第4～6章。兰州工业学院电子信息工程系王永喜编写第2、3、7章；胡玫编写第1章。另外，本书在编写过程中参考了大量的有关文献资料，特别是一些优秀学者和专家的著作和研究成果，在此谨向他们表示诚挚的谢意。

由于作者水平有限，书中难免出现错误与有待商榷之处，敬请读者批评指正。

编　者

目　录

第 1 章

EDA 技术概述

教学目标

通过本章知识的学习，了解电子设计自动化技术的特点与发展，掌握 EDA 技术的定义、硬件描述语言和集成开发工具，掌握 EDA 技术的硬件设计对象，掌握 EDA 技术的设计流程和设计方法。

1.1 EDA 技术

1.1.1 EDA 技术的概念

EDA 技术是微电子技术和计算机技术结合发展的产物，它融多学科于一体，是一门综合性学科。它是以计算机硬件和系统软件为基本的工作平台，集电路和系统、数据库、图形学、图论和拓扑逻辑、计算数学、优化理论等多学科的最新科技成果于一体而研制成的商品化通用支撑软件和应用软件包，其目的在于帮助电子设计工程师在计算机上完成电路的功能设计、逻辑设计、性能分析、时序测试直至 PCB(printed circuit board，印制电路板)的自动设计等。

狭义 EDA 技术的定义为：EDA 技术就是以计算机为工具，在 EDA 软件平台上，对以硬件描述语言(HDL)为系统逻辑描述手段完成的设计文件自动地完成逻辑编译、逻辑化简、逻辑分割、逻辑综合及优化、逻辑布局布线、逻辑仿真，直至对于特定目标芯片的适配编译、逻辑映射和编程下载等工作的一门技术。本书是一本关于狭义 EDA 技术的教材。

1.1.2 EDA 技术的特点

利用 EDA 技术进行电子系统的设计，具有以下几个特点。

(1) 用软件的方式设计硬件，加速硬件设计周期。

(2) “自顶向下”的设计方法，简化设计流程。

(3) 用软件方式设计的系统到硬件系统的转换是由相关的开发软件自动完成的。

(4) 设计过程中可用有关软件进行各种仿真，包括时序和功能仿真。

(5) 系统可现场编程、在线升级，简化系统的设计维护。

(6) 整个系统可集成在一个芯片上，体积小、功耗低、可靠性高。

1.1.3 EDA 技术的发展

1. 20 世纪 70 年代的计算机辅助设计阶段

20 世纪 70 年代，随着计算机技术的快速发展，人们开始研究各种计算机辅助设计(computer aided design，CAD)技术。CAD 主要表现为一些 PCB 软件，用于布线设计、电路模拟、版图绘制等。CAD 利用计算机的计算功能，将设计人员从大量烦琐的计算和绘图中解脱出来。

2. 20 世纪 80 年代的计算机辅助工程设计阶段

20 世纪 80 年代初，随着集成电路规模的快速发展，出现了计算机辅助工程(computer

aided engineer，CAE)技术，主要表现为设计工具和单元库的完备，并具备原理图输入、编译和连接、逻辑模拟、测试代码生成以及版图自动布局等功能。CAE 软件需要针对产品开发，按照设计、分析、生产、测试等划分阶段，不同阶段使用不同软件，通过顺序循环使用这些软件完成整个设计过程，设计人员开始使用计算机完成大部分设计任务。

3. 20 世纪 90 年代的电子设计自动化阶段

基于 CAD 和 CAE 的设计过程，其自动化和智能化的程度不高，需要使用多个软件完成一个完整的工程，各种软件性能千差万别，互不兼容，学习使用困难，直接影响到设计环节的衔接。同时，20 世纪 90 年代中期以后，微电子技术以惊人的速度发展，在单芯片上可以集成数百万甚至数千万只晶体管，工作速度达到 GHz 以上，在这种芯片上设计系统就需要更加先进的工具来支持。因此，人们开始追求将整个设计过程自动化，即电子系统设计自动化(electronics design autumation，EDA)。

目前，EDA 技术主要以硬件描述语言输入、系统级仿真和综合技术为核心，能够自动将用户以硬件语言描述的功能需求转化为基础门电路，将设计封装到 FPGA/CPLD 中或制成 ASIC 芯片，极大地提高系统的设计效率，使设计人员摆脱大量的辅助性和基础性工作，将其精力集中于创造性的方案与算法设计和系统结构优化上，同时大大缩短了设计研发时间。

1.2　EDA 技术的知识体系

1.2.1　EDA 技术的主要内容

EDA 技术主要包含以下 4 个方面的内容：可编程逻辑器件、硬件描述语言、软件开发工具和实验开发系统。其中，可编程逻辑器件是利用 EDA 技术进行电子设计系统的载体，即硬件设计对象；硬件描述语言是利用 EDA 技术进行电子系统设计的主要表达手段；软件开发工具(集成开发环境)是利用 EDA 技术进行电子系统设计的智能化、自动化设计工具；实验开发系统是利用 EDA 技术进行电子系统设计的下载工具及硬件验证工具。

1. 可编程逻辑器件

传统数字系统通常采用具有固定逻辑功能的 74 系列数字电路器件等专用集成电路进行设计，设计人员大量的时间花费在数字器件的选择上。可编程逻辑器件(programmable logic device，PLD)是一种由用户根据自己的要求构造逻辑功能的数字集成电路。PLD 本身在未编程前没有确定的逻辑功能，就如同一张白纸，要由用户利用计算机辅助设计(原理图或硬件描述语言)方法表示设计思想，经过编译和仿真，生成目标文件，再由编程器或下载电缆将设计文件配置到目标器件中，形成该芯片独有的逻辑功能，PLD 就变成能满足用户需求的专用集成电路。其主要特点如下。

(1) 缩短研制周期。对于用户而言，PLD 可像通用器件一样按一定的规格型号在市场买到，其功能的实现完全独立于 IC(integrated circuit)集成芯片厂家，由用户自己设计完成，不必像传统 IC 那样花费样片制作等待时间。由于采用先进的 EDA 技术，PLD 的设计和编程均十分方便和有效，整个设计通常只需几天便可完成，缩短产品的研制周期，有利于产品的快速上市。

(2) 降低设计成本。采用 PLD 设计不需样片制作费用，在设计的初期或小批量的试制阶段，其平均单片成本很低。如果要转入大批量生产，由于已用 PLD 进行了原型验证，也比直接设计 IC 费用小、成功率高。

(3) 提高设计灵活性。第一，PLD 在设计完成后可立即进行验证，有利于及早发现设计中的问题，完善设计；第二，大多数 PLD 器件可反复编程，为设计修改和产品升级带来了方便；第三，基于 SRAM(静态随机读写存储器)开关的 FPGA(现场可编程门阵列)具有动态重构特性，在系统设计中引入了“软硬件”(固件)的全新概念，使得电子系统具有更好的灵活性和自适应性。

2. 硬件描述语言

硬件描述语言(hardware describe language，HDL)以文本形式来描述数字系统硬件结构和行为，是一种用形式化方法来描述数字电路和系统的语言，可以从上层到下层(从抽象的系统级到具体的寄存器级)逐层描述设计者的设计思想。

用硬件描述语言进行电路系统设计是当前 EDA 技术的一个重要特征。与传统的原理图设计方法相比，硬件描述语言更适合规模日益增大的电子系统，它还是进行逻辑综合优化的重要工具。硬件描述语言能使设计者在比较抽象的层次上描述设计的结构和内部特征，其优点是语言的公开性、设计与硬件工艺的无关性、宽范围的描述能力、便于组织大规模系统设计、便于设计的复用和继承。

3. 软件开发工具

软件开发工具是利用 EDA 技术进行电子系统设计的智能化的自动化设计工具，在 EDA 技术应用中占据极其重要的地位。EDA 工具大致可以分为 5 个模块，即设计输入编辑器、HDL 综合器、仿真器、适配器(或布局布线器)和下载器。

每个 FPGA/CPLD 生产厂家为了方便用户，往往都提供集成开发环境，基本都可以完成所有的设计输入、仿真、综合、布线和下载等工作。主流厂家的 EDA 集成开发工具有 Altera 的 MAX+PLUS Ⅱ 和 Quartus Ⅱ、Lattice 的 ispLEVER 和 Xilinx 的 ISE 设计套件。

本书所使用的 EDA 集成开发环境为 Quartus Ⅱ，它支持原理图、VHDL 和 Verilog HDL 文本文件，以及以波形与 EDIF 等格式的文件作为设计输入，并支持这些文件的任意混合设计。该软件具有门级仿真器，可以进行功能仿真和时序仿真，能够产生精确的设计结果。在适配之后，可生成供时序仿真用的 EDIF、VHDL 和 Verilog HDL 这 3 种不同格式的网表文件。

4. 实验开发系统

实验开发系统是利用 EDA 技术进行电子系统设计的下载及硬件验证工具。该系统提供芯片下载电路及 EDA 实验/开发的外围资源(类似于用于单片机开发的仿真器)，供硬件验证用。实验开发系统一般包括：实验或开发所需的各类基本信号发生模块，包括时钟、脉冲、高低电平等；FPGA/CPLD 输出信息显示模块，包括数码显示、发光管显示、声响指示等；监控程序模块，提供“电路重构软配置”；目标芯片适配座以及上面的 FPGA/CPLD 目标芯片和编程下载电路。

1.2.2　可编程逻辑器件

一般的集成电路芯片的功能已经设置好，是固定不变的，而可编程逻辑器件(PLD)的优点在于允许用户编程(使用硬件描述语言，如 VHDL)来实现所需要的逻辑功能。用户首先用硬件描述语言来表示所需要实现的逻辑功能，然后经过编译和仿真生成目标文件，再由编程器或下载电缆将设计文件配置到目标器件中，PLD 就变成了能满足用户需求的专用集成电路(ASIC)。PLD 可以被重复编程，用户可以随时通过修改程序来修改器件的逻辑功能，而无须改变硬件电路。

1．FPGA

FPGA 是 field-programmable gate array 的缩写，即现场可编程门阵列，是由美国的 Xilinx 公司率先推出的。FPGA 是由存放在片内 RAM 中的程序来设置其工作状态的，因此工作时需要对片内的 RAM 进行编程。用户可以根据不同的配置模式，采用不同的编程方式。

FPGA 的编程无须专用的编程器，只需使用通用的 EPROM、PROM 编程器即可。当需要修改 FPGA 功能时，只需要换一片 EPROM 即可。FPGA 能够反复使用。同一片 FPGA，采用不同的编程数据可以产生不同的电路功能。因此，FPGA 的使用非常灵活。

2．CPLD

CPLD 是 complex programmable logic device 的缩写，即复杂可编程逻辑器件。CPLD 也是一种用户根据需要而自行构造逻辑功能的数字集成电路。其基本设计方法是借助集成开发软件平台，用原理图、硬件描述语言等方法，生成相应的目标文件，通过下载电缆(在“系统”编程)将代码直接传送到目标芯片中，从而实现数字系统的设计。

FPGA 和 CPLD 都是 PLD 器件，两者的功能基本相同，只是实现的硬件原理有所区别，所以有时可以忽略两者的区别，统称为可编程逻辑器件或 CPLD/FPGA。

使用 CPLD/FPGA，工程师可以通过传统的原理图输入法，或是硬件描述语言自由地设计一个数字系统。设计完成后，可以通过软件仿真来验证设计的正确性，可以利用 CPLD/FPGA 的在线修改功能随时修改设计而不必改变硬件电路。

1.2.3　可编程逻辑语言

目前，国际上越来越多的 EDA 工具接受 HDL(硬件描述语言)作为设计输入，因此世界各大公司也都相继开发了自己的 HDL。进入 20 世纪 80 年代后期，硬件描述语言向着标准化、集成化的方向发展，最终，VHDL 和 Verilog HDL 适应了这种趋势的要求，先后成为 IEEE 标准。因此，目前应用最广泛的硬件描述语言有 VHDL 和 Verilog HDL 两种。

1. VHDL

VHDL(very-high-speed integrated circuit hardware description language)涵盖面广，抽象描述能力强，支持硬件的设计、验证、综合与测试。VHDL 能在多个级别上对同一逻辑功能进行描述，如可以在寄存器级别上对电路的组成结构进行描述，也可以在行为描述级别上(这也是 VHDL 的优势)对电路的功能与性能进行描述。VHDL 具有广泛的使用范围，其在工程设计上的优点主要表现为以下几个方面。

(1) 与其他的硬件描述语言相比，VHDL 具有更强的行为描述能力，从而决定了它成为系统设计领域最佳的硬件描述语言。强大的行为描述能力是避开具体的器件结构，从逻辑行为上描述和设计大规模电子系统的重要保证。

(2) VHDL 丰富的仿真语句和库函数，可帮助设计者在任何大系统的设计早期就能查验设计系统的功能可行性，随时可对设计进行多个级别的仿真模拟。

(3) VHDL 语句的行为描述能力和程序结构决定了它具有支持大规模设计的分解和已有设计的再利用功能。

(4) 对于用 VHDL 完成的一个确定的设计，可以利用 EDA 工具进行逻辑综合和优化，并自动地把 VHDL 描述设计转变成门级网表文件。

(5) VHDL 对设计的描述具有相对独立性，设计者可以不懂硬件的结构，也不必管最终设计实现的目标器件是什么，而进行独立的设计。

2. Verilog HDL

Verilog HDL 是专为专用集成电路(application specific intergrated circuits, ASIC)设计而开发的。Verilog HDL 较为适合算法级、寄存器传输级(RTL)、逻辑级和门级的设计，它可以很容易地把完成的设计移植到不同厂家的不同芯片中去，并且设计很容易修改，更适合电子专业技术人员进行数字系统的设计。采用 Verilog HDL 输入法的最大优点是其与工艺的无关性，这使得设计者在功能设计、逻辑验证阶段可不必过多考虑门级及其工艺的具体细节，只要利用系统设计时对芯片的要求，施加不同的约束条件，即可设计出实际电路。

3. Abel HDL

Abel HDL 是一种支持各种不同输入方式的 HDL，被广泛用于各种可编程逻辑器件的逻辑功能设计，由于其语言描述的独立性，因而适用于各种不同规模的可编程器件的设计。Abel HDL 具有 C 语言的风格，易学易用，但是可移植性较差，只能在 Altera 公司的开发系统上使用，这限制了它的使用范围。

4. Superlog 语言

Verilog HDL 的首创者 Phil Moorby 和 Peter Flake 等硬件描述语言专家，在一家叫 Co-Design Automation 的 EDA 公司进行合作，开始对 Verilog HDL 进行扩展研究。1999 年，

Co-Design 公司发布了 Superlog 系统设计语言，同时发布了两个开发工具：SYSTEMSIM 和 SYSTEMEX，一个用于系统级开发，一个用于高级验证。2001 年，Co-Design 公司向电子产业标准化组织 Accellera 提交了 Superlog 扩展综合子集，这样，它就可以在 Verilog HDL 的 RTL 级综合子集的基础上，提供更多级别的硬件综合，为各种系统级的 EDA 软件工具所利用。

5. System C 语言

System C 是由 Synopsys 公司和 CoWare 公司合作开发的。1999 年，40 多家世界著名的 EDA 公司、IP 公司、半导体公司和嵌入式软件公司宣布成立“开放式 System C 联盟”。Cadence 公司也于 2001 年加入了 System C 联盟，使 System C 跨业界标准的进程大大加快。

以上几种 HDL 各有其优点和缺点，其中 VHDL 和 Verilog HDL 的应用更加广泛。读者学好一种计算机语言后，很容易地就能掌握另一种计算机语言。

1.2.4　EDA 开发工具

目前比较流行的、主流厂家的 EDA 集成开发工具有 Altera 的 MAX+PLUS Ⅱ和 Quartus Ⅱ、Xilinx 的 ISE 设计套件、Lattice 的 ispLEVEL。

1. MAX+PLUS II

MAX+PLUS Ⅱ是 Altera 公司推出的第三代 PLD 开发系统。对于一般几千门的电路设计，使用该软件，从设计输入到器件编程完毕，用户拿到设计好的逻辑电路，大约只需几小时。特别是在原理图输入方面，其友善的人机界面，特别适合初学者使用。至今一些资深的工程师常常采用 MAX+PLUS Ⅱ和 Quartus Ⅱ软件结合进行针对不同复杂度的项目开发。但由于其支持的元件种类和门数较少，综合效率较低，Altera 公司已不再对该软件进行更新。

2. Quartus II

Quartus Ⅱ是 Altera 公司开发的第四代综合性 PLD 集成开发软件，支持多种设计输入方式，内嵌自有的综合器和仿真器，可以完成从设计输入到硬件配置的完整的 PLD 设计流程。该软件支持 Altrea 公司的 IP 核，包含了 LPM/MegaFunction 宏功能模块，使用户可以充分利用成熟的模块，简化设计复杂性、加快设计速度。Quartus Ⅱ对第三方 EDA 工具的良好支持也使用户可以在设计流程的各个阶段使用熟悉的第三方 EDA 工具。

Quartus Ⅱ通过和 DSP Builder 工具与 Matlab/Simulink 相结合，可以方便地实现各种 DSP 应用系统。它支持 Altera 公司的片上可编程系统(SOPC)开发，集系统级设计、嵌入式软件开发、可编程逻辑设计于一体，是一种综合性的开发平台。

3. ISE Design Suite

ISE 设计套件(ISE Design Suite)是 Xilinx 公司的 EDA 集成开发工具，在为嵌入式、DSP 和逻辑设计人员提供 FPGA 设计工具和 IP 产品方面确立了业界新标准。作为 Xilinx 目标设计平台战略的一个重要里程碑，ISE 设计套件的逻辑版本支持快速访问和使用从前端直到后端的完整 FPGA 设计流程，它提供的工具和基础 IP 覆盖设计输入、引脚分配、综合、验证(包括片上调试)、实施、布局/分析、位流生成以及器件编程功能。ISE 设计套件的逻辑版本包括 ISE Foundation 软件、ISE Simulator、PlanAhead 设计分析工具、ChipScope Pro Analyzer、ChipScope Pro Serial I/O Toolkit、Base-level IP。

4. ispLEVEL

Lattice 是 ISP(在线可编程)技术的发明者，该技术极大地促进了 PLD 产品的发展。ispLEVEL 是一款用于所有 Lattice 可编程逻辑产品的集成开发环境。各种不同的 ispLEVEL 版本都包含一组全方位的功能强大的工具，包括项目管理、IP 综合、设计规划、布局布线和在系统逻辑分析等。

5. 第三方工具

1) Synplify

Synplify 是由 Synplicity 公司(现被 Synopsys 公司收购)开发设计的逻辑综合工具。它在综合优化方面的优点非常突出，是应用范围较广的综合优化工具之一。它支持用 Verilog HDL 和 VHDL 描述的系统级设计，具有强大的行为及综合能力。综合后，能生成 Verilog HDL 和 VHDL 网表文件，能进行功能仿真。

2) ModelSim

ModelSim 软件是 Mentor 公司的产品，该产品是一款强大的仿真软件，具有速度快、精度高和便于操作的特点，此外还具有代码分析能力，可以看出不同代码段消耗资源的情况。其功能侧重于编译和仿真，没有综合和适配能力。在 ModelSim 中可以进行的仿真有 Simulate Behavioral Model(行为仿真)、Simulate Post-Translate VHDL Model(转换后仿真)、Simulate Post-Map VHDL Model(映射后仿真)和 Simulate Post-Place & Route VHDL Model(布局布线后仿真及时序仿真)。ModelSim 有专门针对 Altera 公司产品的 ModelSim-Altera 版。

3) Synario

Synario 软件是 Lattice 公司和 Data I/O 公司合作开发的一种运行于 PC Windows 环境下的通用电子设计工具软件。该软件继承和发扬了 PLD 器件开发软件 ABEL 的特点。它有一个包括各种常用逻辑器件和模块的较完善的宏库。设计中能进行逻辑图输入和 ABEL 硬件描述语言输入，并包括功能模拟显示和波形显示。

1.3 EDA 设计流程

1.3.1 设计输入

利用 EDA 技术进行一项工程设计，首先需利用 EDA 工具的文本编辑器或图形编辑器将设计思路用文本方式或图形方式表达出来，进行排错编译，形成 VHDL 文件格式，为进一步的逻辑综合作准备。

常用的源程序输入方式有以下三种。

(1) 原理图输入方式：利用 EDA 工具提供的图形编辑器以原理图的方式进行输入。原理图输入方式比较容易掌握，直观且方便，所画的电路原理图(注意，这种原理图与利用 Protel 画的原理图有本质的区别)与传统的器件连接方式完全一样，很容易被人接受，而且编辑器中有许多现成的单元器件可以利用，也可以根据设计需要自行设计特定元件。然而原理图输入法也有它的缺点：随着设计规模增大，设计的易读性迅速下降，对于图中密密麻麻的电路连线，极难搞清电路的实际功能；一旦完成，电路结构的改变将十分困难，因而几乎没有可再利用的设计模块；移植困难、入档困难、交流困难、设计交付困难，因为不可能存在一个标准化的原理图编辑器。

(2) 状态图输入方式：以图形的方式表示状态图进行输入。当填好时钟信号名、状态转换条件、状态机类型等要素后，就可以自动生成 VHDL 程序。这种设计方式简化了状态机的设计。

(3) VHDL 软件程序的文本方式：最一般化、最具普遍性的输入方法，任何支持 VHDL 的 EDA 工具都支持文本方式的编辑和编译。

1.3.2　综合

综合过程将 VHDL 的软件设计与硬件的可实现性挂钩，利用 EDA 软件系统的综合器进行逻辑综合。

综合器的功能就是将设计者在 EDA 平台上完成的针对某个系统项目的 HDL、原理图或状态机的描述，针对给定硬件结构组件进行编译、优化、转换和综合，最终获得门级电路甚至更底层的电路描述文件。由此可见，综合器工作前，必须给定最后实现的硬件结构参数，它的功能就是将软件描述与给定硬件结构用某种网表文件的方式联系起来。显然，综合器是软件描述与硬件实现的一座桥梁。综合过程就是将电路的高级语言描述转换成低级的、可与 FPGA/CPLD 或构成 ASIC 的门阵列基本结构相映射的网表文件。

由于 VHDL 仿真器的功能仿真是面向高层次的系统仿真，只能对 VHDL 的系统描述做可行性的评估测试，不针对任何硬件系统，因此基于这一仿真层次的许多 VHDL 语句不能被综合器所接受。这就是说，这类语句的描述无法在硬件系统中实现(至少是现阶段)，这时，综合器不支持的语句在综合过程中将被忽略。综合器对源 VHDL 文件的综合是针对某一 PLD 供应商的产品系列的，因此，综合后的结果可以为硬件系统所接受，具有硬件可实现性。

1.3.3　适配

逻辑综合通过后必须利用适配器将综合后的网表文件针对某一具体的目标器件进行逻

辑映射操作，其中包括底层器件配置、逻辑分割、逻辑优化、布线与操作，适配完成后可以利用适配所产生的仿真文件作精确的时序仿真。

适配器的功能是将由综合器产生的网表文件配置于指定的目标器件中，产生最终的下载文件，如 JEDEC 格式的文件。适配所选定的目标器件(FPGA/CPLD 芯片)必须属于综合器指定的目标器件系列。对于一般的可编程模拟器件所对应的 EDA 软件来说，一般仅需包含一个适配器就可以了，如 Lattice 的 PAC-DESIGNER。通常，EDA 软件中的综合器可由专业的第三方 EDA 公司提供，而适配器则需由 FPGA/CPLD 供应商自己提供，因为适配器的适配对象直接与器件的硬件结构相对应。

注意：综合器和适配器分别是一套软件系统，而不是真实存在的硬件器件。

1.3.4 仿真

在编程下载前必须利用 EDA 仿真工具对适配生成的结果进行模拟测试。仿真就是让计算机基于一定的算法和仿真库对所设计的电路进行模拟，以验证设计的正确性，排除错误。仿真工具可以采用 PLD 公司的 EDA 开发工具，也可以选用第三方的专业仿真工具。

1. 功能仿真

功能仿真是直接对 VHDL、原理图描述或其他描述形式的逻辑功能进行测试模拟，以了解其实现的功能是否满足设计要求，仿真过程不涉及任何具体器件的硬件特性，最显著的特征是仿真信号没有延迟。在进行项目设计时，一般首先进行功能仿真，待确认设计文件所表达的功能满足设计要求后，再进行综合、适配和时序仿真，以便发现设计项目的功能性设计缺陷。

2. 时序仿真

时序仿真是接近真实器件运行特性的仿真，仿真文件中已包含了器件硬件特性参数，因而仿真精度高。但时序仿真的仿真文件必须来自针对具体器件的综合器与适配器。综合后得到的 EDIF 等网表文件通常作为 FPGA/CPLD 适配器的输入文件，产生的仿真网表文件中包含了精确的硬件延迟信息。时序仿真可以发现设计中由于硬件特性而产生的时序错误，结合功能仿真，设计者可以区分哪些是功能错误，哪些是时序错误。

1.3.5 编程下载

如果编译、综合、布线/适配和行为仿真、功能仿真、时序仿真等过程都没有发现问题，即满足设计要求，则可以将由 FPGA/CPLD 布线/适配器产生的配置/下载文件通过编程器或下载电缆载入目标芯片 FPGA 或 CPLD 中。

1.3.6　硬件验证

硬件仿真和硬件测试的目的，是在更真实的环境中检验 VHDL 设计的运行情况。特别是对于在 VHDL 程序设计上不是十分规范、语义上含有一定歧义的程序，硬件验证十分有效。

1.4　EDA 技术的设计方法

电子线路设计采用的基本方法主要有 3 种，即直接设计、自底向上设计和自顶向下设计。

直接设计就是将设计看成一个整体，将其设计为一个单电路模块，适合小型简单的设计。在较复杂的电子线路设计中，过去的基本思路是利用自底向上的设计方法，选择标准集成电路构成一个新系统。这样的设计方法采用已有现成集成电路构成电子系统，不仅效率低、成本高，而且容易出错，出错成本高。

1.4.1　基于 VHDL 的自顶向下的设计方法

采用可编程逻辑器件并利用 EDA 工具进行设计已成为现代数字系统设计的主流。它通过对器件内部的设计来实现数字系统的功能，是一种基于芯片的设计方法。设计师可以通过定义器件的内部逻辑和管脚，而将传统电路板设计的大部分工作放在芯片的设计中进行，通过对芯片的设计来实现数字系统的逻辑功能。由于可以灵活地优化内部功能模块的组合及定义管脚，所以可以大大地简化电路设计和减少电路板设计的工作量，从而增强了设计的灵活性，极大地提高了数字系统设计的工作效率，并提升了系统工作的可靠性。EDA 设计方法是自上而下的设计方法，属于芯片级的设计方法。

自上而下是指将数字系统的整体逐步分解为各个子系统和模块，若子系统规模较大，则还需将子系统进一步分解为更小的子系统和模块，层层分解，直至整个系统中各个子系统关系合理，并便于逻辑电路级的设计和实现为止。

自顶向下的设计方法首先从系统设计入手，在顶层对电路系统进行功能方框图的划分和结构设计；在方框图一级进行仿真、纠错，并用硬件描述语言对高层次的系统进行行为描述；在功能一级进行验证，然后用逻辑综合优化工具生成具体的门级逻辑电路网表，其对应的物理实现级可以是印制电路板或专用集成电路。这种设计方法有利于在设计的早期发现结构设计中的错误，提高设计的一次成功率，因而在现代电子系统设计中广泛采用。

1.4.2　EDA 设计方法与传统数字系统设计方法的比较

传统的数字系统设计通常采用拼接的方法进行，即由元器件焊接成电路板，再由电路板组合集成为数字系统。这样的系统一般采用标准集成电路，如 74/54 系列和一些标准功能的大规模集成电路组成。

1．传统数字系统设计方法

传统数字系统设计方法的步骤如下。

(1) 根据系统设计要求，确定输入与输出。

(2) 详细编制技术规格书，画出系统控制流程图。

(3) 对系统功能进行细化，合理划分功能模块，并画出系统功能框图。

(4) 细化模块，对每一个细化模块进行电路设计并正确选择元器件。

(5) 对各功能模块进行调试、仿真。

(6) 各功能模块硬件连接，进行系统硬件调试、整理。

(7) 根据调试结果调整硬件设计，最终完成整个系统硬件设计。

传统数字系统设计采用自下而上的设计方法，是以固定功能元件为基础，基于电路板的设计方法，属于元件级的设计方法。

2．传统数字系统设计方法的缺点

传统数字系统设计方法的缺点如下。

(1) 设计依赖于设计师的经验。

(2) 设计依赖于现有的通用元器件。

(3) 设计后期的仿真不易实现和调试复杂。

(4) 自下而上设计思路的局限。

(5) 设计实现周期长，灵活性差，耗时耗力，效率低下。

3．EDA 设计方法优点

(1) 设计过程自顶向下，符合人类思维模式。

(2) 系统设计的早期即可进行仿真和修改，缩短设计周期，降低设计成本。

(3) 多种设计文件，发展趋势以 HDL 描述文件为主，增强设计的可移植性。

(4) 提高设计模块可重用性，降低硬件电路设计难度。

1.4.3 基于 IP 的设计

一个较复杂的数字系统往往由许多功能模块构成，而设计者的新思想往往只体现于部分单元之中，其他单元的功能则是通用的，如 FFT、FIR、IIR、PCI 总线接口等。这些通用单元具有可重用性，适用于不同系统。FPGA 厂家及其第三方预先设计好这些通用单元并根据各种 FPGA 芯片的结构对布局和布线进行优化，从而构成具有自主知识产权的功能模块，称为 IP(intellectual property)模块，也可称为 IP 核(IP core)、知识产权模块。

IP 模块可分为硬件 IP(hard IP)、软件 IP(soft IP)和固件 IP(firm IP)模块。硬件 IP 模块已完成了布局布线和功能验证，并将设计映射到 IC 硅片的物理版图上。硬件 IP 可靠性高，但价格昂贵，可重用性和灵活性差，往往不能直接转换到采用新工艺的芯片中。软件 IP 模块通常是可综合的寄存器级硬件描述语言模型，它包括仿真模型、测试方法和说明文档。但软件 IP 不是最有效的方法，因为用户在自己的系统中使用 IP 模块后，新的布局布线往往会降低 IP 模块的性能，甚至出现无法使用的情况。固件 IP 模块，又称为含有布局布线信息的软件 IP 模块。固件 IP 将带有布局布线信息的网表提供给用户，这样就避免了用户重新布局布线所带来的问题。

Altera 公司将其 IP 模块称为 MegaCore，同时将 AMPP 的 IP 模块称为 AMPP Megafunction，二者可统称为 Megafunction。设计者可以利用这些 IP 模块更快、更高效、更可靠地完成系统设计。详细知识将在后面章节介绍。

1.5 给初学者的学习建议

初学者学习 VHDL 应注意以下几点。

(1) 注意 VHDL 编程与高级语言编程的区别。如果初学者学习过计算机高级语言，如 C 语言，会发现 VHDL 和 C 语言在语法形式上有很多相似甚至相同之处，会认为两者是相同的。但实际上，高级语言编程基于计算机的 CPU，最后被编译成 CPU 能够识别的指令(二进制指令序列)，其特点是完全的顺序执行。而 VHDL 用于描述硬件，必须深刻体会其“并发执行”的特性以及其他硬件相关特性，其详细对比如表 1-1 所示。

表 1-1 VHDL 编程与高级语言编程对比

<table>
<tr><th colspan="2"></th><th>高级语言编程</th><th>VHDL 编程</th></tr>
<tr><td rowspan="3">不同点</td><td>编程目的</td><td>将程序转化成计算机能识别的指令</td><td>将程序转化成逻辑门网表，对应逻辑电路结构</td></tr>
<tr><td>执行过程</td><td>CPU 取指令，翻译指令，执行指令，得到结果。可以根据程序的不同完成千变万化的功能是因为 CPU 取到的指令不同(CPU 的电路结构在任一时刻都不变)</td><td>硬件电路根据输入信号，经过电路结构中存在的特定元器件产生输出信号。可以根据程序的不同完成千变万化的功能是因为电路的结构不同</td></tr>
<tr><td>执行模式</td><td>CPU 顺序执行指令，从程序来看，同一时刻只能执行程序中的一条语句(实际上，如果一条语句被译成多条指令，同一时刻只能执行这些指令中的一条指令)</td><td>天生的并行性，往往程序中的一条语句就对应着一个电路结构，最终的系统由许多这些小的电路结构连接而成。从程序来看，每条语句是同时执行的(这点是针对并行语句来说)</td></tr>
<tr><td colspan="2">共同点</td><td colspan="2">都能从较高的抽象级别上描述具体功能，都利用语言描述的方式，都有相应的软件来支持程序的开发等</td></tr>
</table>

(2) 注意 VHDL 的可综合与可仿真性。可综合 VHDL 只是 VHDL 体系的一个子集。初学者一般是以设计可综合的 VHDL 程序为目的，必须注意 VHDL 的可综合与可仿真特性，不要在可综合程序中出现只能用于仿真的 VHDL 语句或数据类型。读者可以思考，为什么 VHDL 要设计并不能综合的相关语句呢？

(3) 注意基本模块的 VHDL 设计方法。基本模块的 VHDL 描述中包含了基本的 VHDL 设计思想，而且基本模块也是组成复杂数字系统的基础，对基本模块的 VHDL 设计多加练习能快速提升初学者的 VHDL 程序设计水平。

(4) 语法学习重在练习。初学者学习 VHDL 不可贪多，应该把精力放在重点语句上，如顺序语句中的 IF 和 CASE 语句、并行语句中的进程和子程序。对于 VHDL 语法不要硬背，而应该加强编程实践练习，在实践中理解和掌握语法。不妨大体了解一下 VHDL 都有哪些语句，在实际编程中常用哪些语句，语句的具体使用方法可以现用现查，通过多次练习自然可记住这些语句。

(5) 仿真和硬件设备调试的关系。仿真，不论是功能仿真还是时序仿真，都毕竟只是“仿真”，再好的硬件仿真器也不能百分之百地模拟硬件，所以，设计的正确与否必须下载到硬件设计平台进行验证。仿真器的目的是尽可能早和多地在设计初期发现设计错误。

(6) “读程序”的重要性。对于初学者，尽可能早地掌握 VHDL 的设计思路和方法(用软件描述硬件的方法)是至关重要的，这甚至比语言本身的学习更重要。“读程序”可以说是一种成熟的学习方法，在读的过程中，可以了解设计人员的思路和语言设计风格，帮助同学们尽早进入自己的学习正轨。

本 章 小 结

本章主要讨论了 EDA 技术的基本概念和知识体系结构，如硬件描述语言、可编程逻辑器件和集成开发环境，比较了 EDA 设计方法和传统数字系统设计方法。

EDA 技术是以计算机为工作平台，以硬件描述语言为表达方式，以 EDA 工具软件为开发工具，以可编程逻辑器件为设计载体，以电子系统设计为应用方向的电子产品自动化设计过程。

习 题

一、填空题

1．EDA 的英文全称是(　　)。
2．VHDL 是(　　)，既可以设计基本的门电路，也可以设计数字电路系统。
3．EDA 技术经历了(　　)、(　　)和(　　)三个发展阶段。
4．常用的设计输入方式有原理图输入、(　　)和(　　)。
5．常用的硬件描述语言有(　　)和(　　)。
6．时序仿真较功能仿真多考虑了器件的(　　)。

二、选择题

1．在运用 VHDL 进行电路设计时，要遵循(　　)的设计方法。

A．自上而下　　B．自下而上　　C．由小到大　　D．由大到小

2．Altera 的第四代 EDA 集成开发环境为(　　)。

A．ModelSim　　B．MAX+PLUS Ⅱ　　C．Quartus Ⅱ　　D．ISE

3．下列几种仿真中考虑了物理模型参数的仿真是(　　)。

A．时序仿真　　B．功能仿真　　C．行为仿真　　D．逻辑仿真

4．下列编程语言中不属于硬件描述语言的是(　　)。

A．VHDL　　B．Verilog　　C．ABEL　　D．PHP

5．下列描述 EDA 工程设计流程正确的是(　　)。

A．输入→综合→布线→下载→仿真　　B．布线→仿真→下载→输入→综合

C．输入→综合→布线→仿真→下载　　D．输入→仿真→综合→布线→下载

6．综合是 EDA 设计流程的关键步骤，在下面对综合的描述中，(　　)是错误的。

A．综合就是把抽象设计层次中的一种表示转化成另一种表示的过程

B．综合就是将电路的高级语言转化成低级的、可与 FPGA/CPLD 的基本结构相映射的网表文件

C．为实现系统的速度、面积、性能的要求，需要对综合加以约束，称为综合约束

D．综合可理解为，将软件描述与给定的硬件结构用电路网表文件表示的映射过程，并且这种映射关系是唯一的(即综合结果是唯一的)

7．IP 核在 EDA 技术和开发中具有十分重要的地位。提供用 VHDL 等硬件描述语言描述的功能块，但不涉及实现该功能块的具体电路的 IP 核为(　　)。

A．软件 IP　　B．固件 IP　　C．硬件 IP　　D．以上都不是

三、简答题

1．什么是 EDA 技术？简述 EDA 技术的发展过程。

2．可编程逻辑器件有什么特点？

3．VHDL 有哪些主要特点？

4．简述 VHDL 和 Verilog HDL 描述语言各自的应用场合。

5．简述用 EDA 技术设计电路的设计流程。

6．功能仿真模式和时序仿真模式有什么不同？

7．什么是综合和适配？简述综合和适配在 EDA 中的作用。

8．IP 模块的概念是什么？简述 IP 模块在 EDA 设计中的意义。

9．简述和比较电子线路设计主要采用的 3 种基本方法和特点。

第 2 章

可编程逻辑器件基础

教学目标

通过本章知识的学习，了解数字集成电路的分类和可编程逻辑器件的理论基础和发展过程，掌握可编程逻辑器件的分类和“可编程”技术的硬件实现方式，掌握可编程逻辑器件的基本结构原理，掌握CPLD和FPGA的优缺点，掌握CPLD和FPGA的编程配置技术。

可编程逻辑器件(PLD)是利用 EDA 技术进行电子系统设计的硬件载体，它是 20 世纪 70 年代发展起来的一种新型逻辑器件，也是一种半定制的集成电路。可编程逻辑器件具有集成度高、速度快、功耗低、可靠性高等优点，其产品灵活性好，维护、更新方便。可编程逻辑器件经历了从逻辑规模比较小的简单 PLD 到采用大规模集成电路技术的复杂 PLD 的发展进程，在结构、工艺、集成度、速度和性能等方面都得到了极大的提高。目前，应用最广泛的 PLD 主要是复杂可编程逻辑器件(CPLD)和现场可编程门阵列(FPGA)。

2.1 可编程逻辑器件概述

2.1.1 数字集成电路的分类

数字集成电路的分类如图 2-1 所示。

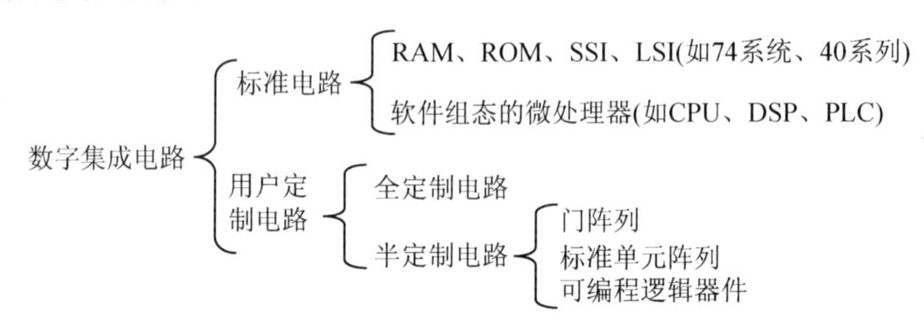

图 2-1 数字集成电路的分类

标准电路是功能固定的，用户只能根据功能要求选用相应的集成电路。

用户定制电路又称为专用集成电路(ASIC)，是为满足某一应用领域或特定用户需要设计制造的大规模集成电路(LSI)或超大规模集成电路(VLSI)，可以将特定的电路或一个应用系统设计在一个芯片上，构成单片应用系统(SOC)。

全定制电路的各层(掩膜)都是按特定电路功能专门制造的。设计人员从晶体管级的版图尺寸、位置和互连线开始设计，以达到芯片面积利用率高、速度快、功耗低的最优性能。但全定制的 ASIC 制作费用高，周期长，适用于批量较大的产品。

半定制电路是一种约束性的设计方式，约束的目的是简化设计、缩短设计周期以及提高芯片的成功率，它包括以下三类器件。

(1) 门阵列包括门电路、触发器等，并留有布线区供设计人员连线。用户根据需要设计电路，确定连线方式，交生产厂家布线。

(2) 标准单元阵列是厂家提供给设计人员使用的，利用 CAD(或 EDA)工具完成版图级设计。与门阵列比较，其特点是设计灵活、功能强，但设计周期长、费用高。

(3) 可编程逻辑器件是厂家提供的通用性半定制器件，用户可以根据自己的功能需要，借助特定的 EDA 软件进行设计编程，实现满足要求的电路。用户通过可编程逻辑器件进行电路设计的特点是成本低、设计周期短、可靠性高、承担的风险小。

2.1.2　可编程逻辑器件的理论基础

在数字电路系统中，根据布尔代数的知识可知，任何组合逻辑函数都可以用“与或”表达式描述，即可用“与门-或门”两种基本门电路实现任何组合逻辑电路，而任何时序逻辑电路又都是由组合逻辑电路和存储元件(触发器)构成的。基于此知识，人们提出了一种可编程电路结构，它由输入处理电路、与阵列、或阵列和输出处理电路 4 种功能部分组成，其基本结构如图 2-2 所示。

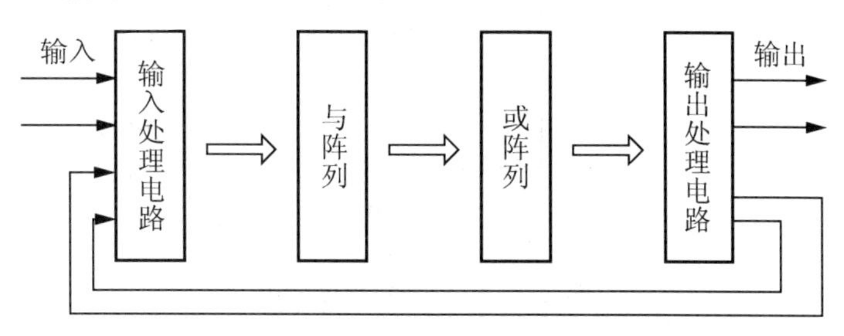

图 2-2　基本 PLD 器件的基本原理结构图

图 2-2 中的与阵列和或阵列是电路的主体，主要用来实现组合逻辑函数。输入处理电路是由输入缓冲器组成的，其功能主要是使输入信号具有足够的驱动能力并产生输入变量的原变量以及反变量两个互补的信号。输出处理电路主要由三态门寄存器组成，主要提供不同的输出方式，可以由或阵列直接输出(组合方式)，也可以通过寄存器输出(时序方式)。需要说明的是，新型 PLD 器件已经把宏单元融入到输入或输出处理电路中，从而使 PLD 的功能更灵活、更完善。

2.1.3　可编程逻辑器件的发展历程

可编程逻辑器件(PLD)可由用户通过自己编程配置各种逻辑功能，有的 PLD 还具有可擦除和重复编程的功能。PLD 广泛应用于数字电子系统、自动控制、智能仪表等领域。

可编程逻辑器件在历史上经历了 20 世纪 70 年代的熔丝编程的 PROM (programmable read only memory)、PLA(programmable logic array)、PAL(programmable array logic)，80 年代初可重复编程的 GAL(generic array logic)，80 年代中后期采用大规模集成电路技术的 EPLD 直至 CPLD 和 FPGA。

2.1.4　可编程逻辑器件的分类

目前，可编程逻辑器件有许多种类型，不同厂商生产的 PLD，其结构和特点也有所不同。通常可以按照集成度、基本结构、编程方式和逻辑单元对 PLD 进行分类。

1．按集成度分类

可编程逻辑器件按集成度分类，可分为低密度可编程逻辑器件和高密度可编程逻辑器件，具体分类如图 2-3 所示。低密度可编程逻辑器件可用的逻辑门数在 1000 门/片以下；高密度可编程逻辑器件可用的逻辑门数在 1000 门/片以上。

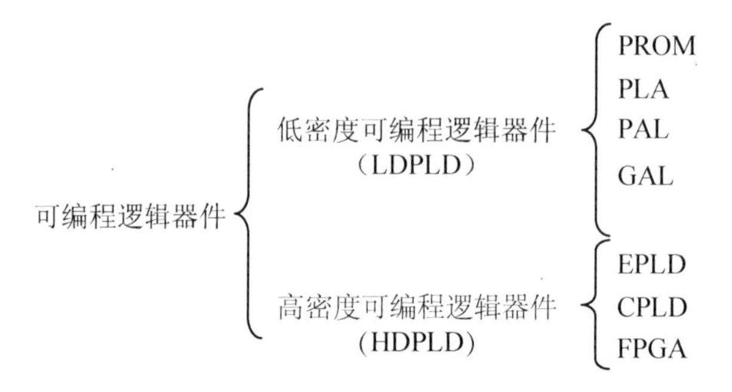

图 2-3　PLD 按集成度分类

2．按基本结构分类

常用的可编程逻辑器件都是基于“与-或”阵列或门阵列基本结构发展起来的，因此从基本结构上可以分为两大类：阵列型器件(基于“与-或”阵列结构的器件)和单元型器件(基于门阵列结构的器件)，其具体分类如图 2-4 所示。

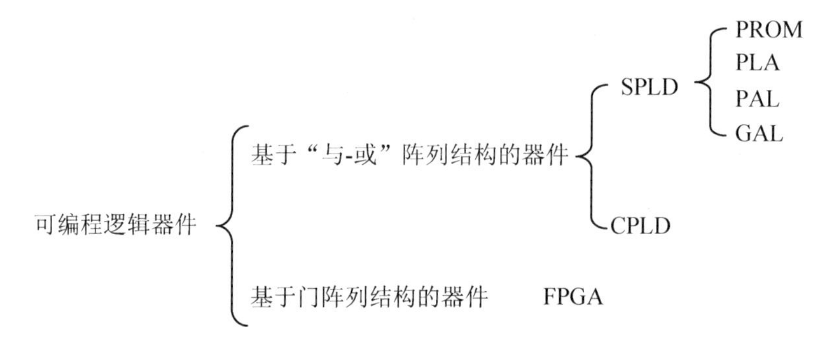

图 2-4　PLD 按基本结构分类

(1) 阵列型器件。这类器件由“与阵列”和“或阵列”组成，采用较大规模的逻辑单元，能有效地实现“与-或”形式的逻辑函数，包括简单可编程逻辑器件 SPLD 和 CPLD。如 Altera 公司的 MAX 系列的器件。

(2) 单元型器件。这类器件采用门阵列和分段式连线结构，能有效地实现各种大规模的逻辑函数。单元型器件的连线结构是采用长度不同的集中连线线段，经过相应开关元件的编程将内部逻辑单元连接起来，形成相应的信号通路，如 Xilinx 公司的 FPGA。

基于门阵列结构的PLD又称为现场可编程门阵列(FPGA)，是由可编程逻辑单元组成的，这种结构和“与-或”阵列结构不同，而且不同公司不同系列产品的组织结构也不完全相同。由于 FPGA 内部的触发器较多，因此其更适合时序电路设计和复杂算法的研究。

3. 按编程方式分类

可编程逻辑器件按编程方式分类，可分为以下几类。

(1) 熔丝和反熔丝结构型器件。这类器件只能进行一次编程(one time program，OTP)，编程后便无法修改，早期的 PROM 就属于这种结构。熔丝编程器件是在每个可编程点处都接有熔丝开关。这些开关元件在未编程时处于连通状态。若编程点需要接通，则保留熔丝；若编程点需要断开，则用较大的编程电流将其熔断。其缺点是熔丝烧断后不能恢复，熔丝开关体积大，不利于集成度的提高。

反熔丝编程技术也称熔通编程技术，这类器件是用逆熔丝(一对反向串联的肖特基二极管)作为开关元件。这些开关元件在未编程时为开路状态，编程时对需要连接处加上高的反向电压，使其中的一个二极管永久性击穿而短路，从而达到该点逻辑连接的目的。

(2) 浮栅编程器件。该类器件采用浮栅编程技术，通过浮栅存储电荷的方法来保存编程信息，属于非易失可重复擦除器件。这种器件的存储单元可分为光擦除电编程存储单元(EPROM)和电擦除电编程存储单元(E^2PROM)。

浮栅型光擦除电编程技术采用 EPROM 工艺。浮栅 MOS 管相当于一个电子开关，当编程电压脉冲对浮栅 MOS 管的悬浮栅注入电子时，浮栅上的带电粒子可以长期保留，浮栅 MOS 管截止，编程点断开。当紫外线照射悬浮栅时，悬浮栅中的电子释放，使浮栅 MOS 管恢复导通，擦除所记忆的信息，可以再次编程。

浮栅型电擦除电编程技术采用 E^2PROM(也可为 FLASH)工艺，编程和擦除都是通过在漏极和控制栅极上施加一定幅度和极性的电脉冲来实现的。当加入编程脉冲时，使悬浮栅注入电子，浮栅 MOS 管截止。在擦除信息时，由电脉冲使悬浮栅中的电子通过隧道释放，浮栅 MOS 管恢复导通，实现电擦除。用户可在“现场”用编程器来完成。

(3) SRAM 编程器件。SRAM 编程技术是在该器件的芯片内配置静态随机存储器(SRAM)，用来存储决定系统逻辑功能和互连的配置数据。SRAM 属于易失元件，系统掉电后，数据丢失。因此，系统每次启动时，应先将编程数据从外部非易失性存储器加载到 SRAM 中(调试阶段可直接将数据加载到 SRAM)。采用 SRAM 技术能很方便地配置新的编程数据，实现在线编程。

大部分 FPGA 采用基于 SRAM 的查找表(LUT)逻辑结构，即用 SRAM 来构成逻辑函数发生器。一个 n 输入的 LUT 需要 2^n 个 SRAM 的存储单元，以存放 n 个输入变量的全部最小项，符合设计需要的最小项用多路选择器连通输出，实现要求的逻辑功能。

当输入变量 n 过大时，SRAM 的存储单元增加，会降低 LUT 的利用率，因此 n 较大时，必须用几个查找表级联实现。一般的 LUT 采用 4 输入的结构，输入大于 4 时用多个 4 输入的 LUT 级联实现。

(4) FLASH 编程器件。FLASH 是一种基于 EPROM 技术的电擦除浮栅编程器件，其特点是在若干毫秒内可擦除全部或一段存储器。它使器件具有非易失性和可重复编程的双重优点，但在编程灵活性上比 SRAM 型的 FPGA 稍差，不能实现动态重构。

4．按逻辑单元分类

1) “与-或”阵列型

“与-或”阵列是一种最为简单的可编程逻辑单元结构。其通过对“与阵列”和“或阵列”的编程来实现电路的功能，逻辑设计十分方便。这种结构主要用在低密度的 PLD 器件中。

2) 宏单元型

宏单元结构是将“与-或”阵列和触发器或寄存器单元进行组合(包括相应的反馈单元)来构成器件内部的逻辑单元。这种结构的器件很容易实现时序逻辑电路，主要应用于 EPLD 和 CPLD 器件。

3) 查找表型

查找表是将一个逻辑函数表存放在 SRAM 中，通过查找该表中的函数值来实现逻辑运算。逻辑运算是通过地址线(输入变量的取值)查找相应存储单元的信息内容(即运算结果)来实现的，这种结构主要用于 FPGA。

4) 多路开关型

多路开关是多路选择器的组合，可以实现逻辑函数的最小项或乘积项。利用多路选择器的特性，可以对多路选择器的输入和选择控制信号进行配置，从而实现不同的逻辑功能，这种结构主要用于 FPGA。

2.1.5 可编程逻辑器件的发展趋势

可编程逻辑器件的发展趋势如下。

(1) 向高密度、大规模的方向发展。

(2) 向系统内可重构的方向发展。

(3) 向低电压、低功耗的方向发展。

(4) 向高速可预测延时器件的方向发展。

(5) 向混合可编程技术发展。

2.2 简单 PLD 基本结构原理

根据与或阵列中只有部分电路可以编程以及组态的方式不同，PROM、PLA、PAL 和 GAL 四种简单 PLD 电路的结构特点如表 2-1 所示。

表 2-1 四种简单 PLD 电路的结构特点

类 型	阵 列		输出方式
	与	或	
PROM	固定	可编程	TS(三态)，OC(可熔极性)
PLA	可编程	可编程	TS(三态)，OC(可熔极性)
PAL	可编程	固定	TS(三态)，I/O，寄存器反馈
GAL	可编程	固定	用户定义

在介绍简单 PLD 的基本结构之前，首先要熟悉 PLD 逻辑阵列连接的几种逻辑表示方式和一些 PLD 电路的逻辑图形符号，如图 2-5 所示。阵列线连接表示中的十字交叉线表示两条线未连接；交叉线的交叉点处打上黑实点，即在行线和列线的交叉点处是连接上的，表示该点处是不可编程的；交叉线的交叉点上打叉，表示该点是可编程点，即是一个可编程单元。

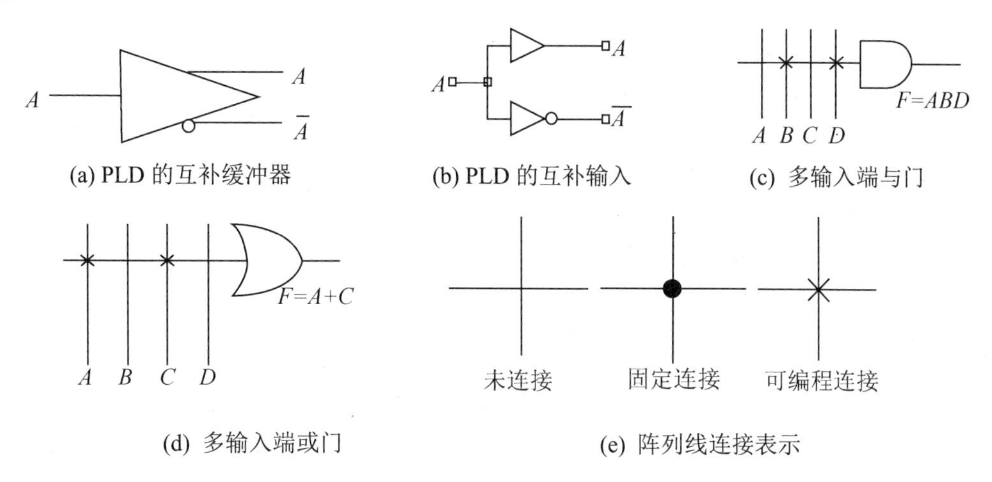

图 2-5　PLD 电路的逻辑图形符号

20 世纪 70 年代初期的 PLD 主要是可编程只读存储器(programmable read only memory，PROM)和可编程逻辑阵列(programmable logic array，PLA)。在 PROM 中，与阵列固定，或阵列可编程，如图 2-6 所示。然而，PROM 只能实现组合逻辑电路。在组合逻辑函数的输入变量增多时，PROM 的存储单元利用率比较低，这是因为 PROM 的与阵列采用的是全译码，产生了全部的最小项。PROM 采用的是熔丝工艺，只可一次性编程。在图 2-6 中，固定的与阵列从上到下依次分别实现逻辑与运算 $\overline{A_1}\overline{A_0}$、$\overline{A_1}A_0$、$A_1\overline{A_0}$ 和 A_1A_0，如想实现表达式 $F_0 = A_0\overline{A_1} + \overline{A_0}A_1$，则可将或阵列 F_0 对应的第 2、3 行进行编程；如想实现表达式 $F_1 = A_1A_0$，则可将或阵列 F_1 对应的第 4 行进行编程

PLA 是对 PROM 进行改进而产生的。在 PLA 中，与阵列和或阵列都是可编程的，其阵列结构如图 2-7 所示。虽然 PLA 的存储单元利用率相对较高，但是由于其与阵列和或阵列都是可编程的，因此软件算法复杂，运行速度大幅下降；且该器件依然采用熔丝工艺，只可一次性编程使用。

20 世纪 70 年代末期，MMI 公司率先推出了可编程阵列逻辑(programmable array logic，PAL)器件。在 PAL 中，与阵列是可编程的，而或阵列是固定的，其阵列结构如图 2-8 所示。虽然 PAL 具有多种输出和反馈结构，为逻辑设计提供了一定的灵活性，但是不同的 PAL 器件具有独立的、单一性的输出结构，从而造成 PAL 器件的通用性比较差。此外，PAL 器件仍采用熔丝，只可一次性编程使用。

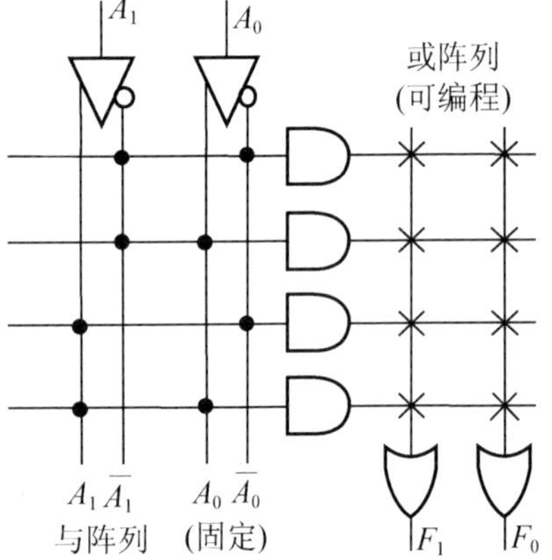

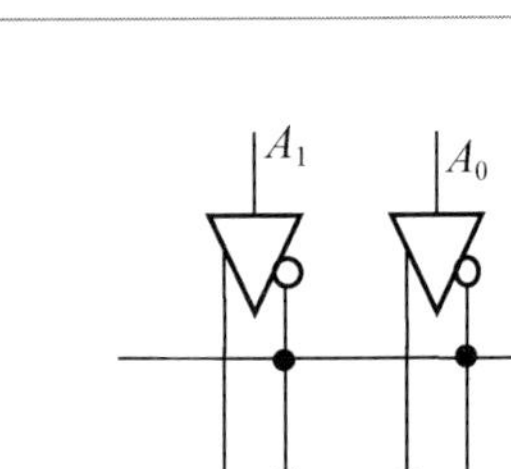

图 2-6 PROM 阵列结构

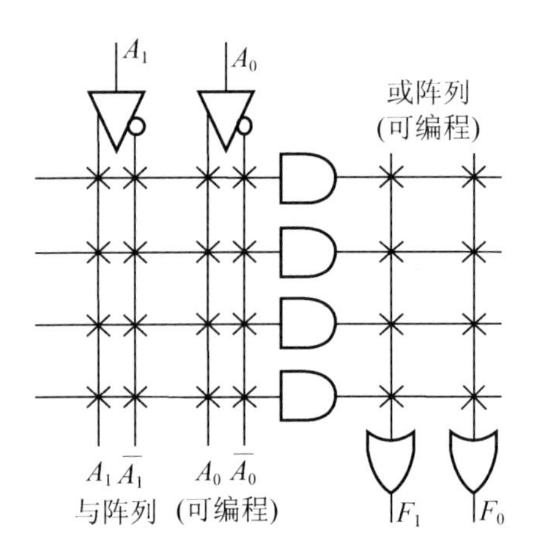

图 2-7 PLA 阵列结构

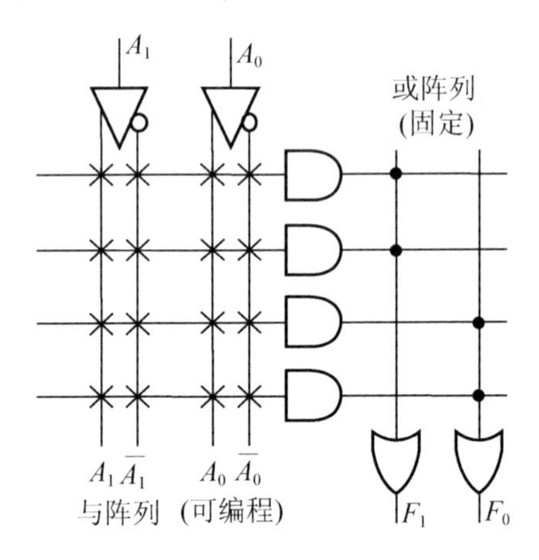

图 2-8 PAL 阵列结构

20 世纪 80 年代中期，Lattice 公司在 PAL 的基础上，设计出了通用逻辑阵列(generic array logic，GAL)器件。GAL 在阵列结构上与 PAL 相似。GAL 首次采用了 CMOS 工艺，使其具有可以反复擦除和改写的功能，彻底克服了熔丝型可编程器件只能一次性编程的问题。GAL 在输出结构上采用输出逻辑宏单元电路，而输出逻辑宏单元设有多种组态，可配置成专用组合输入、专用组合输出、组合输出双向口、寄存器输出，以及寄存器输出双向口等，从而为逻辑设计提供了更大的灵活性。

2.3 CPLD 和 FPGA 的基本结构

简单 PLD 器件集成规模小，I/O 不够灵活，片内寄存器资源不足，难以构成丰富的时序电路，需要专用的编程工具，使用不便。目前使用较为广泛的可编程逻辑器件以大规模、超大规模集成电路工艺制造的 CPLD 和 FPGA 为主。

2.3.1　CPLD 的基本结构

CPLD 的基本工作原理与 GAL 器件相似，可以看成由许多 GAL 器件构成的逻辑体，只是相邻的乘积项可以互相借用，且每一逻辑单元能单独引入时钟，从而可实现异步时序逻辑电路。CPLD 在结构上包括逻辑阵列块(logic array blocks，LAB)、宏单元(macrocells)、扩展乘积项(expender product terms)、可编程连线阵列(programmable interconnect array，PIA)和 I/O 控制块(I/O control blocks)，其结构如图 2-9 所示。此处以 Altera 公司 MAX7000 系列的 MAX7128 器件为例讲解 CPLD 的基本结构。

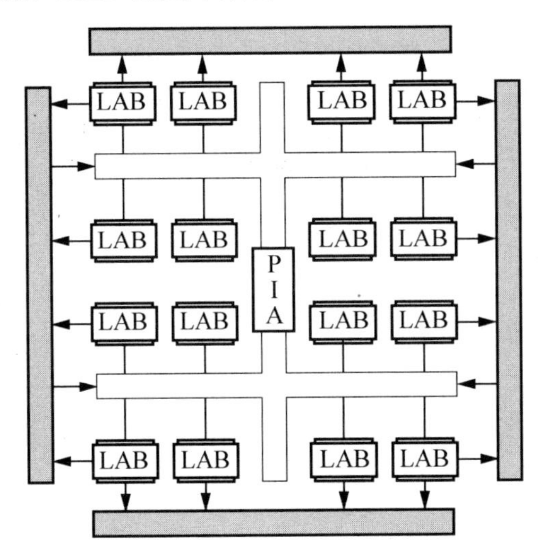

图 2-9　MAX7128 的基本结构

1．逻辑阵列块

每个逻辑阵列块(LAB)由 16 个宏单元组成，多个 LAB 通过可编程连线阵列(PIA)和全局总线连接在一起，全局总线从所有的专用输入、I/O 引脚和宏单元馈入信号。每个 LAB 的输入信号包括：来自作为通用逻辑输入 PIA 的 36 个信号、全局控制信号和从 I/O 引脚到寄存器的直接输入信号。

2．宏单元

宏单元由三个功能模块组成：逻辑阵列、乘积项选择矩阵和可编程触发器。它们可以被单独地配置为组合逻辑和时序逻辑工作方式。

逻辑阵列实现组合逻辑功能，它可以给每个宏单元提供五个乘积项。乘积项选择矩阵分配这些乘积项作为到或门和异或门的主要逻辑输入，以实现组合逻辑函数；或者把这些乘积项作为宏单元中寄存器的辅助输入(清零、置位、时钟和时钟使能控制)。

每个宏单元中有一个“共享逻辑扩展项”经非门后回馈到逻辑阵列中。另外，宏单元中的可编程触发器可以单独地被配置为带有可编程时钟控制的触发器工作方式，也可以将寄存器旁路掉，以实现组合逻辑工作方式。

3．扩展乘积项

虽然每个宏单元中的五个乘积项能够满足大多数函数的需求，但对于复杂函数，需要附加乘积项，利用其他宏单元以提供所需的逻辑资源。利用扩展乘积项可保证在实现逻辑综合时，用尽可能少的逻辑资源，得到尽可能快的工作速度。

4．可编程连线阵列

可编程连线阵列(PIA)用于将各个 LAB 连接起来，构成所需的逻辑布线通道。这个全局总线是一种可编程的通道，可以把器件中任何信号连接到其他目的地。

5．I/O 控制块

I/O 控制块允许每个 I/O 引脚单独地配置为输入、输出和双向工作方式。所有 I/O 引脚都有一个三态缓冲器，它能由全局输出使能信号中的一个控制，或者把使能端直接连接到地或电源上。I/O 控制块有两个全局输出使能信号，它们由两个专用的、低电平有效的输出使能引脚驱动。

2.3.2 FPGA 的基本结构

FPGA 是现场可编程门阵列的简称，是除 CPLD 的另一种应用广泛的可编程逻辑器件。

1．查找表

简单 PLD 和 CPLD 都是基于乘积项的可编程结构，即由可编程的与阵列和固定的或阵列来完成逻辑功能。FPGA 使用的是另一种可编程逻辑的形成方法，即查找表(LUT)结构来构成可编程逻辑器件。LUT 是可编程的最小逻辑构成单元，这种结构基于 SRAM 查找表，采用 RAM 数据查找的方法来构成逻辑函数发生器。

一个 N 输入的查找表可以实现 N 个输入变量的任何逻辑功能。图 2-10 是一个 4 输入 LUT，其内部结构如图 2-11 所示。一个 N 输入的查找表，共用 2^n 个位的 SRAM 单元。显然 N 不能太大，否则 LUT 的利用率很低。输入多于 N 个的逻辑函数，必须用几个查找表分开实现。

在图 2-10 中，如果假设所有的二选一多路选择器都是当输入信号 A、B、C、D 为 1 时选择上路输出，反之选择下路输出，则根据图中 RAM 单元存储信息可知，本查找表可实现的逻辑函数表达式为 $Y=\bar{A}B\bar{C}D+A\overline{BC}D+A\overline{BCD}+\overline{ABCD}$。

现假设将 RAM 中的数据从上到下调整为 1000100100101100，那么本查找表可实现的逻辑函数表达式为 $Y=ABCD+AB\bar{C}D+\overline{ABC}D+\overline{AB}C\bar{D}+AB\overline{CD}+\bar{A}B\overline{CD}$。

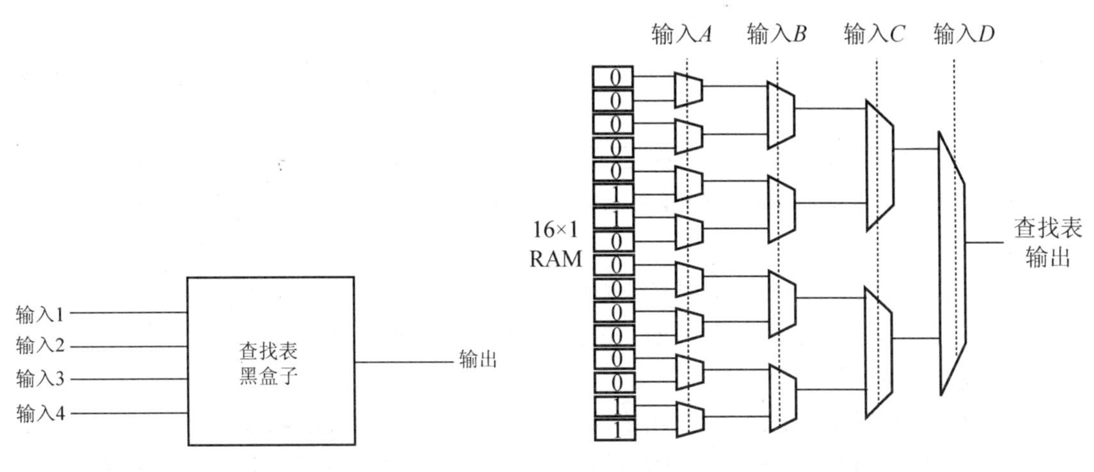

图 2-10　FPGA 查找表单元

图 2-11　FPGA 查找表单元内部结构

2. 基本结构

FLEX10K 系列器件的结构和工作原理在 Altera 的 FPGA 器件中具有典型性。下面以此器件为例，介绍 FPGA 的结构与工作原理。

FLEX10K 系列器件在结构上包括嵌入式阵列块(EAB)、逻辑阵列块(LAB)、快速通道(fast track)互连和 I/O 单元(IOC)。一组逻辑单元(LE)组成一个 LAB，LAB 按行和列排成一个矩阵，并且在每一行中放置一个 EAB。在器件内部，信号的互连及信号与器件引脚的连接由快速通道提供，在每行或每列快速通道互连线的两端连接着若干 IOC。其内部结构如图 2-12 所示。

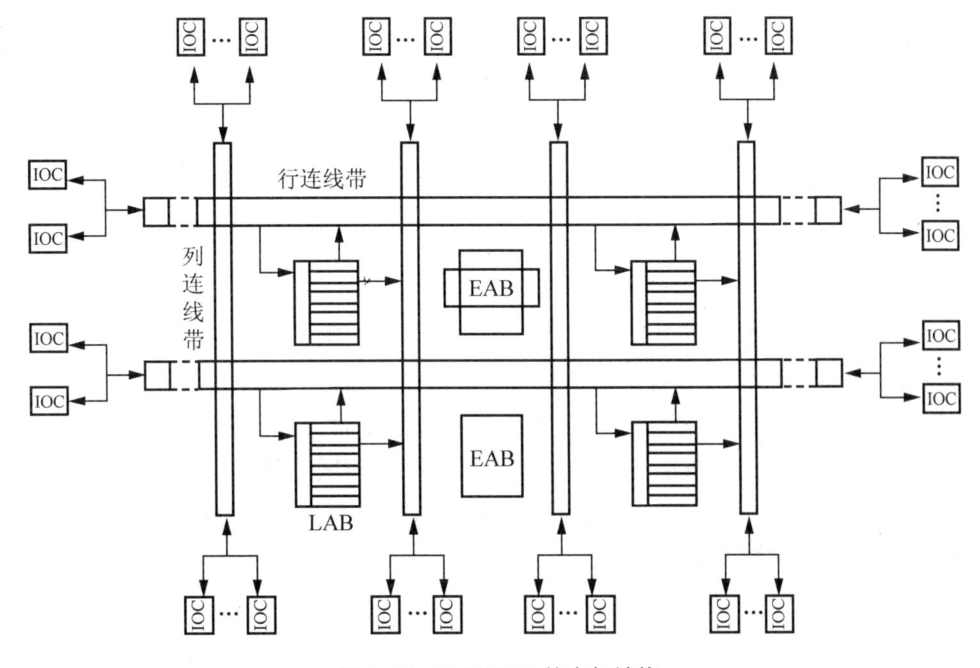

图 2-12　FLEX10K 的内部结构

1) 嵌入式阵列块

嵌入式阵列块(EAB)是一种输入端和输出端带有寄存器的 RAM，它既可以作为存储器使用，也可以用来实现逻辑功能。

当作为存储器使用时，每个 EAB 可以提供 2048 个比特位，可以用来构成 RAM、ROM、FIFO RAM 或双口 RAM。每个 EAB 可以单独使用，也可以由多个 EAB 构成规模更大的存储器来使用。

EAB 的另一个应用是用来实现复杂的逻辑功能。每个 EAB 可相当于 100～300 个等效门，能方便地构成各种逻辑功能模块，并由这些模块进一步实现复杂的逻辑功能。

2) 逻辑单元

逻辑单元(LE)是 FLEX10K 结构中的最小单元，它能有效地实现逻辑功能。每一个 LE 包含一个 4 输入的 LUT、一个带有同步使能的可编程触发器、一个进位链和一个级联链。每个 LE 有两个输出，分别可以驱动局部互连和快速通道互连。

3) 逻辑阵列块

逻辑阵列块(LAB)由相邻的 LE 构成。每个 LAB 包含 8 个 LE、相连的进位链和级联链、LAB 控制信号和 LAB 局部互连线，可以提供 4 个可供 8 个 LE 使用的控制信号，其中两个可用于时钟，另外两个用做清除/置位逻辑控制。LAB 的控制信号可由专用输入引脚、I/O 引脚或借助 LAB 局部互连的任何内部信号直接驱动，专用输入端一般用做公共的时钟、清除或置位信号。

4) 快速通道

在 FLEX10K 中，不同 LAB 中的 LE 与器件 I/O 引脚之间的连接是通过快速通道互连实现的。快速通道是贯穿整个器件长和宽的一系列水平和垂直的连续分布线通道，由若干组行连线和列连线组成。采用这种布线结构，即使对于复杂的设计也可预测其性能。

5) I/O 单元

I/O 单元(IOG)位于快速通道、行和列的末端，包含一个双向 I/O 缓冲器和一个寄存器，这个寄存器可以用做需要快速建立时间的外部数据的输入寄存器，也可以作为要求快速“时钟到输出”性能的输出寄存器。IOC 可以被配置成输入、输出和双向口。

3. FPGA 的数据配置

由于 FPGA 使用的是基于 SRAM 工艺的器件，其内部逻辑功能和连线由芯片内 SRAM 所存储的数据决定，而 SRAM 掉电后数据丢失，因此，利用 FPGA 构成独立的数字系统，必须外接掉电非易失性存储器存储配置数据。系统加电时，通过存储在芯片外部的串行 E^2PROM 所提供的数据对 FPGA 进行配置。在数字系统调试阶段，为了避免多次对配置器件的擦写而引起器件损坏，可以通过下载电缆将配置数据直接下载到 FPGA 的 SRAM 中，系统调试成功后，再将配置数据写入配置器件中。

2.4　CPLD 和 FPGA 的比较

由于可编程逻辑器件在工艺、厂家和型号等诸多方面的不同，在面对数字系统设计时，设计人员究竟是选择 FPGA 还是 CPLD，主要取决于系统本身的需求。CPLD 和 FPGA 的比较如表 2-2 所示。

表 2-2　CPLD 和 FPGA 的比较

性　能	CPLD	FPGA	说　明
集成规模和逻辑复杂度	规模小、逻辑复杂度低	规模大、逻辑复杂度高	FPGA 用于复杂设计 CPLD 用于简单设计
互连结构和连线资源	连续布线结构、布线资源有限	分段总线、长线、专用互连，布线资源丰富	FPGA 布线灵活，但时序规划难，一般需要通过时序约束、静态时序分析、时序仿真等手段提高并验证时序性能
编程工艺	多为乘积项，采用 E^2PROM、FLASH 和反熔丝等不同工艺	多为 LUT 加寄存器结构，采用 SRAM 工艺，含 FLASH 和反熔丝等不同工艺	—
编程与配置	多数基于 ROM 型，掉电后配置数据不丢失。通过编程器烧写 ROM 或通过 ISP 模式将配置数据下载到目标器件	多数基于 RAM 型，掉电后配置数据丢失，需要外挂 ROM 或在线编程	—
触发器数	少	多	FPGA 更适合实现时序逻辑，CPLD 更适合完成算法和组合逻辑
速度	快	慢	—
功耗	大	小	—
引脚延时	确定、可预测	不确定、不可预测	对 FPGA 来说，时序约束和仿真非常重要
加密性能	可加密、保密性好	一般器件不可加密、保密性差	一些采用 FLASH 加 SRAM 工艺的新型 FPGA 器件，嵌入了加载 FLASH 及高性能的保密算法
成本与价格	成本低、价格低	成本高、价格高	CPLD 用于低成本设计
适用场合	逻辑系统、简单的逻辑功能	数据型系统、复杂的时序功能	—

2.5 CPLD 和 FPGA 的编程与配置技术

2.5.1 Altera 公司的下载电缆

针对 FPGA 器件不同的内部结构，Altera 公司提供了不同的器件配置方式。Altera 公司的 FPGA 的配置可通过编程器、JTAG 接口在线编程及 Altera 在线配置等方式进行。Altera 器件编程下载电缆有 ByteBlaster 并行下载电缆、ByteBlasterMV 并行下载电缆、MasterBlaster 串行/USB 通信电缆和 BitBlaster 串行下载电缆。设计人员需根据具体的可编程逻辑器件的型号和设计需要选择相应的下载电缆。

1．ByteBlaster 并行下载电缆

ByteBlaster 并行下载电缆是一种连接到 PC25 针标准(LPT 口)的硬件接口产品。ByteBlaster 为 FPGA 提供了一种快速而廉价的配置方法，设计人员的设计可以直接通过 ByteBlaster 并行下载电缆下载到目标芯片中。ByteBlaster 并行下载电缆一般使用扁平电缆，长度不超过 30cm，否则会带来干扰、反射及信号过冲问题，引起数据传输错误，导致下载失败。如果 PC 并行口与 PCB 电路板距离较远，需要加长电缆，则可在 PC 并行口和 ByteBlaster 电缆之间加入一根并行口连接电缆。

2．ByteBlasterMV 并行下载电缆

对于大规模集成可编程器件而言，芯片的功耗是一个不容忽视的因素。为了降低器件的功耗，Altera 公司将一些大容量的器件设计成芯片内核工作电压为 2.5V，而 I/O 口工作电压为 3.3V。ByteBlasterMV(MV 即混合电压)并行下载电缆就是针对 Altera 公司的多工作电压器件而采用的下载方式，其基本结构与 ByteBlaster 并行下载方式基本相同，但是其编程电缆 25 针接口连接和电缆线转换电路不同。

3．MasterBlaster 串行/USB 通信电缆

MasterBlaster 通信电缆具有标准的 PC 串行接口或 USB 硬件接口。MasterBlaster 电缆允许 PC 用户配置数据到 APEX II、APEX20K、FLEX10K、FLEX8000 和 FLEX6000 系列器件，以及 Excalibur 嵌入式微处理器，也可编程 MAX9000、MAX7000S 和 MAX7000A 系列器件。设计项目可以直接下载到器件。在 APEX 和 APEX20K 系列器件中，MasterBlaster 电缆还可通过 SignalTap 嵌入式逻辑分析器进行在线调试。工作电压支持 5.0V、3.3V 和 2.5V。

4．BitBlaster 串行下载电缆

BitBlaster 串行下载电缆具有标准的 RS-232 串行接口。BitBlaster 电缆可配置数据到 FLEX10K、FLEX8000 和 FLEX6000 系列器件，也可编程 MAX9000、MAX7000S、MAX7000A 和 MAX3000A 系列器件。

2.5.2　Altera 公司 FPGA 器件的编程/配置模式

Altera 公司的 FPGA 器件有两类配置下载方式：主动配置方式和被动配置方式。主动配置方式由 FPGA 器件引导配置操作过程，它控制着外部存储器和初始化过程；而被动配置方式则由外部计算机或控制器控制配置过程。

1．PS 模式(被动串行模式)

下载时，将数据烧录到 FPGA 的配置器件 EPC(专用存储器)中保存。FPGA 器件每次上电时，EPC 作为控制器件，把 FPGA 当做存储器，把数据写入 FPGA 中，实现对 FPGA 的编程。该模式可实现对 FPGA 的在线编程。

2．AS 模式(主动串行模式)

下载时，将数据烧录到 FPGA 的配置器件 EPC(专用存储器)中保存。FPGA 器件每次上电时，FPGA 作为控制器主动对配置器件 EPC 发出读取数据信号，从而把 EPC 的数据读入 FPGA，实现对 FPGA 的编程。

3．JTAG 模式

直接将数据烧录到 FPGA 中，由于是 SRAM，所以断电后数据丢失。JTAG 标准提供了板级和芯片级的测试规范。通过定义输入/输出引脚、逻辑控制函数和指令，借助一个 4 信号线的接口及相应软件，可实现对电路板上所有支持边界扫描的芯片的内部逻辑和边界引脚的测试。

2.6　可编程逻辑器件主要生产厂商及典型器件

1．Altera 公司

Altera 公司生产的 CPLD 器件主要有 MAX7000 系列、MAX7000 AE 系列、MAX7000B 系列、MAX7000S 系列、MAX9000 系列、MAX3000A 系列和 Classic 系列等。

Altera 公司生产的 FPGA 器件主要有 FLEX6000/8000、FLEX10K、FLEX10KA、FLEX10KB、FLEX10KE、ACEX1K、ACEX20K、Stratix、Cyclone、Excabular 等系列器件。不同器件所具有的功能也有差别，如 FLEX6000/8000 中没有嵌入式阵列块；Stratix 系列器件中除了包含 EAB 外，还有大量的乘累加硬件模块，特别适合数字信号处理；Excabular 系列器件中包含了一个硬件 ARM 嵌入式处理器，很容易构成嵌入式系统。

2．Xilinx 公司

Xilinx 公司是 FPGA 的发明者。其 CPLD 器件主要有 XC9500 系列。

Xilinx 公司生产的 FPGA 器件主要有 XC3000 系列、XC4000 系列、Virtex 系列、Virtex

E 系列、Spartan 系列等。

3．Lattice 公司

Lattice 公司是 ISP(在系统编程)技术的发明者。Lattice 公司的主要产品有 ispLSI1000E 系列、ispLSI2000E/2000VL/200VE 系列、ispLSI5000V 系列、ispLSI8000/8000V 系列。

本 章 小 结

可编程逻辑器件是利用 EDA 技术进行电子系统设计的载体。本章概述了可编程逻辑器件的发展历程、分类和基本结构特点，依次介绍了简单 PLD、CPLD 和 FPGA 的基本结构、工作原理和特点，并对 CPLD 和 FPGA 的性能进行了比较，便于设计人员进行器件的选择。

常规 PLD 在使用中通常是先编程后装配，而采用在系统编程技术的 PLD 则是先装配后编程，且成为产品后还可重复编程。

习 题

一、填空题

1．可编程逻辑器件的英文全称是(　　)。

2．目前市场份额较大的生产可编程逻辑器件的公司有(　　)、(　　)、(　　)。

3．根据器件应用的技术，FPGA 可分为基于 SRAM 编程的 FPGA 和(　　)。

4．实际项目中，实现 FPGA 的配置常常需要附加一片(　　)。

二、选择题

1．在下列可编程逻辑器件中，不属于高密度可编程逻辑器件的是(　　)。

A．EPLD　　B．CPLD　　C．FPGA　　D．PAL

2．在下列可编程逻辑器件中，属于易失性器件的是(　　)。

A．EPLD　　B．CPLD　　C．FPGA　　D．PAL

3．大规模可编程器件主要有 FPGA、CPLD 两类，下列对 FPGA 结构与工作原理的描述中，正确的是(　　)。

A．FPGA 是基于乘积项结构的可编程逻辑器件

B．FPGA 的全称为复杂可编程逻辑器件

C．基于 SRAM 的 FPGA 器件，在每次上电后必须进行一次配置

D．在 Altera 公司生产的器件中，MAX7000 系列属于 FPGA 结构

4．大规模可编程器件主要有 FPGA、CPLD 两类，下列对 CPLD 结构与工作原理的描述中，正确的是(　　)。

A．CPLD 是基于查找表结构的可编程逻辑器件

B．CPLD 是现场可编程逻辑器件的英文简称

C．早期的 CPLD 是从 FPGA 的结构扩展而来

D．在 Xilinx 公司生产的器件中，XC9500 系列属于 CPLD 结构

三、简答题

1．PLD 的分类方法有哪几种？各有什么特征？

2．PLD 常用的存储元件有哪几种？各有哪些特点？

3．简述 PROM、PAL、PLA 和 GAL 的基本结构与特点。

4．简述 CPLD 的基本结构与特点。

5．简述 FPGA 的基本结构与特点。

第 3 章

VHDL 程序初步——程序结构

教学目标

通过本章知识的学习，初步了解 VHDL，做好语言学习的准备；掌握 VHDL 程序的结构和各部分的功能；了解结构体的三种描述方式；掌握 D 触发器的 VHDL 实现方法；了解不完整条件语句在 VHDL 设计中的重要作用。

利用 VHDL 进行数字系统设计，主要是描述数字系统的结构、行为、功能和接口。VHDL 的结构特点是将一项工程设计(简单到元件，复杂到系统)分成外部可视部分和内部功能部分。可视部分完成工程设计的名称和接口定义；内部功能部分使用硬件描述语言完成工程设计的逻辑功能。先进行外部可视部分设计，再进行内部逻辑功能设计，是 VHDL 系统设计的基本思路。

3.1 初识 VHDL 程序

在正式进入 VHDL 的学习之前，请读者阅读下列三个实例程序。这三个程序分别描述了在数字电路课程中已经学习过的多路选择器(多路复用器)和二输入与门。依据已知的元器件功能，读者是否可以看懂下面的程序呢？

【例 3-1】二选一多路选择器。

```
ENTITY mux21a IS
PORT ( a, b, s: IN  BIT;
       y : OUT BIT  );
END ENTITY mux21a;
ARCHITECTURE one OF mux21a IS
BEGIN
PROCESS (a,b,s)
BEGIN
   IF s = '0'  THEN   y <= a ;  ELSE  y <= b;
END IF;
END PROCESS;
END ARCHITECTURE one ;
```

【例 3-2】二输入与门——bit 数据类型。

```
ENTITY example_bit IS
  PORT(a,b:IN BIT;
         c:OUT BIT);
END;
ARCHITECTURE one OF example_bit IS
BEGIN
c<=a AND b;
END;
ARCHITECTURE two OF example_bit IS
BEGIN
PROCESS(a,b)
BEGIN
IF (a='1' AND b='1') THEN c<='1';
```

```
ELSE  c<='0';
END IF;
END PROCESS;
END;
CONFIGURATION example_conf OF example_bit IS
FOR one
END FOR;
END;
```

【例 3-3】二输入与门—— std_logic 数据类型。

```
LIBRARY IEEE;
USE IEEE.STD_LOGIC_1164.ALL;
ENTITY example_std_logic IS
  PORT(a,b:IN std_logic;
         c:OUT std_logic);
END;
ARCHITECTURE a OF example_std_logic IS
BEGIN
c<=a AND b;
END a;
```

上述示例程序的自我认识总结如下。

(1) 从体系结构上看，VHDL 程序应该包含：

① 由 ENTITY 和 END ENTITY 关键字构成的部分，定义关于输入、输出的某种联系。

② 由 ARCHITECTURE 和 END ARCHITECTURE 关键字构成的部分，通过语句实现一些逻辑运算。

③ CONFIGURATION 语句出现在了有两个 ARCHITECTURE 的程序中，该语句从两个 ARCHITECTURE(one 和 two)中选择了一个(one)来使用。

④ LIBRARY 语句打开了和 IEEE(电工电子协会)有关的内容，而 USE 语句使用了这个内容。

⑤ 每个程序都包含 ENTITY 和 ARCHITECTURE 语句。

(2) 从程序语句语法上看，VHDL 程序应该包含：

① IF 语句，即分支结构语句，每个 IF 语句对应一个 END IF。

② 由 PROCESS 和 END PROCESS 语句构成一个相对独立的小模块。

③ “<=”符号是赋值语句，每一行语句结束有分号(英文格式)。

④ 有逻辑运算符 AND。

⑤ 部分单词大写，部分单词小写。

上面的总结是正确的吗？如果正确，能否从专业和定义的角度加以明确呢？下面的知识将帮助你解决关于 VHDL 程序结构的疑问，程序语句的问题将在后面的章节详细解释。

3.2　VHDL 体系结构概述

3.2.1　VHDL 体系结构

一个相对完整的 VHDL 设计由库和程序包(LIBRARY)、实体(ENTITY)、结构体(ARCHITECTURE)和配置(CONFIGURATION)四个部分组成，如图 3-1 所示。这四个部分不是每一个 VHDL 程序都必须具备的，其中只有实体和与之对应的结构体是必需的，其余部分根据设计情况选择使用。

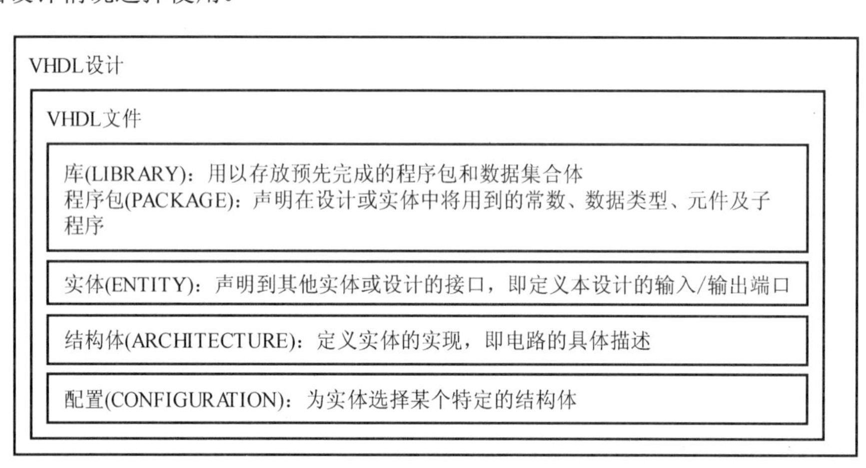

图 3-1　VHDL 程序基本结构

【例 3-4】数据比较器。本程序是一个简单的 4 位二进制数比较器，若 a<b，ya 为 1；若 a>b，yb 为 1；若 a=b，yc 为 1。

```
LIBRARY IEEE;
USE IEEE.STD_LOGIC_1164.ALL;
ENTITY data_compare IS
GENERIC(x:integer:=4);
  PORT(a,b:IN STD_LOGIC_VECTOR(x-1 DOWNTO 0);
         ya,yb,yc:OUT STD_LOGIC);
END data_compare;
ARCHITECTURE behave OF data_compare IS
BEGIN
  PROCESS(a,b)
    BEGIN
      IF (a<b) THEN ya<='1';yb<='0';yc<='0';
      ELSIF (a>b) THEN ya<='0';yb<='1';yc<='0';
      ELSE ya<='0';yb<='0';yc<='1';
```

```
      END IF;
    END PROCESS;
  END behave;
```

说明：例 3-1～例 3-4 中四个示例程序的实体和结构体有以“END ENTITY ×××”和“END ARCHITECTURE ×××”语句结尾的，也有以“END”和“END ×××”语句结尾的，前者符合 VHDL 的 IEEE1076—1993 版的语法要求，后者符合 IEEE1076—1987 版的语法要求。

下面将对 VHDL 程序的四个组成部分做详细说明。

3.2.2　库、程序包

库、程序包是 VHDL 程序中的可选部分，两者可以单独存在于一个 VHDL 程序中，也可以同时存在于一个 VHDL 程序中。

1．库

在 VHDL 设计中，为了提高设计效率、统一语法标准和减少设计人员工作量，有必要将有用的信息汇集在一个或多个库中供设计人员使用。库中主要包括预先定义好的数据类型、子程序设计单元的集合体(程序包)，或预先设计好的各种设计实体等。库的说明一般放在设计单元的最前面。

库使用的语法格式如下：

```
LIBRARY<设计库名>;
USE<设计库名>.<程序包名>.ALL; --打开某一个库的某个程序包
```

USE 语句的语法格式如下。

格式 1：

```
USE 库名.程序包名.项目名;--使用库中某个程序包中某个具体项目
```

格式 2：

```
USE 库名.程序包名.ALL;--使用库中某个程序包的所有项目
```

在设计单元内的语句可以使用库中的结果，所以库的好处就是设计者可以共享已经编译的设计结果。VHDL 中有很多库，但它们相互独立。库的作用范围从一个实体说明开始到它所属的结构体、配置为止，当有两个实体时，第二个实体前要另加库和包的说明。

VHDL 中常见的库主要包括以下三类。

(1) IEEE 库。IEEE 库是使用最为广泛的资源库。IEEE 库主要包括的程序包有 std_logic_1164、numeric_bit、numeric_std。其中 std_logic_1164 是设计人员最常使用和最重要的程序包，该包主要定义了一些常用的数据类型和函数，如 std_logic、std_ulogic、std_logic_vector、std_ulogic_vector 等。

(2) WORK 库。WORK 库可以用来临时保存以前编译过的单元和模块，用户自己设计的模块一般可以存放在该库中。所以，如果需要引用以前编译过的单元和模块，设计人员只需要引用该库即可。

(3) STD 库。STD 库是 VHDL 的标准库，该库中包含了 STANDARD 包和 TEXTIO 包。程序包 STANDARD 中定义了位(bit)、位矢量(bit_vector)、字符、时间等数据类型，是一个使用非常广泛的包。

有的库和程序包已经默认包含，即无须在使用前声明，所以可以省略库和包的声明语句，如 STD 库中的 STANDARD 包、WORK 库。

2. 程序包

在设计实体中定义的数据类型、子程序或数据对象对于其他的设计实体是不同的，为了使已定义的常数、数据类型、元件调用说明以及子程序能被多个 VHDL 设计实体方便地访问和共享，可以将它们收集在一个 VHDL 程序包中。

3.2.3 实体

实体(ENTITY)就是设计对象(或设计项目)，可以代表任何电路。从一条连接线、一个门电路、一个芯片、一块电路板，到一个复杂系统，都可以看成一个实体。实体类似于原理图中的一个部件符号，它不描述设计的具体功能，而是用来描述设计所包含的输入/输出端口及其特征。实体中的每一个 I/O 信号被称为端口，其功能对应于电路图符号的一个引脚。端口说明则是对一个实体的一组端口的定义，即对基本设计实体与外部接口的描述。端口是设计实体和外部环境动态通信的通道。

实体语句的语法格式如下：

```
ENTITY 实体名 IS
[GENERIC(常数名：数据类型[：设定值])]  --[]中的内容为可选项
   PORT
      (设计中的所有输入输出信号);
END 实体名;
```

在例 3-4 的比较器中，实体部分的描述如下：

```
ENTITY data_compare IS
GENERIC(x:integer:=4);
  PORT(a,b:IN STD_LOGIC_VECTOR(x-1 DOWNTO 0);
         ya,yb,yc:OUT STD_LOGIC);
END data_compare;
```

例 3-4 比较器的实体对应的原理图符号如图 3-2 所示。

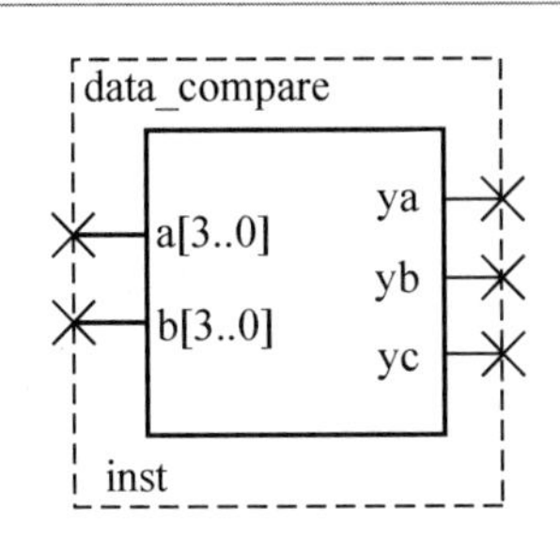

图 3-2　比较器实体对应的原理图符号

1．实体名

例 3-4 比较器设计的实体名为 data_compare。此处注意，Altera 公司的 EDA 开发集成环境要求设计的实体名与 VHDL 的文件名必须相同，即例 3-4 设计程序的保存文件名应为 data_compare.vhd，否则无法编译通过。对于 VHDL 的编译器和综合器来说，程序字母的大小写是不加区分的，但为了便于程序的“识读”，本书中将 VHDL 的标识符或基本语句的关键字以大写字母表示，而由设计者创建的标识符以小写字母表示。

2．类属参数

类属参数 GENERIC 是一种端口界面常数，常用来规定端口的大小、实体中子元件的数目及实体的定时特性等。设计者可以通过使用 GENERIC 语句对类属参数重新设定，从而容易地改变一个设计实体或一个元件的内部电路结构和规模。采用类属参数语句的优点是，当在某个实体内大量使用某个参数时，就可把该参数定义成类属参数。当设计者需改变该参数的值时，只需在类属参数语句中改写一次即可，从而避免改写多处所带来的麻烦和错误。

例 3-4 为 4 位二进制比较器，所以 x 宽度为 4。如需 8 位二进制比较器，只需将 x 的值修改为 8，即 GENERIC(x:integer:=8)。同时，由于 GENERIC 的使用，使得程序修改位置减少，也就相应减少修改错误出现的可能性。

3．PORT 语句和端口信号名

在真实的元件中，为了区别引脚功能和识别引脚，常常其每个引脚都有自己独一无二的名字。同理，在 VHDL 程序中，端口信号名也是识别端口的唯一标识，且这个名字必须是唯一的合法标识符。在描述电路的端口及其端口信号时，必须用端口语句 PORT()引导，并在语句结尾处加分号。

4．端口模式

端口模式定义端口的数据流动方向。

1) IN

IN 定义的通道为单向只读模式，规定数据只能通过此端口被读入实体中，即数据输入端口(引脚)。

2) OUT

OUT 定义的通道为单向输出模式，规定数据只能通过此端口从实体向外流出，或者说可以将实体中的数据向此端口赋值，即数据输出端口(引脚)。

3) INOUT

INOUT 定义的通道为输入/输出双向端口，即从端口的内部看，可以对此端口进行赋值，也可以通过此端口读入外部的数据信息；而从端口的外部看，信号既可以从此端口流出，也可以向此端口输入信号，如 RAM 的数据端口、单片机的 I/O 口。

4) BUFFER

BUFFER 的功能与 INOUT 类似，区别在于当需要输入数据时，只允许内部回读输出的信号，即允许反馈。如计数器的设计，可将计数器输出的计数信号回读，以作下一计数值的初值。与 INOUT 模式相比，BUFFER 回读(输入)的信号不是由外部输入的，而是由内部产生、向外输出的信号。图 3-3 列出了出四种端口模式的区别。

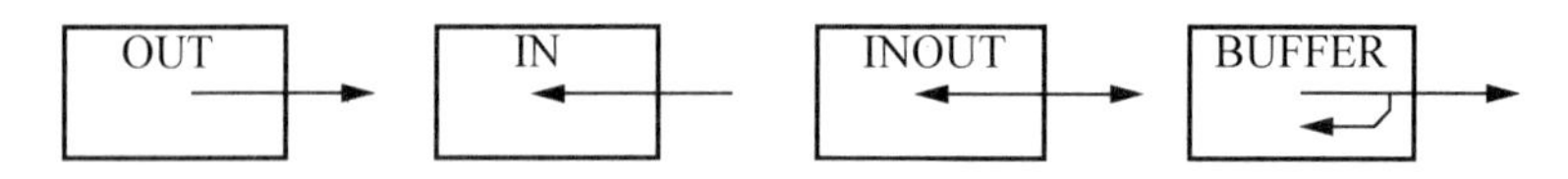

图 3-3　端口模式说明

下面通过示例程序来让读者熟悉端口模式的使用。

【例 3-5】OUT 与 BUFFER 的区别。b 和 c 端口输出 a 取反后的值。

程序 1：

```
Entity test_out_buffer_1 IS
PORT(a: IN STD_LOGIC;
   b,c: OUT STD_LOGIC);
END test_out_buffer_1;
ARCHITECTURE one OF test_out_buffer_1 IS
BEGIN
        b <= not(a);
        c <= b;  --此处错误，请读者思考为什么？
END ONE;
```

程序 2：

```
Entity test_out_buffer_2 IS
PORT(a: IN STD_LOGIC;
    B: BUFFER STD_LOGIC;
    c: OUT STD_LOGIC);
END test_out_buffer_2;
ARCHITECTURE two OF test_out_buffer_2 IS
BEGIN
        b <= not(a);
        c <= b;  --此处正确
END ONE;
```

5. 端口数据类型

常用的端口据类型有 bit、std_logic、bit_vector、std_logic_vector、integer 等，每种类型的具体内容将在后面章节详细解释。

3.2.4　结构体

定义好模块的实体以后，就可以用结构体(ARCHITECTURE)声明模块具体做什么，实现怎样的逻辑功能。结构体用来描述实体的结构和行为，即实现该实体的设计功能。一个实体可以有多个结构体，每个结构体分别使用不同的设计方案实现实体功能，但进行编译的结构体只能有一个，结构体的选择由配置语句实现。

结构体可以采用行为描述、结构描述或数据流描述，是 VHDL 设计中最主要的部分。在书写格式上需注意，结构体中“实体名”必须与实体说明中的“实体名”相一致，而“结构体名”可由设计者根据设计内容命名，当一个实体具有多个结构体时，各结构体名不可相同。结构体一般由如图 3-4 所示的各子部分组成。

结构体(ARCHITECTURE)

声明区(Declarations)：声明该结构体将用到的信号、数据类型、常数、元件、子程序等

并发语句 块语句(BLOCK)：一系列并发(并行)语句构成 进程语句(PROCESS)：进程内部为顺序语句。用于将从外部获得的信号值或内部的运算数据向其他的信号进行赋值 信号赋值(SIGNAL Assignment)：计算结构，并赋值给信号 子程序(过程(PROCEDURE)和函数(FUNCTION))调用：内部为顺序语句。用于调用过程和函数，并将得到的结果赋予信号 元件例化(COMPONENT Instantiation)：元件调用。用于调用另一个实体所描述的电路

图 3-4　结构体结构

结构体的语法格式如下：

```
ARCHITECTURE 结构体名 OF 实体名 IS
      [结构体说明语句]
BEGIN
   功能描述语句
END ARCHITECTURE 结构体名;
```

例 3-4 数据比较器的结构体如下：

```
ARCHITECTURE behave OF data_compare IS
BEGIN
  PROCESS(a,b)
```

```
    BEGIN
      IF (a<b) THEN ya<='1';yb<='0';yc<='0';
      ELSIF (a>b) THEN ya<='0';yb<='1';yc<='0';
      ELSE ya<='0';yb<='0';yc<='1';
      END IF;
  END PROCESS;
END behave;
```

1. 结构体说明语句

结构体说明语句用于对结构体需要使用的信号、常数、数据类型和函数进行定义和说明。

2. 功能描述语句

功能描述语句具体地描述结构体的行为。这些语句都是并发(同时)执行的，与语句在程序中的位置顺序无关。

3. VHDL 语句结构

VHDL 结构体中用来描述逻辑功能和电路结构的语句分为顺序语句和并行语句两部分。顺序语句的执行方式类似于普通软件语言的程序执行方式，即按照语句在程序中的位置逐条顺序执行。而并行语句，无论有多少行语句，都是同时执行的，与语句在程序中的位置无关。

3.2.5 配置

一个实体可用多个结构体描述，在具体综合时选择哪一个结构体来综合，则由配置(CONFIGURATION)来确定。可以理解为，在设计阶段，可以用多种结构体描述方式(每个结构体地位相同)描述一个实体；在综合时，配置可以把特定的结构体关联到一个确定的实体。

配置语句的语法格式如下：

```
CONFIGURATION 配置名 OF 实体名 IS
   配置说明
END 配置名;
```

【例 3-6】 配置语句的使用——二选一多路选择器。

```
ENTITY mux21a IS
  PORT ( a, b : IN  BIT;
           s : IN  BIT;
           y : OUT BIT  );
END ENTITY mux21a;
ARCHITECTURE one OF mux21a IS
```

```
    BEGIN
      y <= a  WHEN  s = '0'  ELSE  b;
 END ARCHITECTURE one;
 ARCHITECTURE two OF mux21a IS
      SIGNAL d,e:BIT;
   BEGIN
     d <= a AND (NOT S); e <= b AND s;  y <= d OR e;
   END ARCHITECTURE two;
 ARCHITECTURE three OF mux21a IS
  BEGIN
    PROCESS (a,b,s)
 BEGIN
    IF s = '0'  THEN   y <= a;  ELSE  y <= b;
 END IF;
    END PROCESS;
 END ARCHITECTURE three;
 CONFIGURATION  example OF mux21a IS
      FOR one
      END FOR;
 END CONFIGURATION;
```

3.3　结构体描述方式

一个实体可以使用三种不同的方式进行描述，即行为描述、数据流描述和结构描述。

(1) 行为描述(Behavioral)：反映一个设计的功能或算法。行为描述在 EDA 工程中称为高级描述，也是 VHDL 的最大优点。行为描述一般使用进程语句(PROCESS)，用顺序语句表达，不考虑硬件实现的途径，直接建立输入与输出之间的关系。

(2) 数据流描述(Dataflow)：反映一个设计中数据从输入到输出的流向，使用并行语句描述。顺序语句不可以作数据流描述，同时数据流描述不能实现同步的功能。

(3) 结构描述(Structural)：反映一个设计的硬件特征，表达了内部元件间的连接关系，使用元件例化语句(port map 语句)来描述。结构描述通过定义模块中信号的流动方向来描述模块功能，也可以看做一种特殊的行为描述模式。

下面将以 8 位数据比较器为例说明结构体描述的三种方式，在理解描述方式的同时，可以再次深入了解 VHDL 的程序结构。

3.3.1　行为描述方式

【例 3-7】行为描述的 8 位数据比较器。

```
LIBRARY IEEE;
USE IEEE.STD_LOGIC_1164.ALL;
ENTITY comparator_behavioral IS
  PORT(a,b:IN STD_LOGIC_VECTOR(7 DOWNTO 0);
         g:OUT STD_LOGIC);
END;
ARCHITECTURE behavioral OF comparator_behavioral IS
BEGIN
  PROCESS(a,b)
  BEGIN
  IF a=b THEN  g<='1';
  ELSE g<='0';
  END IF;
END PROCESS;
END behavioral;
```

该程序的 RTL 电路如图 3-5 所示。行为描述的 8 位数据比较器利用进程语句中一个简单的算法来描述实体的行为，完成比较两数是否相等的功能。即当输入的 8 位数 a 和 b 相等(a=b)时，g 输出高电平；否则，比较器输出低电平。关键字 PROCESS(a,b)中，a 和 b 为敏感信号，每当 a 或 b 发生变化时，进程就启动一次，相应地就有一个比较结果输出。

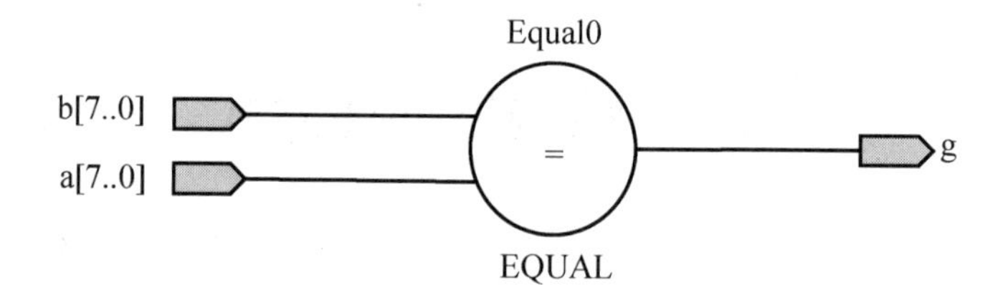

图 3-5　行为描述的 8 位数据比较器 RTL 电路图

3.3.2　数据流描述方式

【例 3-8】数据流描述的 8 位数据比较器。

```
LIBRARY IEEE;
USE IEEE.STD_LOGIC_1164.ALL;
ENTITY comparator_dataflow IS
  PORT(a,b:IN STD_LOGIC_VECTOR(7 DOWNTO 0);
         g:OUT STD_LOGIC);
END;
ARCHITECTURE behavioral OF comparator_dataflow IS
BEGIN
  g<='1' WHEN (a=b) ELSE '0';
```

```
END behavioral;
```

该程序的 RTL 电路如图 3-6 所示。数据流描述主要采用非结构化的并行语句来描述，条件信号赋值语句(WHEN ELSE)和选择信号赋值语句(WITH SELECT)是数据流描述方式常用的语句。本例使用条件信号赋值语句完成设计内容，由于使用并行语句，所以没有进程语句(PROCESS)。

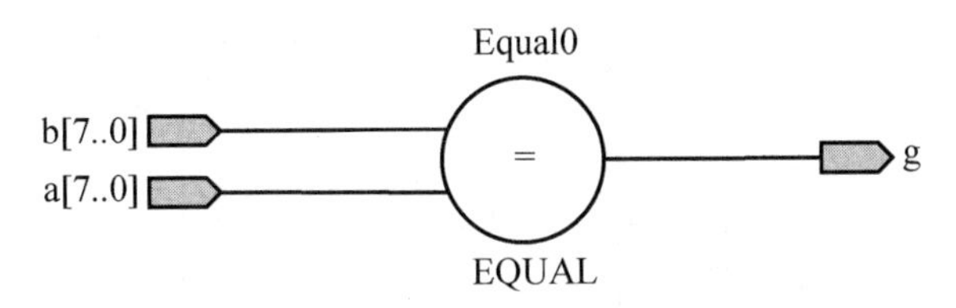

图 3-6　数据流描述的 8 位数据比较器 RTL 电路图

【例 3-9】 数据流描述的布尔方程形式的 8 位数据比较器。

```
LIBRARY IEEE;
USE IEEE.STD_LOGIC_1164.ALL;
ENTITY comparator_bool IS
  PORT(a,b:IN STD_LOGIC_VECTOR(7 DOWNTO 0);
        g:OUT STD_LOGIC);
END;
ARCHITECTURE behavioral OF comparator_bool IS
BEGIN
  g<=NOT (a(0) XOR b(0)) AND
     NOT (a(1) XOR b(1)) AND
     NOT (a(2) XOR b(2)) AND
     NOT (a(3) XOR b(3)) AND
     NOT (a(4) XOR b(4)) AND
     NOT (a(5) XOR b(5)) AND
     NOT (a(6) XOR b(6)) AND
     NOT (a(7) XOR b(7));
END behavioral;
```

该程序的 RTL 电路如图 3-7 所示。本例中直接使用逻辑运算符号完成并行信号赋值语句，以实现比较器的逻辑功能。

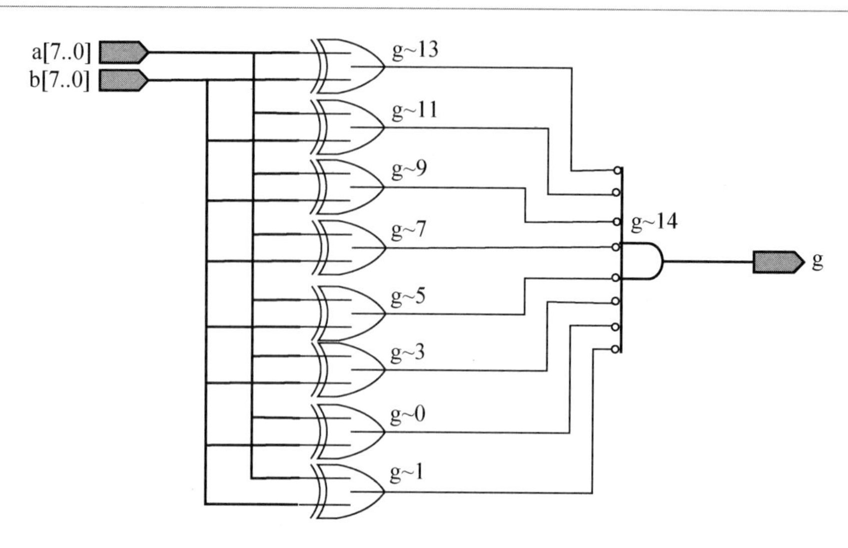

图 3-7 数据流描述的布尔方程形式的 8 位数据比较器 RTL 电路图

3.3.3 结构描述方式

【例 3-10】八输入与门。

```
LIBRARY IEEE;
USE IEEE.STD_LOGIC_1164.ALL;
ENTITY my_and8 IS
  PORT(a,b,c,d,e,f,g,h:IN STD_LOGIC;
         y:OUT STD_LOGIC);
END;
ARCHITECTURE behavioral OF my_and8 IS
BEGIN
   y<=a AND b AND c AND d AND e AND f AND g AND h;
END behavioral;
```

【例 3-11】二输入与非门。

```
LIBRARY IEEE;
USE IEEE.STD_LOGIC_1164.ALL;
ENTITY xnor2 IS
  PORT(a,b:IN STD_LOGIC;
         c:OUT STD_LOGIC);
END;
ARCHITECTURE behavioral OF xnor2 IS
BEGIN
   c<=NOT(a AND b);
end behavioral;
```

【例 3-12】结构描述的 8 位数据比较器。

```
IBRARY IEEE;
USE IEEE.STD_LOGIC_1164.ALL;
ENTITY comparator_structural IS
  PORT(a,b:IN STD_LOGIC_VECTOR(7 DOWNTO 0);
         g:OUT STD_LOGIC);
END;
ARCHITECTURE behavioral OF comparator_structural IS
COMPONENT xnor2
 PORT(a,b:IN STD_LOGIC;
        c:OUT STD_LOGIC);
END COMPONENT;
COMPONENT my_and8
  PORT(a,b,c,d,e,f,g,h:IN STD_LOGIC;
         y:OUT STD_LOGIC);
END COMPONENT;
SIGNAL temp:STD_LOGIC_VECTOR(0 TO 7);
BEGIN
  U0:xnor2     PORT MAP(a(0),b(0),temp(0));
  U1:xnor2     PORT MAP(a(1),b(1),temp(1));
  U2:xnor2     PORT MAP(a(2),b(2),temp(2));
  U3:xnor2     PORT MAP(a(3),b(3),temp(3));
  U4:xnor2     PORT MAP(a(4),b(4),temp(4));
  U5:xnor2     PORT MAP(a(5),b(5),temp(5));
  U6:xnor2     PORT MAP(a(6),b(6),temp(6));
  U7:xnor2     PORT MAP(a(7),b(7),temp(7));
  U8:my_and8  PORT MAP(a=>temp(0),b=>temp(1),c=>temp(2),d=>temp(3),
                 e=>temp(4),f=>temp(5),g=>temp(6),h=>temp(7),y=>g);
END behavioral;
```

例 3-12 程序的 RTL 电路如图 3-8 所示。在本例中，设计任务的程序包内定义了一个八输入与门(my_and8)和一个二输入异或门(xnor2)。把该程序包编译到库中，可通过 USE 语句来调用这些元件，并从 WORK 库中的 gatespkg 程序包中获取标准化元件。

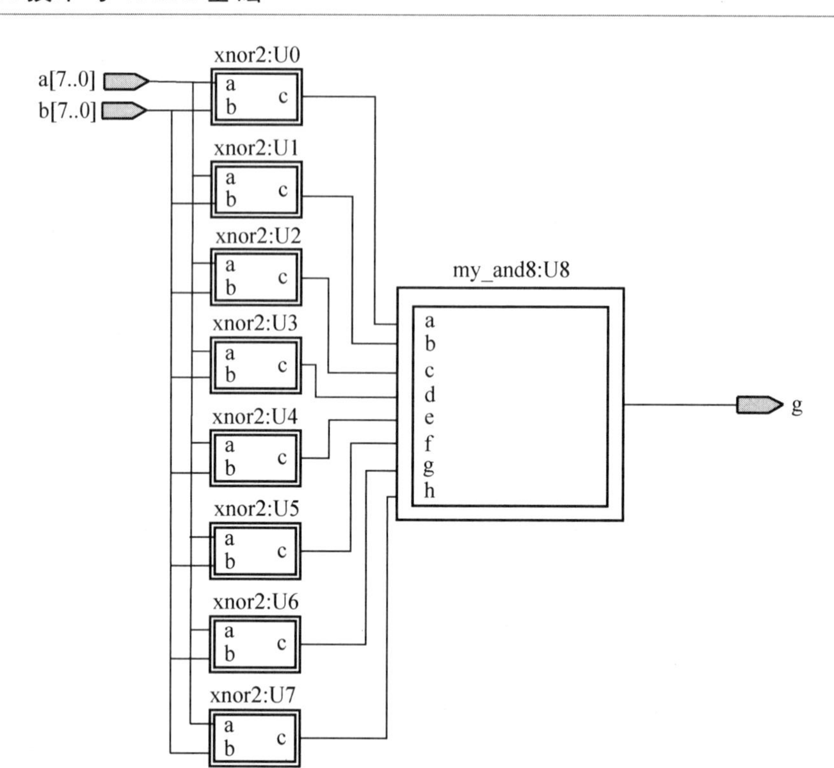

图 3-8　结构描述的 8 位数据比较器 RTL 电路图

利用结构描述方式，可以采用结构化、模块化设计思想，将一个大的设计划分为许多小的模块，逐一设计调试完成，然后利用结构化描述方式将它们组装起来，形成更为复杂的设计。

在三种描述风格中，行为描述的抽象程度最高，最能体现 VHDL 描述高层次结构和系统的能力。正是 VHDL 的行为描述能力使自顶向下的设计思想成为可能。

3.4　D 触发器的 VHDL 描述概述

本章前述内容全部涉及的是组合逻辑电路的 VHDL 描述，本节将通过对时序电路 D 触发器的讲解，简要介绍用 VHDL 描述时序逻辑电路的初步方法。

在使用 VHDL 进行组合逻辑电路和时序逻辑电路设计时，程序结构是一样的，都由五大部分构成，使用的语句也相同 (实际上 VHDL 的语句不是按照组合逻辑语句和时序逻辑语句划分的，这正是 VHDL 的优势，也是一个学习难点)，那么时序逻辑电路是如何实现的呢？请仔细阅读下面内容。

3.4.1　D 触发器的 VHDL 描述

与其他硬件描述语言相比，在时序电路的描述上，VHDL 具有许多独特之处，最明显的是，VHDL 主要通过对时序器件功能和逻辑行为的描述，而非结构上的描述，即能由计算机综合出符合要求的时序电路，从而充分体现了 VHDL 电路系统行为描述的强大功能。

以下将对基本的时序元件 D 触发器的不同 VHDL 描述进行详细分析，从而得出时序电路时钟边沿信号的描述方法和时序逻辑电路的一般设计方法。D 触发器的元件符号如图 3-9 所示，真值表如表 3-1 所示。

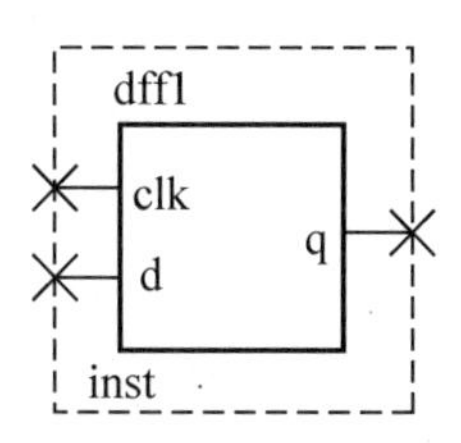

图 3-9　D 触发器的元件符号

表 3-1　D 触发器的真值表

输入 d	时钟 clk	输出 q
×	0	不变
×	1	不变
0	上升沿	0
1	上升沿	1

【例 3-13】使用信号属性函数描述的上升沿 D 触发器。

```
LIBRARY IEEE;
USE IEEE.STD_LOGIC_1164.ALL;
ENTITY dff1 IS
    PORT(clk:IN STD_LOGIC;
         d:IN STD_LOGIC;
         q:OUT STD_LOGIC);
END;
ARCHITECTURE bhv OF dff1 IS
BEGIN
PROCESS(clk)
BEGIN
IF clk'EVENT AND clk='1' THEN q<=d;
END IF;
END PROCESS;
END;
```

使用信号属性函数描述时序逻辑电路是一种常用的方法。本例中的 clk'EVENT AND clk='1'用于检测时钟信号的上升沿，即如果检测到信号 clk 的上升沿，此条件表达式输出为真。关键字 EVENT 是信号属性函数(用来获得信号行为信息的函数)用于检测信号是否发生变化。

下降沿的信号属性函数描述是 clk'EVENT AND clk='0'。

【例 3-14】使用信号属性函数描述的下降沿 D 触发器。

```
LIBRARY IEEE;
USE IEEE.STD_LOGIC_1164.ALL;
ENTITY dff1 IS
    PORT(clk:IN STD_LOGIC;
         d:IN STD_LOGIC;
         q:OUT STD_LOGIC);
END;
ARCHITECTURE bhv OF dff1 IS
BEGIN
PROCESS(clk)
BEGIN
IF clk'EVENT AND clk='1' THEN q<=d;
END IF;
END PROCESS;
END;
```

【例 3-15】使用 WAIT 语句描述的上升沿 D 触发器。

```
LIBRARY IEEE;
USE IEEE.STD_LOGIC_1164.ALL;
ENTITY dff1 IS
    PORT(clk:IN STD_LOGIC;
         d:IN STD_LOGIC;
         q:OUT STD_LOGIC);
END;
ARCHITECTURE bhv OF dff1 IS
BEGIN
PROCESS
BEGIN
WAIT UNTIL clk='1';
     q<=d;
END PROCESS;
END;
```

本例中使用 WAIT UNTIL(等待直到)语句实现上升沿检测，含义是如果信号 clk 当前值不是“1”，就等待并保持 Q 的原值不变，直到 clk 变为“1”时对 q 赋值。在 VHDL 中规定，当进程中使用 WAIT 语句后，就不能列出敏感信号。

【例 3-16】使用上升沿检测函数描述的上升沿 D 触发器。

```
LIBRARY IEEE;
USE IEEE.STD_LOGIC_1164.ALL;
ENTITY dff1 IS
    PORT(clk:IN STD_LOGIC;
        d:IN STD_LOGIC;
        q:OUT STD_LOGIC);
END;
ARCHITECTURE bhv OF dff1 IS
BEGIN
PROCESS(clk)
BEGIN
IF (rising_edge(clk)) THEN q<=d;
END IF;
END PROCESS;
END;
```

本例中，rising_edge(clk)为上升沿检测函数，该函数在 STD_LOGIC_1164 程序包中作了预定义。下降沿检测函数为 falling_edge()。

【例 3-17】使用进程的启动特性描述的上升沿 D 触发器。

```
LIBRARY IEEE;
USE IEEE.STD_LOGIC_1164.ALL;
ENTITY dff1 IS
    PORT(clk:IN STD_LOGIC;
        d:IN STD_LOGIC;
        q:OUT STD_LOGIC);
END;
ARCHITECTURE bhv OF dff1 IS
BEGIN
PROCESS(clk)
BEGIN
IF clk='1' THEN q<=d;
END IF;
END PROCESS;
END;
```

进程的执行与否与敏感信号相关，当敏感信号发生变化时，进程启动。在本例中，敏感信号为 clk，当 clk 信号发生变化时，进程启动并执行，此时如果 clk 为“1”，则可认定 clk 信号出现上升沿。

3.4.2 不完整条件语句

VHDL 中的顺序语句和并行语句在设计各种电路时都可以被使用，但是如何区分设计出来的电路是组合电路还是时序电路呢？这是一个很重要的问题。如果不考虑这个问题，本想设计组合电路的程序，可能不小心就设计成了时序电路，甚至会出现无法预测的错误。对于传统数字系统设计，可以通过查看电路设计中是否有触发器、锁存器或相应的存储元件等典型的时序元件来确定设计系统是否为时序电路。而在 VHDL 中是无法通过该方法实现区分的，那么应该如何根据 VHDL 的语句来判定设计是否为时序逻辑电路呢？

下面以典型的时序逻辑电路——D 触发器为例进行分析。

【例 3-18】 D 触发器。

```
LIBRARY IEEE;
USE IEEE.STD_LOGIC_1164.ALL;
ENTITY dff IS
    PORT(clk:IN STD_LOGIC;
        d:IN STD_LOGIC;
        q:OUT STD_LOGIC);
END;
ARCHITECTURE bhv OF dff IS
BEGIN
PROCESS(clk)
BEGIN
IF clk'EVENT AND clk='1' THEN q<=d;
END IF;
END PROCESS;
END;
```

首先考察时钟信号 clk 上升沿出现的情况(即 IF 语句条件成立的情况)。当 clk 发生变化时，进程被启动，IF 语句将测定条件表达式 clk'EVENT AND clk='1'是否成立。如果的确出现了上升沿，则满足条件表达式对上升沿的检测，于是执行语句 q<=d，即将 d 赋给 q，更新 q，并结束 IF 语句。至此，是否可以认为，clk 上升沿检测语句 clk'EVENT AND clk='1' 就是综合器产生时序电路的必要条件呢？答案是否定的。

前述为上升沿检测有效时的情况。当上升沿检测无效，即 IF 语句不满足条件时，程序会跳过赋值语句 q<=d，而结束 IF 语句。在程序中，IF 语句并没有利用 ELSE 指出当 IF 语句不满足条件时应该执行何种操作，显然这是一种不完整的条件语句。对于这种现象，VHDL 综合器理解为，不满足条件时，q 的原值保持不变(即 q 保持前一状态)。对于数字系统来说，保持一个值不变，就意味着电路中要使用具有存储功能的元件。因此，必须引进时序元件来保持 q 的原值。

显然，时序电路产生的关键在于利用了这种不完整的条件语句进行描述。这种产生时序电路的方式是 VHDL 描述时序电路最重要的途径。通常，完整的条件语句只能产生组合逻辑电路。需要注意的是，由于不完整的条件语句对应时序电路，所以在使用条件语句进行组合电路设计时，如果没有充分考虑电路中所有可能出现的条件，即没有列全所有条件及其对应的处理方法，将导致不完整条件出现，从而综合出不希望的组合与时序电路的混合体。

【例 3-19】数据比较器设计。

```
LIBRARY IEEE;
USE IEEE.STD_LOGIC_1164.ALL;
ENTITY data_com IS
    PORT(a,b:IN STD_LOGIC;
        q:OUT STD_LOGIC);
END;
ARCHITECTURE bhv OF data_com IS
BEGIN
PROCESS(a,b)
BEGIN
IF a>b THEN q<='1';
ELSIF a<b THEN q<='0';  --未列出 a=b 的情况，IF 语句不完整，产生时序逻辑电路
END IF;
END PROCESS;
END;
```

在该程序中，原意是要设计一个纯组合电路的数据比较器，但是由于在条件语句中漏掉了给出 a=b 时应进行何种操作，结果导致了一个不完整的条件语句，从而形成了逻辑时序电路。其综合后的 RTL 电路图如图 3-10 所示。

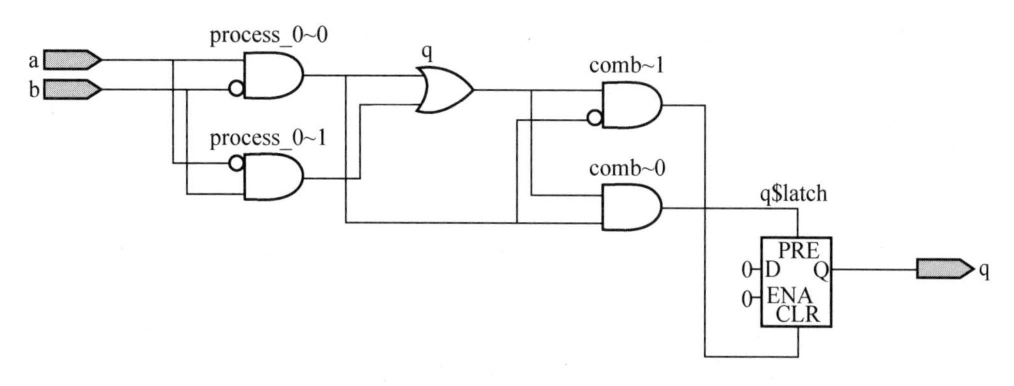

图 3-10　例 3-19 的 RTL 电路图

真实情况是，在 VHDL 中，任何不完整条件语句的出现都将导致时序逻辑的形成，这些条件语句不局限于 IF 语句。

本 章 小 结

VHDL 程序主要包括库和程序包、实体、结构体和配置四个部分。其中库和程序包使程序能够使用 VHDL 体系已经定义好的各种数据类型和函数等，实体用于描述模块的对外结构，结构体用于描述模块内部的功能结构，配置用于选择一个结构体进行综合。这种程序结构是实际中应用最多的，也是本书大部分程序的结构形式。

本章主要从整体结构上对 VHDL 程序进行介绍，VHDL 程序中的数据类型、数据对象、运算操作符和 VHDL 程序语句将在第 4 章中详细介绍。本章通过组合逻辑电路——数据比较器和时序逻辑电路——D 触发器的介绍，从结构上让读者对 VHDL 在整体上有所认识，引导读者开始 VHDL 的深入学习。

习 题

一、填空题

1. VHDL 主要用于描述数字系统的(　　)、(　　)、(　　)和(　　)。
2. 一个完整的 VHDL 程序通常包括(　　)、(　　)、(　　)和(　　)四部分。
3. VHDL 实体由(　　)、(　　)、(　　)、(　　)组成。
4. VHDL 结构体由(　　)和(　　)组成。
5. 类属参数常用来规定(　　)、(　　)、(　　)等。
6. VHDL 的库可以分为(　　)、(　　)和资源库。
7. 程序包是一种使包体中的(　　)、(　　)和类型说明，对其他设计单元 “可见”、可调用的设计单元。
8. VHDL 的顺序语句只能出现在(　　)、(　　)和函数中，是按照书写顺序自上而下，一条一条执行。
9. VHDL 的进程语句(PROCESS)是由(　　)组成的，但其本身却是(　　)的。

二、选择题

1. VHDL 是一种结构化设计语言；一个设计实体(电路模块)包括实体与结构体两部分，结构体描述(　　)。

   A．器件的外部特性　　B．器件的综合约束

   C．器件的外部特性与内部功能　　D．器件的内部功能

2. (　　)存放各种设计模块都能共享的数据类型、常数和子程序等。

   A．实体　　B．结构体　　C．程序包　　D．库

3. (　　)用于从库中选取所需单元组成系统设计的不同版本。

   A．实体　　B．结构体　　C．程序包　　D．配置

4．(　　)一般用于大多数顶层 VHDL，以便与以前编辑过的设计相连接。它表示构成系统的元件以及它们之间的相互连接。

A．数据流型结构体　　B．结构型结构体

C．行为型结构体　　D．混合型结构体

5．在 VHDL 中用(　　)来把特定的结构体关联到一个确定的实体。

A．输入　　B．输出　　C．综合　　D．配置

6．在 VHDL 中，用语句(　　)表示检测到时钟 clk 的上升沿。

A．clk'event　　B．clk'event and clk = '1'

C．clk = '0'　　D．clk'event and clk = '0'

7．不完整的 IF 语句，其综合结果可实现(　　)。

A．时序逻辑电路　　B．组合逻辑电路

C．双向电路　　D．三态控制电路

8．进入进程，即激活进程，需要激励(　　)。

A．进程外的变量　　B．进程内的变量

C．进程的敏感信号　　D．进程外的信号

三、简答题

1．简述 VHDL 的基本结构及各部分的功能。

2．描述三输入与非门。

3．结构体的描述方式有哪些？

4．画出与下列实体描述相应的原理图符号。

(1) 实体一

```
ENTITY buf3s IS
PORT(input:IN STD_LOGIC;
    enable:IN STD_LOGIC;
    output:OUT STD_LOGIC);
END buf3s;
```

(2) 实体二

```
ENTITY mux21 IS
PORT(in0,in1,sel:IN STD_LOGIC;
    output:OUT STD_LOGIC);
END mux21;
```

5．若 S1 为“1010”, S2 为“0101”，请计算 outvalue 的输出结果。

```
LIBRARY IEEE;
USE IEEE.STD_LOGIC_1164.ALL;
ENTITY ex IS
   PORT(s1: IN STD_LOGIC _VECTOR(3 DOWNTO 0);
```

```
        s2: IN STD_LOGIC _VECTOR(3 DOWNTO 0);
        outvalue: OUT STD_LOGIC _VECTOR(3 DOWNTO 0));
END ex;
ARCHITECTURE bhv OF ex IS
BEGIN
     outvalue(3 DOWNTO 0) <= (s1(2 DOWNTO 0) AND NOT s2(1 TO 3)) &  (s1(3)
XOR s2(0));
END bhv;
```

6. 假设输入信号 a= “6” ，b= “E” ，请计算 c 的值。

```
ENTITY logic IS
   PORT(a, b : IN STD_LOGIC _VECTOR(3 DOWNTO 0);
         c : OUT STD_LOGIC _VECTOR(3 DOWNTO 0));
END logic;
ARCHITECTURE bhv OF logic IS
BEGIN
   c(0)  <= NOT a(0);
   c(2 DOWNTO 1) <= a(2 DOWNTO 1)  AND  b(2 DOWNTO 1);
   c(3)  <= '1'  XOR  b(3);
   c(7 DOWNTO 4) <= "1111" WHEN (a (2)= b(2))  ELSE  "0000";
END bhv;
```

第 4 章

VHDL 基础

教学目标

通过本章知识的学习，应掌握 VHDL 的语言要素等基础知识，掌握 VHDL 的顺序语句和并行语句的语法格式、应用要点，掌握重点语句的灵活应用，掌握简单基本模块的 VHDL 设计方法。

4.1 VHDL 的语言要素

VHDL 在表现形式上与高级语言极其相似，其语言要素是编程的基础知识，是 VHDL 作为硬件描述语言的基本结构元素。熟练并准确地理解和掌握 VHDL 语言要素的功能、含义和使用方法，对于正确完成 VHDL 程序设计具有重要意义。

4.1.1 VHDL 文字规则

1. 注释

为了提高 VHDL 源程序的可读性，在 VHDL 中可以标记注释。注释为以“--”开头直到本行末尾的一段文字。在 Quartus II 软件中可以看到，输入“--”之后，后面字体的颜色就发生了改变。注释不是 VHDL 设计描述的一部分，编译后存入数据库中的信息不包含注释。但加注释的良好习惯将极大地帮助设计人员。

2. 数值型文字

数值型文字可以有多种表达方式：可以是十进制数，也可以是二进制数、八进制数或十六进制数等；可以是整数，也可以是含有小数点的浮点数。

1) 十进制整数

例如：012，5，78_456 (=78456)，2E6。

在相邻数字之间插入下划线，对十进制数值不产生影响，仅仅是为了提高文字的可读性。允许在数字之前冠以若干个 0，但不允许数字之间存在空格。

2) 实数

实数文字也是十进制数，但必须带有小数点。目前，FPGA/CPLD 的应用综合器不支持实数类型。

例如：12.0，0.0，3.14，6_741_113.666，52.6 E-2

3) 以数值基数表示的数

用数值基数表示的数由五个部分组成。第一部分用十进制数标明数值进位的基数；第二部分为数值隔离符号“#”；第三部分为表达的文字；第四部分为指数隔离符号“#”；第五部分为用十进制表示的指数部分，这一部分的数如果为 0 则可以省去不写。

```
例如：2#111_1011#        --二进制表示，等于 123
      8#1473#            --八进制表示，等于 827
      16#E#E1            --十六进制表示，等于 224
      016#F.01#E+2       --十六进制表示，等于 3841.00
```

对以数值基数表示的数而言，相邻数字间插入下划线不影响数值。基的最小数为 2，最大数为 16。以数值基数表示的数中允许出现字母 A～F，不区分大小写字母。

4) 物理量文字

综合器不支持物理量文字的综合。

例如：60s(秒)，100m(米)，177A(安)

3. 下标名

下标名用于指示数组型变量或信号的某一元素。

下标名的格式为：

```
标识符(表达式);
```

例如：

```
SIGNAL a,b: BIT_VECTOR(0 TO 3);
SIGNAL s: INTEGER RANGE 0 TO 2;
SIGNAL x,y: BIT;
x <= a (s);
y <= b (3);
```

上例中，a (s)为一下标语句，s 是不可计算的下标名，只能在特定情况下进行综合；b (3)的下标为 3，可以进行综合。

4. 标识符

标识符是最常用的操作符，可以是常数、变量、信号、端口、子程序或参数的名字。标识符规则是 VHDL 中符号书写的一般规则，为 EDA 工具提供了标准的书写规范。VHDL’93 对 VHDL’87 版本的标识符语法规则进行了扩展，通常称 VHDL’87 版本的标识符为短标识符，VHDL’93 版的标识符为扩展标识符。

1) 短标识符

VHDL 短标识符需遵守以下规则。

(1) 必须以英文字母开头。

(2) 英文字母、数字(0～9)和下划线都是有效的字符。

(3) 短标识符不区分大小写。

(4) 下划线(_)的前后都必须有英文字母或数字。

(5) 标识符不能有空格。

(6) 标识符不能与 VHDL 的关键字重名。

一般地，在书写程序时，应将 VHDL 的保留关键字设为大写字母或黑体，设计者自己定义的标识符为小写字母，以使得程序便于阅读和检查。尽管 VHDL 仿真综合时不区分大小写，但一个优秀的硬件程序设计师应该养成良好的编程习惯。

例如，合法的标识符：S_MACHINE，present_state，sig3，example_DFF，MUX_test

不合法的标识符：present-state，3states，cons_, _now，return，downto

2) 扩展标识符

扩展标识符的识别和书写有下面的规则。

(1) 用反斜杠来界定扩展标识符，如 \control_machine\、\s_block\ 等都是合法的扩展标识符。

(2) 扩展标识符允许包含图形符号和空格，如 \s&33\、\legal$state\ 是合法的扩展标识符。

(3) 两个反斜杠之间的字可以和保留字相同，如 \SIGNAL\、\ENTITY\ 是合法的扩展标识符，与 SIGNAL、ENTITY 是不同的。

(4) 两个反斜杠之间的标识符可以用数字开头，如 \15BIT\、\5ns\是合法的扩展标识符。

(5) 扩展标识符是区分大小写的，如 \a\ 与 \ A\ 是不同的标识符。

(6) 扩展标识符允许多个下划线相邻，如 \our_ _entity\ 是合法的扩展标识符(不推荐这种方式)。

(7) 扩展标识符的名字中如果含有一个反斜杠，则用相邻的两个反斜杠来代表它，如 \te\\xe\ 表示该扩展标识符的名字为 te\xe (共 5 个字符)。

4.1.2 数据对象

VHDL 中的数据对象主要包括常量、变量和信号。如果在结构体描述部分需要使用某一对象，就应该在结构体的声明部分对数据对象进行声明，然后才能使用。

1. 常量

定义一个常量是为了使设计实体中的某些量易于阅读和修改。常量说明是对某一常量名赋予一个固定的值，在 VHDL 程序中不允许改变常量的值，该值的数据类型在说明语句中说明。

常量说明语句的格式为：

```
CONSTANT 常量名：数据类型  := 表达式;
```

例如：

```
CONSTANT Vcc : REAL  := 5.0;
CONSTANT Fbus : BIT_VECTOR := “1011”;
CONSTANT Delay : TIME := 10ns;
```

注意：

(1) 常量是一个恒定不变的值，一旦做了数据类型和赋值定义，它在程序中就不能再改变。

(2) 常量定义语句可以放在很多地方，如在实体、机构体、程序包、块、进程和子程序中都可以定义并使用。

(3) 在设计进行综合、适配时，常量的初值被忽略。

2. 变量

VHDL 中的变量在电路中没有对应的结构，用于暂存数据，功能上相当于一个暂存器。变量只能在进程和子程序中使用，是一个局部量，不能将信息带出对它做出定义的当前设计单元。与信号不同，变量的赋值是理想化数据传输，其赋值是立即生效的，不存在任何延时行为。

变量定义语句的格式为：

```
VARIABLE 变量名 : 数据类型 : 约束条件 := 初始值;
```

变量赋值语句的格式为：

```
目标变量名 := 表达式;
```

赋值语句中，“:=”右边的表达式必须与目标变量具有相同的数据类型，这个表达式可以是一个运算表达式，也可以是一个数值。变量赋值语句左边的目标变量可以是单值变量，也可以是变量的集合。

注意：变量只能在进程中定义并使用。

3. 信号

信号是电子电路内部硬件连接的抽象。它可以作为设计实体中的并行语句模块间交流信息的通道。信号及其相关的延时语句明显地体现了硬件系统的特征。

1) 信号定义语句的格式

信号定义语句的格式为：

```
SIGNAL  信号名：数据类型：约束条件 :=  表达式;
```

例如：

```
SIGNAL gnd : BIT  := '0';
SIGNAL data : STD_LOGIC_VECTOR (7 DOWNTO 0);
```

2) 信号赋值语句的表达式

信号赋值语句的表达式为：

```
目标信号名 <=  表达式;
```

符号“<=”表示赋值操作，即将数据信息传入。数据信息传入时可以设置延时过程，这与器件的实际传播延时十分接近。因此信号值的代入采用“<=”符号，而不是像变量赋值那样用“:=”。但信号定义时所用的初始赋值符号为“:=”，即仿真的时间坐标是从赋初始值开始的。

例如：

```
x <= y;
a <='1';
s1 <= s2 AFTER 10 ns;
```

【例 4-1】1 位 BCD 码的加法器。

```
ENTITY bcd_1b_add IS
    PORT(data1,data2:IN INTEGER RANGE 0 TO 9;
```

```
        result:OUT INTEGER RANGE 0 TO 31);
END;
ARCHITECTURE bhv OF bcd_1b_add IS
CONSTANT num:INTEGER:=6;
SIGNAL add_binary:INTEGER RANGE 0 TO 18;
BEGIN
add_binary<=data1+data2;
PROCESS(add_binary)
VARIABLE tmp:INTEGER:=0;
BEGIN
IF (add_binary>9) THEN tmp:=num;
ELSE tmp:=0;
END IF;
result<=add_binary+tmp;
END PROCESS;
END;
```

3) 信号总结

信号是描述硬件系统的基本数据对象，是设计实体中并行语句模块间的信息交流通道。通常认为信号是电路中的一根连接线，因此信号具有硬件属性。信号有外部端口信号和内部信号之分。外部端口信号是设计单元电路的管脚或称为端口，在程序的实体说明中定义，有 IN、OUT、INOUT、BUFFER 四种信号流动方向，其作用是在设计的单元电路之间实现互连。外部端口信号供给整个设计单元使用，属于全局量。而内部信号是在结构体中用关键字 SIGNAL 定义的信号，无须定义数据流动方向(隐含为 INOUT)，只能在结构体内部使用，属于局部量。本书在以后的描述中，将实体中定义的外部信号统称为端口，而将内部信号称为信号。信号是电子电路内部硬件连接的抽象。它除了没有数据流动的方向说明以外，其他的性质和“端口”一致。

4. 信号和变量的区别

信号和变量的区别如下。

(1) 信号是全局量，是实体内各部分之间进行通信的手段，可以在实体和结构体、包集合中说明；变量是局部量，只允许定义并作用于进程和子程序中，如需将变量值传出，需将变量赋值给信号，然后由信号将其值带出进程或子程序。

信号、常量和变量这三种数据对象在 VHDL 中定义的位置、使用方法和作用范围各不相同。表 4-1 所示为它们之间的区别。

表 4-1　VHDL 数据对象的定义位置和作用范围

数据对象	作用范围	定义或说明部位
信号	全局	结构体、程序包、实体
变量	局部	进程、函数、过程
常量	全局	上面所述场合均可存放

(2) 信号的赋值采用符号“<=”，而变量的赋值信号为“:=”。

(3) 变量的值可以传递给信号，而信号的值不能传递给变量。

(4) 在进程中，变量的赋值语句一旦被执行，变量值立刻被赋予新值，在执行下一条语句时，该变量就用新赋的值参与运算；而进程中的信号赋值语句被执行后，新的信号值并没有被立即代入，因而在执行下一条语句时仍使用原来的信号值，直到进程结束时，信号才根据最后一次的赋值被赋予新的值。

(5) 在结构体的并行语句部分，若同一信号被赋值一次以上，则编译器将给出错误报告，指出该信号出现了两个驱动源。在进程中，若同一信号被赋值一次以上，则编译器将给出警告，指出只有最后一次赋值有效。而变量的赋值是立即发生的。

(6) 虽然使用变量可增加仿真的速度，但变量的引入有可能影响设计的功能，因此在对硬件进行描述时应尽量采用信号。

二者的之间区别如表 4-2 所示。

表 4-2　信号与变量的区别

对比项	信号(SIGNAL)	变量(VARIABLE)
基本用法	用于作为电路中的信号连线	用于作为进程中局部数据存储
适用范围	在整个结构体内的任何地方都可使用	只能在所定义的进程中使用
行为特性	在进程的最后才对信号赋值	立即赋值
赋值符号	<=	:=

【例 4-2】信号的使用。

```
LIBRARY IEEE;
USE IEEE.STD_LOGIC_1164.ALL;
USE IEEE.STD_LOGIC_UNSIGNED.ALL;
ENTITY signal_exam IS
    PORT(in1,in2,in3:IN STD_LOGIC_VECTOR(3 DOWNTO 0);
         out1,out2:OUT STD_LOGIC_VECTOR(3 DOWNTO 0));
END;
ARCHITECTURE bhv OF  signal_exam IS
SIGNAL tmp:STD_LOGIC_VECTOR(3 DOWNTO 0);
BEGIN
PROCESS(in1,in2,in3)
BEGIN
    tmp<=in1;
    out1<=in2+tmp;
    tmp<=in3;
    out2<=in2+tmp;
END PROCESS;
```

```
END;
```

运算结果为：out1=in2+in3；out2=in2+in3。原因是，信号赋值有延迟。该设计的 RTL 电路图如图 4-1 所示。

注意：in1 引脚并未连接入电路。

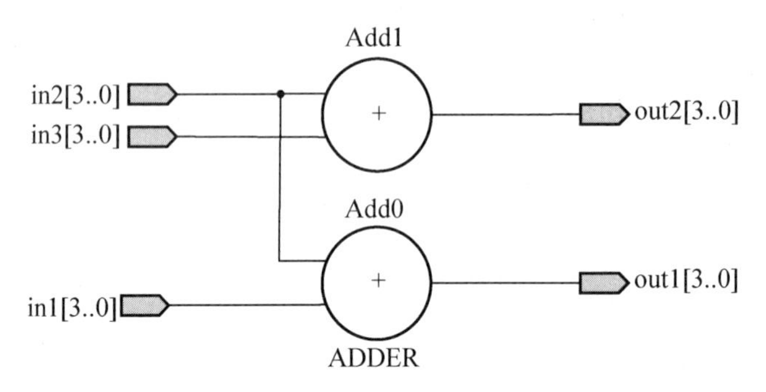

图 4-1　例 4-2 的 RTL 电路图

【例 4-3】变量的使用。

```
LIBRARY IEEE;
USE IEEE.STD_LOGIC_1164.ALL;
USE IEEE.STD_LOGIC_UNSIGNED.ALL;
ENTITY variable_exam IS
    PORT(in1,in2,in3:IN STD_LOGIC_VECTOR(3 DOWNTO 0);
        out1,out2:OUT STD_LOGIC_VECTOR(3 DOWNTO 0));
END;
ARCHITECTURE bhv OF variable_exam IS
BEGIN
PROCESS(in1,in2,in3)
VARIABLE tmp:STD_LOGIC_VECTOR(3 DOWNTO 0);
BEGIN
    tmp:=in1;
    out1<=in2+tmp;
    tmp:=in3;
    out2<=in2+tmp;
END PROCESS;
END;
```

运算结果为：out1=in2+in1；out2=in2+in3。原因是，变量赋值没有延迟。该设计的 RTL 电路图如图 4-2 所示。

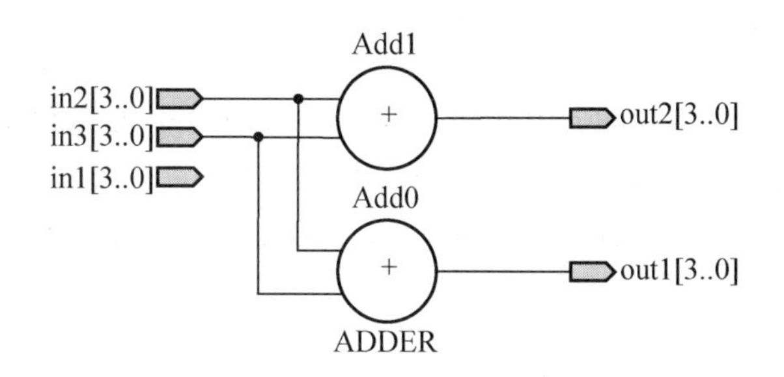

图 4-2　例 4-3 的 RTL 电路图

4.1.3　VHDL 数据类型

VHDL 语言要求设计中的每一个常数、变量、信号、函数以及设定的各种参数必须具有确定的数据类型，并且只有相同数据类型的量才能相互传递和使用。

1. VHDL 中预定义的数据类型

VHDL 标准的数据类型如表 4-3 所示。

表 4-3　VHDL 标准的数据类型

数据类型		含　义
整数	INTEGER	整数：$-(2^{31}-1)\sim(2^{31}-1)$
实数	REAL	浮点数：-1.0E38～1.0E38
位	BIT	逻辑 0 或 1
位矢量	BIT_VECTOR	用双引号括起来的一组位数据
布尔量	BOOLEAN	逻辑真或逻辑假，只能通过关系运算获得
字符	CHARACTER	ASCII 字符，所定义的字符量通常用单引号括起来
字符串	STRING	由双引号括起来的一个字符序列
正整数	NATURAL	整数的子集(大于等于 0 的整数)
	POSITIVE	整数的子集(大于 0 的整数)
时间	TIME	时间单位：fs、ps、ns、μs、ms、sec、min、hr
错误等级	SEVERITY　LEVEL	用于指示系统的工作状态

1) 整数

整数与数学中整数的定义相似，可以使用预定义运算操作符，如加“+”、减“-”、乘“×”、除“÷”进行算术运算。

2) 实数

在进行算法研究或实验时，作为对硬件方案的抽象手段，常常采用实数四则运算。

3) 位

位用来表示数字系统中的信号值。位值用字符‘0’或者‘1’(将值放在引号中)表示。与整数中的 1 和 0 不同，‘1’和‘0’仅仅表示一位的两种取值。

4) 位矢量

位矢量是用双引号括起来的一组数据。如：“001100”，X“00bb”。这里，位矢量前面的 X 表示数据为十六进制数。用位矢量数据表示总线状态最形象也最方便，在 VHDL 程序中经常会遇到。使用位矢量时必须注明位宽，即数组中元素的个数和排列。例如：

```
SIGNAL s1: BIT_VECTOR(15 DOWNTO 0);  --位宽为16位
```

5) 布尔量

一个布尔量具有两种状态：“真”或者“假”。虽然布尔量也是二值枚举量，但它和位不同，它没有数值的含义，也不能进行算术运算，只能进行关系运算。

6) 字符

字符也是一种数据类型，所定义的字符量通常用单引号括起来，如‘a’。一般情况下，VHDL 对大小写不敏感，但对字符量中的大小写则认为是不一样的，如‘A’不同于‘a’。

7) 字符串

字符串是由双引号括起来的一个字符序列，也称字符矢量或字符串组。字符串常用于程序的提示和说明。

8) 大于等于零的整数(自然数)、正整数

这两种数据是整数的子集，NATURAL 类数据取 0 和 0 以上的正整数；而 POSITIVE 类数据则只能为正整数。

9) 时间

时间是一个物理量数据。完整的时间量数据应包含整数和单位两部分，而且整数和单位之间至少应留一个空格的位置，如 55 sec，2 min 等。在包集合 STANDARD 中给出了时间的预定义，其单位为 fs、ps、ns、μs、ms、sec、min 和 hr。

在系统仿真时，时间数据特别有用，用它可以表示信号延时，从而使模型系统能更逼近实际系统的运行环境。

10) 错误等级

错误等级类型数据用来表征系统的状态，共有 4 种：note(注意)、warning(警告)、error(出错)和 failure(失败)。在系统仿真过程中可以用这 4 种状态来提示系统当前的工作情况，从而使设计人员随时了解当前系统工作的情况，并根据系统的不同状态采取相应的对策。

2. IEEE 预定义标准

IEEE'93 增加了多值逻辑包 STD_LOGIC_1164，其中定义了两个非常重要的数据类型：标准逻辑位(STD_LOGIC)和标准逻辑位矢量(STD_LOGIC_VECTOR)。在使用这两种数据类型时需在使用前打开 STD_LOGIC_1164 程序包。标准逻辑位定义了 9 种不同的值。其定义如下：‘U’表示未初始值；‘X’表示强未知；‘0’表示强逻辑 0；‘1’表示强逻辑 1；‘Z’表示高阻态；‘W’表示弱未知；‘L’表示弱逻辑 0；‘H’表示弱逻辑 1；‘-’表示忽略。

4.1.4　VHDL 数据类型转换

在 VHDL 程序设计中，不同数据类型的对象之间不能直接代入和运算，需进行数据类型转换。

1．用函数进行类型转换

VHDL 的程序包中提供了转换函数，这些程序包共有 3 种，每个程序包中的转换函数不一样。预定义的类型转换函数如表 4-4 所示。

表 4-4　预定义的类型转换函数

函数名	功　能
std_logic_1164 程序包	
To_stdlogicvector(a)	由 BIT_VECTOR 转换为 STD_LOGIC_VECTOR
To_bitvector(a)	由 STD_LOGIC_VECTOR 转换为 BIT_VECTOR
To_stdlogic(a)	由 BIT 转换为 STD_LOGIC
To_bit(a)	由 STD_LOGIC 转换为 BIT
std_logic_arith 程序包	
Conv_std_logic_vector(a,位长)	将整数 INTEGER 转换为 STD_LOGIC_VECTOR 类型，a 是整数
Conv_integer(a)	由 UNSIGNED、SIGNED 转换为 INTEGER
std_logic_unsigned 程序包	
Conv_integer(a)	由 STD_LOGIC_VECTOR 转换为 INTEGER

2．用类型标记法实现类型转换

类型标记就是类型的名称。类型标记法适合那些关系密切的标量类型之间的类型转换，即整数和实数的类型转换。

例如：

```
VARIABLE  I: INTEGER;
VARIABLE  R: REAL;
 I := INTEGER(R) ;
 R := REAL(I) ;
```

3．用常数实现类型转换

就效率而言，利用常数实现类型转换比利用类型转换函数的效率更高。

下面的例子使用常数把类型为 STD_LOGIC 的值转换为 BIT 型的值。

【例 4-4】数据类型转换。

```
LIBRARY IEEE;
USE IEEE.STD_LOGIC_1164.ALL;
ENTITY typeconv IS
END;
ARCHITECTURE arch OF typeconv IS
TYPE typeconv_type IS ARRAY(STD_ULOGIC)OF BIT;
```

```
        CONSTANT typecon_con: typeconv_type: =('0'/'L'=>'0','1'/'H' =>1',
OTHERS=>'0');
    SIGNAL b: BIT;
    SIGNAL b: BIT;
    SIGNAL s: STD_ULOGIC;
    BEGIN
     b<= typecon_con (s);
```

4.1.5 VHDL 运算符

VHDL 中的运算符非常丰富，包括算术运算符、并置连接运算符、关系运算符、逻辑运算符、移位运算符等。常用 VHDL 运算符的分类、功能和适用的操作数数据类型见表 4-5。

表 4-5 VHDL 运算符列表

类　型	运算符	功　能	操作数数据类型
算术运算符	+	加	整数、实数、物理量
	-	减	整数、实数、物理量
	*	乘	整数和实数
	/	除	整数和实数
	**	乘方	整数
	MOD	求模	整数
	REM	求余	整数
	ABS	求绝对值	整数
	SLL	逻辑左移	BIT 或布尔型一维数组
	SRL	逻辑右移	BIT 或布尔型一维数组
	SLA	算术左移	BIT 或布尔型一维数组
	SRA	算术右移	BIT 或布尔型一维数组
	ROL	逻辑循环左移	BIT 或布尔型一维数组
	ROR	逻辑循环右移	BIT 或布尔型一维数组
	+	正	整数
	-	负	整数
并置连接运算符	&	并置连接符	一维数组
关系运算符	=	等于	任何数据类型
	/=	不等于	任何数据类型
	<	小于	枚举与整数类型，及对应的一维数组
	<=	小于等于	枚举与整数类型，及对应的一维数组
	>	大于	枚举与整数类型，及对应的一维数组
	>=	大于等于	枚举与整数类型，及对应的一维数组
逻辑运算符	AND	逻辑与	BIT、BOOLEAN 和 STD_LOGIC
	OR	逻辑或	BIT、BOOLEAN 和 STD_LOGIC
	NAND	与非	BIT、BOOLEAN 和 STD_LOGIC
	NOR	或非	BIT、BOOLEAN 和 STD_LOGIC
	XOR	异或	BIT、BOOLEAN 和 STD_LOGIC
	XNOR	同或	BIT、BOOLEAN 和 STD_LOGIC
	NOT	逻辑非	BIT、BOOLEAN 和 STD_LOGIC

1. 算术运算符

算术运算符“*”、“/”、“MOD”、“REM”、“**”和“ABS”在一定条件下可被综合，但从优化综合、节省芯片资源的角度出发，请尽量不要使用这些操作符。这些操作符的逻辑功能可通过其他方法实现。如乘法可通过加法来实现，除法可通过移位相减的方法来实现。

2. 并置连接运算符

可以使用并置连接运算符“&”将普通操作数或数组组合起来形成各种新的数组。并置连接运算符常用于字符串，但在实际运算过程中，要注意并置前后的数组长度和高低位所在位置。如：

```
a,b:IN STD_LOGIC_VECTOR(3 DOWNTO 0);
  c:IN STD_LOGIC_VECTOR(7 DOWNTO 0);
  c<=a&b;
```

此句赋值的含义是将输入的 a 信号作为整体赋值给 c 的高四位，b 信号作为整体赋值给 c 的低四位。

3. 关系运算符

关系运算符的作用是将两个操作数进行数值比较或关系排序判断，并将结果以 BOOLEAN 类型的数据(即 TRUE 和 FALSE)表示出来。使用关系运算符对两个对象进行比较时，数据类型一定要相同，但是位长不一定相同。在位长不同的情况下，多数的编译器在编译时会自动在位数少的数据左边增补 0，从而使两数的位长相同，以得到正确的比较结果。

4. 逻辑运算符

逻辑运算符可以对 STD_LOGIC 和 BIT 等逻辑型数据、STD_LOGIC _VECTOR 逻辑型数组及布尔数据进行逻辑运算。必须注意，运算符的左边和右边，以及代入的信号的数据类型及位宽必须是相同的。

5. 移位运算符

6 种移位运算符是 VHDL’93 标准新增的运算符，在 87 版标准中没有，且在大多数软件环境下不支持综合，此处不详细介绍。

6. 运算符的优先级

在 VHDL 中，各种运算符的优先级是不同的。在同一表达式中，运算符优先级体现在运算的过程中运算的次序关系。各种运算符的优先级如表 4-6 所示。

表 4-6　VHDL 运算符优先级

运算符	优先级
NOT、ABS、**	最高 ↑
*、/、MOD、REM	
+(正号)、−(负号)	
+(加号)、−(减号)、&	
SLL、SLA、SRL、SRA、ROL、ROR	
=、/=、<、<=、>、>=	
AND、OR、NAND、NOR、XOR、XNOR	最低

4.2　VHDL 语句

用 VHDL 进行程序设计时，按照描述语句的执行顺序可将 VHDL 语句分为并行语句和顺序语句。并行语句是所有 HDL 语句区别于一般高级编程语言的最显著特点。所有并行语句在结构体中都是同时执行的，执行顺序与书写顺序无关。顺序语句是相对于并行语句而言的，顺序语句只在进程、函数和过程内部使用，且执行顺序与书写顺序有关，但请注意，其对应的硬件结构工作方式未必如此。

VHDL 语句在并行语句和顺序语句上的划分对于正确编写 VHDL 程序十分必要。只有区分并行语句和顺序语句，才能写出准确高效的 VHDL 程序。在对本书的学习过程中，请牢记：并行语句只能用于进程外部，顺序语句只能用于进程内部。

4.2.1　VHDL 的顺序语句

VHDL 中的顺序语句用于描述进程或子程序的内部功能，并且只能出现在进程或子程序中。所谓顺序执行是指语句完全按照 VHDL 程序中的书写顺序执行。顺序语句又可分为真正的顺序语句和具有双重特性的顺序语句，即该语句既可以是顺序语句(语句内部是顺序执行的)，也可以是并行语句(与其他语句是并行执行的)。表 4-7 所示为顺序语句综述。

表 4-7　VHDL 顺序语句综述

顺序语句	语句作用	使用频度	是否可综合
顺序赋值语句	信号或变量赋值	频繁使用	可综合
IF 语句	条件控制	频繁使用	可综合
CASE 语句	条件控制	频繁使用	可综合
LOOP 语句	循环控制	较少使用	循环次数有限时可综合

续表

顺序语句	语句作用	使用频度	是否可综合
WAIT 语句	描述延迟	较少使用	WAIT ON 和 WAIT UNTIL 可综合
NULL 语句	空操作	频繁使用	可综合
ASSERT 语句	仿真时报告错误信息	仿真使用	不可综合(本书不做讲解)
REPORT 语句	仿真时报告错误级别	仿真使用	不可综合(本书不做讲解)

1. 顺序赋值语句

赋值语句的功能就是将一个值或一个表达式的运算结果传递给某一个数据目标。信号赋值是 VHDL 最基本的语句，既能够在进程和子程序内部使用，也可在外部使用。在进程和子程序内部使用的赋值语句称为顺序信号赋值语句；在进程和子程序外部使用的赋值语句称为并行信号赋值语句。

在进程和子程序内部可以定义局部使用的变量，相应的赋值语句为变量赋值语句，由于变量无法在进程和子程序外部使用，因此变量赋值语句只能是顺序语句。这样顺序赋值语句就包括顺序信号赋值语句和顺序变量赋值语句两种。

1) 顺序信号赋值语句

顺序信号赋值语句的格式为：

```
目标信号名<=赋值源;
```

VHDL 具有强类型的特性。赋值表达式右边必须是与被赋值信号具有相同数据类型的数值或信号，或能够返回与被赋值信号具有相同数据类型的数值的表达式。

2) 顺序变量赋值语句

顺序变量赋值使用的操作符为“:=”，格式如下：

```
目标变量名:=赋值源;
```

同样，顺序变量赋值应该满足 VHDL 强类型的特性。

2. IF 语句

IF 语句是具有条件控制功能的语句，它通过判断给出的条件是否成立来决定语句是否执行。IF 语句不仅可以用于选择器的设计，还可用于比较器、译码器等需要进行条件控制的逻辑电路设计。

1) IF 语句的三种形式

(1) IF THEN 形式。

书写格式为：

```
IF 条件 THEN
   顺序语句;
END IF;
```

VHDL 程序执行到该语句时，先判断指定的条件是否满足(是否为真)。若条件满足(为真)，则执行顺序语句；若条件不满足(为假)，则不执行顺序语句，电路保持原状态。例如：

```
PROCESS(clk)
BEGIN
IF (clk'EVENT AND clk='1') THEN
    q<=d;
    qb<=NOT d;
END IF;
END PROCESS;
```

上述语句中，只有在 clk 的上升沿，q 和 qb 的值才被更新为 d 和 NOT d，否则保持原值不变。这正是 D 触发器的功能，因此上述语句综合后的电路即为一个 D 触发器。

注意：条件表达式的括号可写可不写。

(2) IF THEN ELSE 形式。

书写格式为：

```
IF 条件 THEN
  顺序语句 1;
ELSE
  顺序语句 2;
END IF;
```

当语句执行时，若条件满足，则执行顺序语句 1，否则执行顺序语句 2。例如：

```
PROCESS(a,b,sel)
BEGIN
IF (sel='0') THEN
    q<=a;
ELSE
   q<=b;
END IF;
END PROCESS;
```

上述语句的综合结构为一个数据选择器，输出 q 的取值由 sel 信号决定。sel 为 0 时 q 等于 a，否则等于 b。

(3) IF THEN ELSIF ELSE 形式。

书写格式为：

```
IF 条件 1 THEN
  顺序语句 1;
ELSIF 条件 2 THEN
  顺序语句 2;
  ……
```

```
ELSE
  顺序语句 n;
END IF;
```

当程序执行到该语句时，先判断条件 1 是否满足，若条件 1 满足则执行顺序语句 1 并结束整个 IF 语句。若条件 1 不成立，则判断条件 2，条件 2 满足时执行顺序语句 2 并结束整个 IF 语句。以此类推，当所有条件都不成立时，则执行顺序语句 n。例如：

```
PROCESS(clk,reset)
BEGIN
IF (reset='1') THEN
    q<='0';
ELSIF (clk'EVENT AND clk='1') THEN
    q<=d;
END IF;
END PROCESS;
```

上述语句描述的是一个带异步复位的 D 触发器。所谓异步复位是指，复位只取决于 reset 信号，不一定要在时钟上升沿才能复位。在上述进程的仿真图中，在 clk 信号的下降沿置 reset 信号有效(高电平)，则输出 q 立即变为‘0’，直到 reset 信号无效后的第一个时钟上升沿，q 才能被更新为 d，其仿真波形如图 4-3 所示。

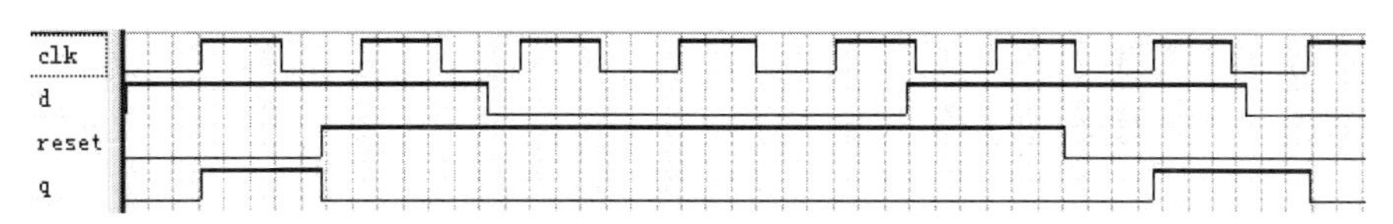

图 4-3　异步复位的 D 触发器仿真波形

2) IF 语句的特点

IF 语句具有如下特点。

(1) 每个 IF 语句必须有一个对应的 END IF。

(2) IF 语句中的条件值必须是布尔类型(即通过关系运算符和逻辑运算符组成的条件表达式)，即 TRUE(条件成立)或 FALSE(条件不成立)。

(3) IF 语句是顺序执行的，不仅能实现条件分支处理，而且在条件判断上有先后顺序(越靠前的条件优先级越高)，因此特别适合处理含有优先级的电路描述。

(4) 用 IF 语句描述组合逻辑电路时，必须在所有条件下都指定输出值，否则在电路综合时会产生不必要的锁存器。

【例 4-5】4 位二进制数到 BCD 码转换实例——IF 语句实现。

```
LIBRARY  IEEE;
USE IEEE.STD_LOGIC_1164.ALL;
USE IEEE.STD_LOGIC_SIGNED.ALL;
ENTITY bcdymp_if IS
```

```
        PORT(din : IN INTEGER RANGE 15 DOWNTO 0;
            a,b : OUT INTEGER RANGE 9 DOWNTO 0);
END;
ARCHITECTURE fpq1 OF bcdymp_if IS
BEGIN
p1: PROCESS(din)
    BEGIN
       IF din<10 THEN
         a<=din;
         b<=0;
       ELSE
         a<=din-10;
         b<=1;
       END IF;
    END PROCESS p1;
 END;
```

3. CASE 语句

CASE 语句也是一种条件控制语句，通过判断一个表达式的取值范围来决定语句的执行顺序。CASE 语句的条件与执行语句的对应关系十分明显，因此它的可读性比 IF 语句强。

1) CASE 语句的书写格式

CASE 语句的书写格式如下：

```
CASE 表达式 IS
     WHEN 取值 1=>顺序语句 1;
     WHEN 取值 2=>顺序语句 2;
     ⋮
     WHEN 取值 n=>顺序语句 n;
     WHEN OTHERS=>顺序语句 n+1;
END CASE;
```

程序执行到该语句处，先判断表达式的取值，再根据当前表达式的取值范围决定执行哪一段顺序语句。例如，数据选择器可描述为：

```
PROCESS(sel)
BEGIN
CASE sel IS
     WHEN "00" =>dout<=a;
     WHEN "01" =>dout<=b;
     WHEN "10" =>dout<=c;
     WHEN "11" =>dout<=d;
     WHEN OTHERS =>NULL;
```

```
END CASE;
END PROCESS;
```

2) WHEN 取值的 5 种形式

CASE 语句中每一个 WHEN 子句中的取值具有 5 种不同的形式，这大大增强了程序书写的灵活性。这 5 种形式分别为：

```
WHEN 取值=>顺序语句;
WHEN 取值 1|取值 2|…|取值 n=>顺序语句;    --多值取或运算
WHEN 取值 L  TO  取值 H=>顺序语句;          --取值范围
WHEN 取值 H  DOWNTO  取值 L=>顺序语句;      --取值范围
WHEN  OTHERS=>顺序语句;
```

3) CASE 语句的特点

CASE 语句具有如下特点。

(1) 条件选择值必须在表达式的取值范围。

(2) 条件选择值必须涵盖“表达式”的所有取值。

(3) 可用 OTHERS 来表示所有相同操作的选择，但 OTHERS 只能出现一次，且只能最后出现。

(4) CASE 语句中 WHEN 子句间可以颠倒次序而不发生错误。

4) CASE 语句使用常见错误

CASE 语句使用常见错误如下。

```
SIGNAL value :INTEGER RANGE 0 TO 15;
SIGNAL out1:STD_LOGIC;
…
CASE value IS
END CASE;   --缺少以 WHEN 引导的条件句
…
CASE value IS
    WHEN 0=>out1<='1';
    WHEN 1=>out1<='0';
END CASE;    --未包含 value2~15 的值，解决办法为添加 WHEN OTHERS 语句
…
CASE value IS
    WHEN 0 TO 10=>out1<='1';
    WHEN 5 TO 15=>out1<='0';
END CASE;    --选择值重叠
```

5) IF 语句和 CASE 语句的比较

CASE 语句和 IF-ELSIF 语句都可用来描述多项选择问题，但二者有所不同，具体如下。

(1) 在 IF 语句中，先处理最初的条件，如果不满足，再处理下一个条件；而在 CASE

语句中，各个选择值不存在先后顺序，所有值是并行处理的。可以理解为，CASE 语句各分支间没有优先性，而 IF 语句各分支间有优先性。例如，利用上述特性，可以使用 IF 语句实现优先编码器，而使用 CASE 语句实现普通编码器。

(2) IF 语句的描述功能更强，有些 CASE 语句不能描述的内容(如描述含有优先级的内容时或无关项)， IF 语句可以描述。CASE 语句的优点是它的描述比 IF 语句更直观，很容易找出条件和动作的对应关系，经常用来描述总线、编码和译码等行为。

(3) 相同的逻辑功能综合后，用 CASE 语句描述的电路比用 IF 语句描述的电路耗用更多的硬件资源。

【例 4-6】4 位二进制数到 BCD 码转换实例——CASE 语句实现。

```
LIBRARY IEEE;
USE IEEE.STD_LOGIC_1164.ALL;
USE IEEE.STD_LOGIC _SIGNED.all;
USE IEEE.STD_LOGIC _UNSIGNED.all;
ENTITY bcdymp_case IS
  PORT(din:IN STD_LOGIC _VECTOR(3 DOWNTO 0);
      a,b:OUT STD_LOGIC _VECTOR(3 DOWNTO 0));
END;
ARCHITECTURE bhv OF bcdymp_case IS
BEGIN
PROCESS(din)
BEGIN
  CASE din IS
    WHEN "0000"=> a<="0000";b<=din;
    WHEN "0001"=> a<="0000";b<=din;
    WHEN "0010"=> a<="0000";b<=din;
    WHEN "0011"=> a<="0000";b<=din;
    WHEN "0100"=> a<="0000";b<=din;
    WHEN "0101"=> a<="0000";b<=din;
    WHEN "0110"=> a<="0000";b<=din;
    WHEN "0111"=> a<="0000";b<=din;
    WHEN "1000"=> a<="0000";b<=din;
    WHEN "1001"=> a<="0000";b<=din;
    WHEN "1010"=> a<="0001";b<=din-"1010";
    WHEN "1011"=> a<="0001";b<=din-"1010";
    WHEN "1100"=> a<="0001";b<=din-"1010";
    WHEN "1101"=> a<="0001";b<=din-"1010";
    WHEN "1110"=> a<="0001";b<=din-"1010";
    WHEN "1111"=> a<="0001";b<=din-"1010";
    WHEN OTHERS=> NULL;
END  CASE;
```

```
END  PROCESS;
END;
```

4. LOOP 语句

LOOP 语句是循环语句，有 4 种常见格式：FOR LOOP、WHILE LOOP、LOOP NEXT 和 LOOP EXIT。其中，FOR LOOP 语句用于描述规定次数的循环；WHILE LOOP 语句用于描述符合条件的循环；LOOP NEXT 语句用于描述循环的跳出；LOOP EXIT 用于描述循环的终止。

在对 FOR LOOP 语句和 WHILE LOOP 语句的综合方面，现在大多数 EDA 工具都能对 FOR LOOP 语句进行综合；而对 WHILE LOOP 语句，只有一些高级的 EDA 工具才能综合。因此，设计人员往往采用 FOR LOOP 语句进行可综合设计，而不采用 WHILE LOOP 语句。

使用 LOOP 语句时很容易造成程序不可综合，因此使用 LOOP 语句时要慎重，且必须保证满足语句可综合的条件。

1) FOR LOOP 语句

(1) FOR LOOP 语句的语法格式如下：

```
[LOOP 标号:]FOR i IN 循环次数范围 LOOP
    顺序语句;
END LOOP [LOOP 标号];
```

其中，LOOP 标号非必需，可省略。i 为循环变量，是一个临时变量，只在 LOOP 内有效。不同于其他变量的是，循环变量无须事先定义，且无须在语句中显式说明递增“1”。但需要注意，进程声明中不要再定义与此同名的变量。

【例 4-7】 FOR LOOP 实例。

```
LIBRARY IEEE;
USE IEEE.STD_LOGIC_1164.ALL;
ENTITY parity IS
    PORT(din:IN STD_LOGIC_VECTOR(7 DOWNTO 0);
         q:OUT STD_LOGIC);
END parity;
ARCHITECTURE behave OF parity IS
BEGIN
PROCESS(din)
    VARIABLE tmp:STD_LOGIC;
BEGIN
    tmp:='0';
    FOR i IN 0 TO 7 LOOP
      tmp:=tmp XOR din(i);   --将 din 从低位到高位相异或，存于 tmp
    END LOOP;
    q<=tmp;                  --q 为奇偶校验结果
```

```
END PROCESS;
END behave;
```

本例利用 FOR LOOP 语句实现了 8 位奇偶校验器。仿真波形如图 4-4 所示。

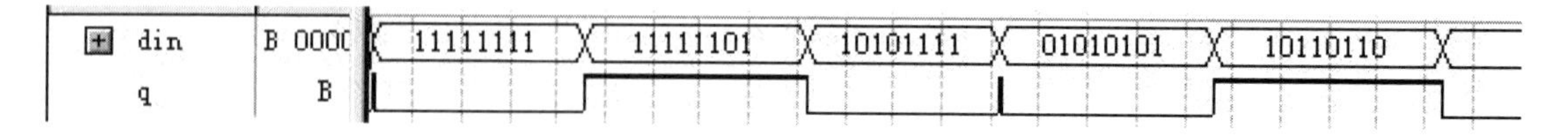

图 4-4 8 位奇偶校验器仿真波形

(2) FOR LOOP 语句的等效。FOR LOOP 语句使程序的书写更简洁，这是使用该语句最重要的原因。

【例 4-8】例 4-7 的 8 位奇偶校验器的等效语句如下：

```
LIBRARY IEEE;
USE IEEE.STD_LOGIC_1164.ALL;
ENTITY parity IS
    PORT(din:IN STD_LOGIC_VECTOR(7 DOWNTO 0);
        q:OUT STD_LOGIC);
END parity;
ARCHITECTURE behave OF parity IS
BEGIN
PROCESS(din)
VARIABLE tmp0,tmp1,tmp2,tmp3,tmp4,tmp5,tmp6,tmp7:STD_LOGIC;
BEGIN
tmp0:='0' XOR din(0);
tmp1:=tmp0 XOR din(1);
tmp2:=tmp1 XOR din(2);
tmp3:=tmp2 XOR din(3);
tmp4:=tmp3 XOR din(4);
tmp5:=tmp4 XOR din(5);
tmp6:=tmp5 XOR din(6);
tmp7:=tmp6 XOR din(7);
q<=tmp7;
END PROCESS;
END behave;
```

请读者思考，上述描述语句中为何使用变量赋值而不使用信号赋值，能否改成信号赋值？此外，各赋值语句的顺序能否改变？

(3) FOR LOOP 语句可综合的条件。FOR LOOP 语句可综合的条件是循环次数范围必须为确定的数值范围。例如下面的描述方式是不可综合的：

```
VARIABLE length:INTEGER RANGE 0 TO 15;
...
```

```
FOR i IN 0 TO length LOOP
…
END LOOP;
```

将本例中的循环次数范围修改为“0 TO 7”，则语句可综合。实际应用中还可以利用数组的属性来确定循环次数范围。如本例的循环次数范围可改为 din'LOW TO din'HIGH，与上述描述方式的综合结果是一致的。

(4) FOR LOOP 语句的综合结果。综上所述，FOR LOOP 语句等效于多条重复的语句，因此很容易明白 FOR LOOP 语句被综合后的结果。本例中 FOR LOOP 语句被综合为 7 个异或门。

可见，FOR LOOP 语句的循环控制体现到硬件上后就变为结构模块上的重复，而不是时间上的循环运算。这一点与高级语言的循环语句是不同的。

2) WHILE LOOP 语句

WHILE LOOP 语句没有给出循环次数范围，没有自动递增循环变量的功能，只是给出了循环执行顺序语句的条件。

WHILE LOOP 语句的语法格式如下如下：

```
[标号:]WHILE 条件 LOOP
    顺序语句;
END LOOP;
```

在 WHILE LOOP 语句中，若条件满足(为真)则进行循环，若条件不满足(为假)则结束循环。

【例 4-9】8 位奇偶校验器的 WHILE LOOP 程序如下：

```
LIBRARY IEEE;
USE IEEE.STD_LOGIC_1164.ALL;
ENTITY parity_check IS
  PORT(a:IN STD_LOGIC_VECTOR(7 DOWNTO 0);
       y:OUT STD_LOGIC);
END ENTITY;
ARCHITECTURE example_while OF parity_check IS
BEGIN
PROCESS(a)
VARIABLE tmp:STD_LOGIC;
VARIABLE i:INTEGER;
BEGIN
  tmp:='0';
  i:=0;
  WHILE(i<8) LOOP
  tmp:=tmp XOR a(i);
  i:=i+1;
```

```
  END LOOP;
END PROCESS;
END example_while;
```

VHDL 综合器支持 WHILE LOOP 语句综合的条件是，LOOP 语句的结束条件值必须是在综合时就可以决定的。综合器不支持无法确定循环次数的 LOOP 语句。

3) LOOP NEXT 语句

在 LOOP 语句中，NEXT 语句是用来跳出本次循环的。NEXT 语句的语法格式为：

```
NEXT [循环标号][WHEN 条件];
```

其中，循环标号指明跳出本次循环后再次进入的循环名称，WHEN 条件指明跳出循环的条件。若忽略了两个可选项，表明程序无条件跳出本次循环，并进入下一次循环。

【例 4-10】将 STD_LOGIC_VECTOR 类型转化为 INTEGER 类型。

```
FUNCTION vector_to_integer(a:STD_LOGIC_VECTOR) RETURN INTEGER IS
    VARIABLE result,tmp:INTEGER:=0;
BEGIN
    FOR i IN a'LOW TO a'HIGH LOOP
        tmp:=0;
        IF (a(i)=1) THEN
            tmp:=2**(i-a'LOW);
        ELSE
            NEXT;
        END IF;
        result:=result+tmp;
    END LOOP;
    RETURN(result);
END FUNCTION;
```

函数从低位开始，逐位检查 STD_LOGIC_VECTOR 数据的各位，当为 1 时进行加权运算，当为 0 时跳过循环，检查下一位。

【例 4-11】单循环的 NEXT 跳出。

```
l1:FOR cnt_value IN 1 TO 8 LOOP
s1:a(cnt_value):='0';
  NEXT [l1] WHEN (b=c); --此处方括号部分[l1]可以省略，因为只有一个循环体
s2:a(cnt_value+8):='0';
END LOOP l1;
```

上述程序中，当程序执行到 NEXT 语句时，如果条件表达式为真，即 b=c，将执行 NEXT 语句，返回循环开始处 l1，cnt_value 的值自动加 1 后继续执行循环体中的语句 s1；否则，将执行 s2 开始的语句。

【例 4-12】循环嵌套中的 NEXT 跳出。

```
l_x:FOR cnt_value IN 1 TO 8 LOOP
s1:a(cnt_value):='0';k:=0;
l_y:LOOP
s2:b(k):='0';
  NEXT l_x WHEN (e>f); --此处的 l_x 不能省略，否则程序不知应跳往哪个循环的开始处
s3:b(k+8):='0';
  k:=k+1;
END LOOP l_y;
END LOOP l_x;
```

上述程序中，当程序执行到 NEXT 语句时，如果条件表达式为真，即 e>f，将执行 NEXT 语句，返回循环开始处 l_x，cnt_value 的值自动加 1 后继续执行循环体中的语句 s1 及其后的语句；否则，将执行 s3 开始的语句。

4) LOOP EXIT 语句

EXIT 语句用于有条件或无条件地终止整个循环过程。EXIT 语句的语法格式为：

```
EXIT[循环标号][WHEN 条件];
```

其中，循环标号指明要终止的 LOOP 语句标号，WHEN 条件指明终止循环的条件。若忽略了两个可选项，表明程序无条件终止整个 LOOP 语句，转而执行 LOOP 语句之后的其他语句。

【例 4-13】计算 STD_LOGIC_VECTOR 类型数据 a 的从高位起连续为 0 的位数。

```
FUNCTION lead_zero(a:STD_LOGIC_VECTOR) RETURN INTEGER IS
   VARIABLE sum:INTEGER RANGE 0 TO a'LENGTH;
BEGIN
   FOR i IN a'HIGH TO a'LOW LOOP
       IF (a(i)=1) THEN
           EXIT;
       ELSE
           sum=sum+1;
       END IF;
   END LOOP;
   RETURN(sum);
END FUNCTION;
```

函数从 a 的高位开始，逐位检查各位数据，若该位为 0，则将 sum 加 1；若该位为 1，则立刻退出循环，并将 sum 的结果返回。

【例 4-14】2 位二进制数数据比较器。

```
SIGNAL a,b:STD_LOGIC_VECTOR(1 DOWNTO 0);
SIGNAL a_less_then_b:BOOLEAN;
```

```
a_less_then_b<=FALSE;
FOR i IN 1 DOWNTO 0 LOOP
 IF (a(i)='1' AND b(i)='0') THEN
    a_less_then_b<=FALSE;      --a>b
    EXIT;
 ELSIF (a(i)='0' AND b(i)='1') THEN
    a_less_then_b<=TRUE;       --a<b
EXIT;
ELSE
    NULL;  --请读者思考此处的 NULL 语句写与不写的区别
 END IF;
END LOOP;
```

此程序先比较 a 和 b 的高位，高位为 1 者大，直接输出判断结果；当高位相同时，继续比较低位。

5. NULL 语句

NULL 语句即空操作语句。程序执行到该语句时，不执行任何操作，也就不改变电路状态。NULL 语句一般用在 CASE 语句中，用于表示在某些状况下对输出值不做任何改变，即引入了“锁存器”。因此，设计纯组合逻辑电路时不能使用 NULL 语句。

6. WAIT 语句

当进程没有指定敏感信号列表时，进程语句必须使用 WAIT 语句描述敏感信号激励。WAIT 语句有 4 种形式：WAIT ON、WAIT UNTIL、WAIT FOR、WAIT。其中，WAIT ON 和 WAIT UNTIL 语句可综合。WAIT FOR 和 WAIT 语句只用于仿真，不可综合。

1) WAIT ON 语句

WAIT ON 语句使进程进入等待状态，直到 ON 之后的信号发生变化时才激活，相当于进程的敏感信号列表。例如：

```
WAIT ON clk, reset
```

注意：进程中有 WAIT ON 语句后就不能有敏感信号列表，两者只可选择其一，一般用敏感信号列表的方法。下面两种描述方法等价。

(1) 敏感信号列表形式：

```
PROCESS(clk, reset)
BEGIN
    顺序语句;
END PROCESS;
```

(2) WAIT ON 语句形式：

```
PROCESS
```

```
BEGIN
    WAIT ON clk,reset
    顺序语句;
END PROCESS;
```

2) WAIT UNTIL 语句

WAIT UNTIL 语句使进程进入等待状态，直到 UNTIL 后的条件满足时才被激活。例如：

```
WAIT UNTIL  (clk'EVENT AND clk='1');
```

【例 4-15】四个数求平均值。

```
LIBRARY IEEE;
USE IEEE.STD_LOGIC_1164.ALL;
USE IEEE.STD_LOGIC_UNSIGNED.ALL;
USE IEEE.STD_LOGIC_ARITH.ALL;
ENTITY twn IS
PORT(a:IN std_logic_vector(5 DOWNTO 0);
    clk:IN std_logic;
    s:OUT std_logic_vector(5 DOWNTO 0));
END;
ARCHITECTURE bhv OF twn IS
SIGNAL ave:std_logic_vector(5 DOWNTO 0);
BEGIN
PROCESS
BEGIN
 WAIT UNTIL clk='1';ave<=a;
 WAIT UNTIL clk='1';ave<=a+ave;
 WAIT UNTIL clk='1';ave<=a+ave;
 WAIT UNTIL clk='1';ave<=a+ave;
 WAIT UNTIL clk='1';
 s<=CONV_STD_LOGIC_VECTOR(CONV_INTEGER(ave)/4,5);
END PROCESS;
END bhv;
```

3) WAIT FOR 语句

WAIT FOR 语句使进程等待规定的时间，之后继续执行。例如：

```
WAIT FOR 100ns;
```

由于 time 类型无法综合，因此 WAIT FOR 语句无法综合，只能用于仿真。

4) WAIT 语句

WAIT 语句表示进程在该语句之后一直处于等待状态，和 WAIT FOR 语句一样，只能用于仿真。

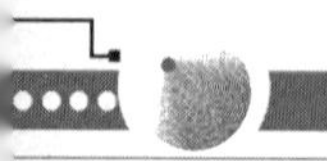

4.2.2 VHDL 的并行语句

在实际的电子系统中，几乎所有的操作都是并发执行的，这些操作之间没有具体的顺序之分，一旦执行条件满足，它们就会开始并行工作。VHDL 所提供的并行语句即可实现这种并行操作性。使用 VHDL 的时候，可以根据需要选择其中的一种来使用。VHDL 并行语句综述如表 4-8 所示。

表 4-8 VHDL 并行语句综述

并行语句	语句作用	使用频度	是否可综合
并行信号赋值语句	在结构体内进行信号的直接赋值、选择和条件赋值	频繁使用	可综合
进程语句	VHDL 语句中最基本的语句之一	频繁使用	可综合
生成语句	用于描述具有规律性的元件例化过程	偶尔使用	可综合
块语句	用于描述结构体的子模块	基本不用	可综合
元件例化语句	用于连接底层模块，构成上层模块	较常使用	可综合
函数/过程	定义特定的常用的功能模块，供程序调用	较常使用	可综合

1. 进程语句

进程语句的格式为：

```
[进程标号：] PROCESS [(敏感信号表)]
             〈进程说明语句〉
            BEGIN
              〈顺序语句〉
            END PROCESS [进程标号];
```

敏感信号表列出了进程的输入信号，这些信号中的任意一个发生变化(如由‘0’变为‘1’或者由‘1’变为‘0’)，都将启动该进程语句。一旦启动之后，PROCESS 中的语句将从上至下逐句执行一遍，当最后一个语句执行完毕之后，就返回到 PROCESS 语句的起始位置，等待下一次敏感信号变化的出现。

进程语句作为一个独立的结构，在结构体中以一个完整的结构存在，是 VHDL 中描述能力最强、与软件语言编程方法类似(顺序执行方式)、使用最多的语句结构。进程语句是结构体的有机组成部分，各个进程之间可以通过信号通信，共同组成一个功能强大的结构体。

敏感信号表中的信号可以是在结构体中定义的信号，也可以是实体说明中定义的端口(OUT 端口除外)，进程的启动是通过敏感信号表中敏感信号的变化激励的，即当且仅当敏感信号表中的任意敏感信号有变化时，进程才能启动执行。初学者在应用时一般可将进程中所有信号和实体中的所有输入端口列入敏感信号表，但切勿将变量列入其中。当有了一定的设计基础或设计项目较复杂时，应仔细分析进程功能和触发执行条件，再决定敏感信号表中应放入哪些信号或端口。

进程说明语句是可选项，主要用途是定义进程中将要用到的中间变量或常量，但此处只能定义“变量”，而不能是“信号”。

进程语句的主要特点包括以下几个方面。

(1) 同一结构体中的各个进程之间是并发执行的，并且都可以使用实体说明和结构体中所定义的信号；而同一进程内部的描述语句则是顺序执行的，即 PROCESS 结构中的语句是按书写位置顺序一条一条向下逐行执行的，并且在进程中只能使用顺序语句。可以理解为进程既具有顺序性又具有并行性。

(2) 为启动进程，进程的敏感信号表中应至少包含一个信号。如在进程中使用 WAIT 语句，那么敏感信号表必须为空。在一个进程中不能同时存在敏感信号表和 WAIT 语句。

(3) 一个结构体中的各个进程之间可以通过信号或共享变量来进行通信，但任一进程的进程说明部分只能定义局部变量，不允许定义信号或共享变量。

(4) 敏感信号表中的任意一个或多个敏感信号发生变化，则启动 PROCESS 语句。执行完成后返回 PROCESS 语句，并在该语句处挂起，等待敏感信号再次变化。

2．并行信号赋值语句

并行信号赋值语句有三种形式：简单信号赋值语句、条件信号赋值语句和选择信号赋值语句。

1) 简单信号赋值语句

简单信号赋值语句的格式为：

```
赋值目标信号<=表达式;
```

赋值目标的数据对象必须是信号，它的数据类型必须与赋值符号右边表达式的数据类型一致。

2) 条件信号赋值语句

条件信号赋值语句的格式为：

```
目的信号量<=表达式 1 WHEN 条件 1
                       ELSE  表达式 2 WHEN 条件 2
                       ELSE  表达式 3 WHEN 条件 3
                                 ⋮
                       ELSE  表达式 n;
```

使用条件信号赋值语句时，应注意以下几点。

(1) 根据指定条件对信号赋值，条件可以为任意表达式。

(2) 由于条件测试的顺序性，第一子句具有最高赋值优先权，第二子句次之。

(3) 最后一个 ELSE 子句隐含了所有未列出的条件。

(4) 每一子句的结尾没有标点，只有最后一句有分号。

IF 语句与条件信号赋值语句的区别如下。

(1) IF 语句是顺序描述的，因此只能在进程内部使用，而条件信号赋值语句是并行描述语句，要在结构体中的进程之外使用。

(2) IF 语句中，ELSE 分支语句可有可无，而条件信号赋值语句中的 ELSE 必须有。

(3) IF 语句可嵌套使用，而条件信号赋值语句不能嵌套使用。

(4) IF 语句无须太多硬件电路知识，而条件信号赋值语句与实际硬件电路十分接近。

【例 4-16】4 位二进制数到 BCD 码转换实例——条件信号赋值语句的实现。

```
LIBRARY IEEE;
USE IEEE.STD_LOGIC_1164.ALL;
USE IEEE.STD_LOGIC_SIGNED.ALL;
ENTITY bcdymp_tiaojian IS
 PORT(din:IN STD_LOGIC _VECTOR(3 DOWNTO 0);
     a:OUT STD_LOGIC _VECTOR(7 DOWNTO 0));
END;
ARCHITECTURE bhv OF bcdymp_tiaojian IS
BEHIN
a <="00000000" WHEN din="0000" ELSE
    "00000001" WHEN din="0001" ELSE
    "00000010" WHEN din="0010" ELSE
    "00000011" WHEN din="0011" ELSE
    "00000100" WHEN din="0100" ELSE
    "00000101" WHEN din="0101" ELSE
    "00000110" WHEN din="0110" ELSE
    "00000111" WHEN din="0111" ELSE
    "00001000" WHEN din="1000" ELSE
    "00001001" WHEN din="1001" ELSE
    "00010000" WHEN din="1010" ELSE
    "00010001" WHEN din="1011" ELSE
    "00010010" WHEN din="1100" ELSE
    "00010011" WHEN din="1101" ELSE
    "00010100" WHEN din="1110" ELSE
    "00010101";
END;
```

注意：所有的条件信号赋值语句均可以直接转换为 IF 语句表达形式，但并不是所有的 IF 语句都可以直接转换为条件信号赋值语句表达形式。如：IF (a>b) THEN x<=a; ELSE y<=a; 就不可以转换，请读者思考原因。

3) 选择信号赋值语句

选择信号赋值语句的格式为：

```
WITH 表达式 SELECT
      目的信号量<=表达式 1 WHEN 条件 1,
                表达式 2 WHEN 条件 2,
                   ⋮
```

```
表达式 n WHEN 条件 n;
```

使用选择信号赋值语句时，应注意以下几点。

(1) 只有最后一个表达式有分号。

(2) 只有当选择条件表达式的值符合某一选择条件时，才能将该选择条件前面的信号表达式赋给目标信号。

(3) 对选择条件的测试是同时进行的，语句将对所有的选择条件进行判断，而没有优先级之分。如果选择条件重叠，即有多个选择条件成立，则需将多个信号表达式赋给同一个目标，这样会引起信号驱动源冲突，因此不允许有选择条件重叠的情况。

(4) 选择条件不允许出现涵盖不全的情况。如果选择条件不能涵盖选择条件表达式的所有值，就有可能出现选择条件表达式的值找不到与之符合的选择条件的情况，这时编译器将会给出错误信息。因此一般情况下，最后一条语句为 “表达式 n+1 WHEN OTHERS”。

(5) 结构体中选择信号赋值语句的功能与进程中 CASE 语句的功能相似，由于选择信号赋值语句是并发执行，即为并行语句，所以不能在进程中使用，但 CASE 语句只能在进程中使用。

【例 4-17】4 位二进制数到 BCD 码转换实例——选择信号赋值语句的实现。

```
LIBRARY IEEE;
USE IEEE.STD_LOGIC_1164.ALL;
USE IEEE.STD_LOGIC_SIGNED.ALL;
ENTITY bcdymp_xuanze IS
    PORT(din:IN STD_LOGIC_VECTOR(3 DOWNTO 0);
        a:OUT STD_LOGIC_VECTOR(7 DOWNTO 0));
END;
ARCHITECTURE bhv OF bcdymp_xuanze IS
BEGIN
   WITH din SELECT
a <="00000000" WHEN "0000",
   "00000001" WHEN "0001",
   "00000010" WHEN "0010",
   "00000011" WHEN "0011",
   "00000100" WHEN "0100",
   "00000101" WHEN "0101",
   "00000110" WHEN "0110",
   "00000111" WHEN "0111",
   "00001000" WHEN "1000",
   "00001001" WHEN "1001",
   "00010000" WHEN "1010",
   "00010001" WHEN "1011",
   "00010010" WHEN "1100",
   "00010011" WHEN "1101",
```

```
    "00010100" WHEN "1110",
    "00010101" WHEN "1111";
END bhv;
```

注意：所有的选择信号赋值语句均可以直接转换为 CASE 语句表达形式，但并不是所有的 CASE 语句都可以直接转换为选择信号赋值语句表达形式。例如：

```
CASE a IS
    WHEN '0' =>x<="000";y<="001";
    WHEN '1' =>x<="010";y<="101";
END CASE;
```

上例为什么不可以直接转换，请读者思考原因。是否可以使用两个选择信号赋值语句完成上述 CASE 语句呢？

3. 元件例化语句

元件例化引入的是一种连接关系，就是将预先设计好的设计实体定义为元件，然后利用特定的语句将此元件与当前的设计实体中的指定端口相连接，从而为当前设计实体引入一个新的低一层次的设计层次。整个设计过程与传统数字电路的原理图设计方法相似，只是原理图使用的是可视的连线来设计，而元件例化是使用语言来实现连接的。

元件例化是使 VHDL 设计实体构成自上而下层次化设计的一种重要途径。元件例化可以是多层次的，即在一个设计实体中被调用的元件本身也可以是一个低层次的设计实体。

1) 元件例化语句的格式

元件例化语句由两部分组成，第一部分是将一个现成的设计实体定义为一个元件(低层次的设计)，第二部分则是元件与当前设计实体中的连接说明。

元件例化语句的格式如下：

```
COMPONENT 元件名 IS
    GENERIC (类属表);             -- 元件声明语句，引入已完成元件
    PORT  (端口名表) ;
END COMPONENT 文件名;
例化名:元件名 PORT MAP(            -- 元件例化语句，元件连接关系描述
        [端口名 =>] 连接端口名，…) ;
```

2) 元件例化语句格式使用说明

元件例化语句格式使用说明如下。

(1) 以上两部分在元件例化中都是必须存在的。

(2) 例化名是必需的。

3) 元件的端口名与当前系统的连接端口名的接口表达式。

元件例化语句中所定义的元件的端口名与当前系统的连接端口名的连接表达有两种方式。

(1) 名字连接方式。在这种关系方式下，例化元件的端口名和关联(连接)符号“=>”二

者都是必须存在的，这时，端口名与连接端口名的对应式在 PORT MAP()中的位置可以是任意的。

(2) 位置关联方式。在这种关系方式下，端口名和关联(连接)符号都可省去，在 PORT MAP()子句中，只要列出当前系统中的连接端口名就可以了，但要求连接端口名的排列方式与所需例化的元件端口定义中的端口名一一对应。

【例 4-18】全加器。

半加器的 VHDL 描述如下：

```
LIBRARY  IEEE;   --半加器采用真值表描述方法
USE IEEE.STD_LOGIC_1164.ALL;
ENTITY half_adder_1b IS
PORT (a, b : IN STD_LOGIC;
    co, so : OUT STD_LOGIC);
END ENTITY half_adder_1b;
ARCHITECTURE fh1 OF half_adder_1b  is
 SIGNAL abc : STD_LOGIC_VECTOR(1 DOWNTO 0) ; --定义标准逻辑位矢量
BEGIN
  abc <= a & b ;   --a 相并 b，即 a 与 b 并置操作
 PROCESS(abc)
  BEGIN
   CASE abc IS      --类似于真值表的 CASE 语句
    WHEN "00" => so<='0'; co<='0' ;
    WHEN "01" => so<='1'; co<='0' ;
    WHEN "10" => so<='1'; co<='0' ;
    WHEN "11" => so<='0'; co<='1' ;
    WHEN OTHERS => NULL ;
   END CASE;
 END PROCESS;
END ARCHITECTURE fh1 ;
```

全加器的 VHDL 描述如下：

```
LIBRARY  IEEE;   --1 位二进制全加器顶层设计描述
 USE IEEE.STD_LOGIC_1164.ALL;
 ENTITY full_adder_1b IS
   PORT (ain,bin,cin:IN STD_LOGIC;
             cout,sum:OUT STD_LOGIC );
 END ENTITY full_adder_1b;
 ARCHITECTURE fd1 OF full_adder_1b IS
   COMPONENT half_adder_1b                        --调用半加器声明语句
     PORT (  a,b:IN STD_LOGIC;
           co,so:OUT STD_LOGIC);
```

```
  END COMPONENT;
  COMPONENT or2a
     PORT (a,b:IN STD_LOGIC;
             c:OUT STD_LOGIC);
  END COMPONENT;
SIGNAL d,e,f:STD_LOGIC; --定义 3 个信号作为内部的连接线
 BEGIN
  u1 : half_adder_1b PORT MAP(a=>ain,b=>bin,co=>d,so=>e);  --例化语句
  u2 : half_adder_1b PORT MAP(a=>e,b=>cin,co=>f,so=>sum);  --名字连接方式
  u3 :  or2a      PORT MAP(a=>d, b=>f,   c=>cout);
  -- u3 : or2a      PORT MAP(d, f,   c=>cout); u3 如此书写也是正确的
  cout<=e or f;
 END ARCHITECTURE fd1;
```

使用元件例化语句实现的 1 位全加器的原理图如图 4-5 所示。

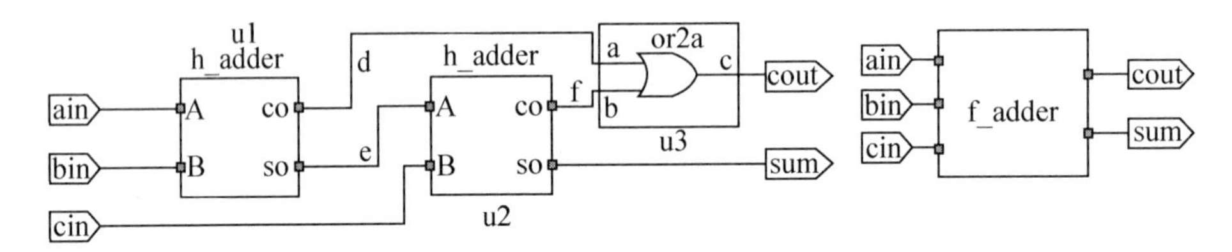

图 4-5　1 位全加器原理图

【例 4-19】移位寄存器。

D 触发器的 VHDL 描述如下：

```
LIBRARY IEEE;
USE IEEE.STD_LOGIC_1164.ALL;
ENTITY dff1 IS
    PORT(clk:IN STD_LOGIC;
         a:IN STD_LOGIC;
         b:OUT STD_LOGIC);
END;
ARCHITECTURE bhv OF dff1 IS
BEGIN
PROCESS(clk)
BEGIN
IF clk'EVENT AND clk='1' THEN b<=a;
END IF;
END PROCESS;
END;
```

移位寄存器的 VHDL 描述如下：

```
LIBRARY IEEE;
USE IEEE.STD_LOGIC_1164.ALL;
ENTITY shift_register IS
  PORT(a,clk:IN STD_LOGIC;
       b:OUT STD_LOGIC);
END shift_register;
ARCHITECTURE four_bit_shift_register OF shift_register IS
COMPONENT dff1
  PORT(a,clk:IN STD_LOGIC;
       b:OUT STD_LOGIC);
END COMPONENT;
SIGNAL x:STD_LOGIC_VECTOR(0 TO 4);
BEGIN
  x(0)<=a;
  DFF1:dff1 PORT MAP(x(0),clk,x(1));  --位置关联方式
  DFF2:dff1 PORT MAP(x(1),clk,x(2));
  DFF3:dff1 PORT MAP(x(2),clk,x(3));
  DFF4:dff1 PORT MAP(x(3),clk,x(4));
  b<=x(4);
END four_bit_shift_register;
```

使用元件例化语句实现的移位寄存器的原理图如图 4-6 所示。

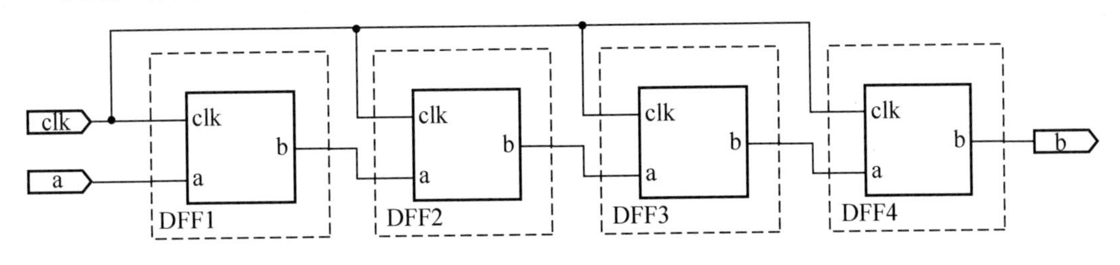

图 4-6　移位寄存器原理图

4．生成语句

生成语句具有复制作用，可以用来产生多个相同的结构，用以简化有规则设计的逻辑描述。在设计中，只要根据某些条件，设定好某一元件或者设计单元，就可以利用生成语句复制一组完全相同的并行元件或者设计单元电路结构。生成语句有 FOR-GENERATE 和 IF-GENERATE 两种形式。

上述两种格式的区别在于：FOR-GENERATE 语句用于描述多重模式，其中的并行语句是用来复制的基本单元；IF-GENERATE 语句用来描述结构的例外情况，当 IF 条件为真时，才执行其内部的语句。

1) FOR-GENERATE

FOR GENERATE 语句的功能与之前学过的 FOR LOOP 语句相似，但 FOR LOOP 语句

是顺序语句，只能用于进程和子程序内，而 FOR GENERATE 语句是并行语句，无须放入进程和子程序。FOR GENERATE 语句的语法格式如下：

```
标号: FOR 循环变量 IN 循环变量循环范围 GENERATE
      并行语句;
    END GENERATE [标号];
```

【例 4-20】FOR GENERATE 语句应用——N 位锁存器。

1 位锁存器模块的 VHDL 描述如下：

```
LIBRARY IEEE;
USE IEEE.STD_LOGIC_1164.ALL;
ENTITY latch1 IS
    PORT(d,en:IN STD_LOGIC;
        q:OUT STD_LOGIC);
END;
ARCHITECTURE bhv OF latch1 IS
SIGNAL tmp:STD_LOGIC;
BEGIN
PROCESS(d,en)
BEGIN
IF en='1' THEN tmp<=d;
END IF;
    q<=tmp;
END PROCESS;
END bhv;
```

N 位锁存器模块的 VHDL 描述如下：

```
LIBRARY IEEE;
USE IEEE.STD_LOGIC_1164.ALL;
ENTITY latch8 IS
    GENERIC(n:INTEGER:=N);
    PORT(d:IN STD_LOGIC_VECTOR(n DOWNTO 1);
        oen,g:IN STD_LOGIC;
        q:OUT STD_LOGIC_VECTOR(n DOWNTO 1));
END;
ARCHITECTURE bhv OF latch8 IS
    COMPONENT latch1
        PORT(d,en:IN STD_LOGIC;
            q:OUT STD_LOGIC);
    END COMPONENT;
SIGNAL tmp:STD_LOGIC_VECTOR(n DOWNTO 1);
BEGIN
```

```
device:FOR i IN 1 TO n GENERATE
U1:latch1 PORT MAP(d(i),g,tmp(i));
       END GENERATE;
q<=tmp WHEN oen='0' ELSE "ZZZZZZZZ";
END;
```

本例先构造 1 位锁存器模块，然后结合使用 FOR GENERATE 语句和 PORT MAP 元件例化语句，从而构成 *N* 位锁存器。

2) IF-GENERATE

IF GENERATE 语句用于描述结构例外的情况，比如边界处发生的特殊情况。IF GENERATE 语句中，条件为真时，才会执行该语句下的元件例化语句。IF GENERATE 语句的格式如下：

```
标号：IF 条件 GENERATE
        元件例化语句;
      END GENERATE [标号];
```

一般情况下，IF GENERATE 语句放在 FOR GENERATE 语句内部。

【例 4-21】 *N* 位二进制全加器。

```
LIBRARY IEEE;
USE IEEE.STD_LOGIC_1164.ALL;
ENTITY fulladder_example_8 IS
    GENERIC(n:INTEGER:=N);
    PORT(a,b:IN STD_LOGIC_VECTOR(n-1 DOWNTO 0);
         s:OUT STD_LOGIC_VECTOR(n-1 DOWNTO 0);
         c:OUT STD_LOGIC);
END;
ARCHITECTURE bhv OF fulladder_example_8 IS
    COMPONENT full_adder_1b IS
       PORT (ain,bin,cin:IN STD_LOGIC;
             sum,cout:OUT STD_LOGIC );
    END COMPONENT;
SIGNAL c_tmp:STD_LOGIC_VECTOR(n-1 DOWNTO 0);
BEGIN
    c<=c_tmp(n-1);
add:FOR i IN 0 TO n-1 GENERATE
    g1:IF i=0  GENERATE
    fadder:full_adder_1b PORT MAP(a(i),b(i),'0',s(i),c_tmp(i));
    END GENERATE g1;
    g2:IF i>0 GENERATE
    fadder:full_adder_1b PORT MAP(a(i),b(i),c_tmp(i-1),s(i),c_tmp(i));
    END GENERATE g2;
```

```
END GENERATE add;
END;
```

本例是要设计一个 N 位二进制全加器，那么为什么要使用 IF GENERATE 语句呢？换句话说，本题中特殊的边界是什么？仔细思考会发现，两个多位二进制数从低位到高位逐位相加，其特殊边界正好是最低位相加，最低位相加是一个半加器(最低位相加无须考虑进位输入)而不是全加器。

5. 块语句

当一个结构体描述的电路比较复杂时，可以通过块结构(block)将构造体划分为几个模块，每个模块都可以有独立的结构，这样就减小了程序的复杂性，同时提高了构造体程序段的可读性。

块语句本身是一种并行语句的组合方式，而且它的内部也是由并行语句组成的。它常用于结构体的结构化描述。块语句是 VHDL 中具有的一种划分机制，这种机制允许设计者合理地将一个模块分为数个区域，在每个模块中都能对其局部信号、数据类型和常量加以描述和定义。

块语句的语法格式如下：

```
[块结构名:]block
    块内定义语句;--定义 block 内部使用的信号或常数的名称及类型
BEGIN
 block 块内的并发描述语句
END block [块结构名]
```

块结构名不是必需的，但如有多个块存在，用块结构名将各个块加以区分可以使程序结构清晰，块结构以 block 标识符引导。block 块的具体描述内容以 BEGIN 开始，以 END 结束。

6. 子程序

子程序是具有某一特定功能的 VHDL 程序模块，这个模块内部的所有语句都是顺序执行的。VHDL 子程序与其他软件语言中的子程序应用目的是相同的，即能更有效地完成重复性工作。

与进程相似，子程序用顺序语句来定义和完成算法，不同的是，子程序不能像进程那样，从本结构体的并行语句或进程结构中直接读取信号值或者向信号赋值。子程序被调用时，首先要初始化，执行处理功能后，子程序内部的值不能保持，子程序返回后，才能被再次调用。

在 VHDL 中有两种类型的子程序：函数和过程。函数只返回一个变量；过程能返回多个变量。函数和过程均有两种形式，即并行函数和并行过程，以及顺序函数和顺序过程。

1) 函数

VHDL 中有多种函数形式，有利于不同目的的用户自定义函数，库中也有专用功能的预定义函数，例如转换函数和决断函数。转换函数用于从一种数据类型到另一种数据类型的转换。决断函数用于在多驱动信号时解决信号竞争问题。

函数可分为函数首和函数体两部分。函数语句的语法格式如下：

```
FUNCTION 函数名(参数表) RETURN 数据类型          --函数首
FUNCTION 函数名(参数表) RETURN 数据类型 IS       --函数体
    [说明部分]
    BEGIN
    顺序语句;
[RETURN[返回变量名];]
END [FUNCTION] 函数名;
```

在 VHDL 中，函数只能计算数值，不能改变其参数的值，所以其参数的模式只能是 IN，通常可以省略。如果该函数仅在结构体中定义和使用，则只要函数体部分即可。如果将定义的函数放入程序包中，则函数首和函数体都要有，其中函数首放入程序包的包首中，函数体放入程序包的包体中。无论函数有多少个参数，它的返回值只能有一个。

【例 4-22】 函数举例——求三个数中的最大数。

```
LIBRARY IEEE;
USE IEEE.STD_LOGIC_1164.ALL;
ENTITY max_3 IS
    PORT(a,b,c:IN STD_LOGIC_VECTOR(7 DOWNTO 0);
        s:OUT STD_LOGIC_VECTOR(7 DOWNTO 0));
END;
ARCHITECTURE bhv OF max_3 IS
FUNCTION max(x,y:STD_LOGIC_VECTOR) RETURN STD_LOGIC_VECTOR IS
VARIABLE z:STD_LOGIC_VECTOR(7 DOWNTO 0);
BEGIN
IF x>y THEN z:=x;
ELSE z:=y;
END IF;
RETURN z;
END;
BEGIN
s<=max(a,max(b,c));
END;
```

【例 4-23】 函数举例——改进的三个数求最大数。

```
LIBRARY IEEE;
USE IEEE.STD_LOGIC_1164.ALL;
ENTITY max_3 IS
    PORT(a,b,c:IN STD_LOGIC_VECTOR(7 DOWNTO 0);
```

```
        s:OUT STD_LOGIC_VECTOR(7 DOWNTO 0);
        h:OUT STD_LOGIC_VECTOR(3 DOWNTO 0));
END;
ARCHITECTURE bhv OF max_3 IS
FUNCTION max(x,y:STD_LOGIC_VECTOR) RETURN STD_LOGIC_VECTOR IS
  --VARIABLE z:STD_LOGIC_VECTOR(7 DOWNTO 0);
BEGIN
IF x>y THEN RETURN(x);
ELSE RETURN(y);
END IF;
END;
BEGIN
s<=max(a,max(b,c));
h<=max(max(a(3 DOWNTO 0),b(3 DOWNTO 0)),c(3 DOWNTO 0));
END;
```

2) 过程

VHDL 中，子程序的另外一种形式是过程。过程语句的语法格式如下：

```
PROCEDURE 过程名(参数表)        --过程首
PROCEDURE 过程名(参数表)IS      --过程体
    [定义语句];
    BEGIN
    顺序处理语句;
END [PROCEDURE] 过程名;
```

过程首由过程名和参数表组成。参数表可以对常数、变量和信号做出说明，并用 IN、OUT 和 INOUT 定义这些参数的工作模式，即信号的数据流向，默认为 IN。

与函数一样，过程由过程首和过程体构成，也由顺序语句组成。过程首也不是必需的，过程体可以独立存在和使用，即在进程和结构体中不必定义过程首，而在程序包中必须定义过程首。在不同的调用环境下，可以有两种不同方式对过程进行调用，即顺序语句调用方式和并行语句调用方式。

【例 4-24】过程举例——输入变量从数组类型转换为整型。

```
LIBRARY IEEE;
USE IEEE.STD_LOGIC_1164.ALL;
ENTITY sort_procedure IS
    PORT(in1,in2:IN INTEGER RANGE 0 TO 255;
        max,min:OUT INTEGER RANGE 0 TO 255);
END;
ARCHITECTURE bhv OF sort_procedure IS
PROCEDURE sort(x,y:IN INTEGER;
            SIGNAL h,u:OUT INTEGER)IS
BEGIN
IF x>y THEN h<=x;u<=y;
```

```
ELSE h<=y;u<=x;
END IF;
END;
BEGIN
sort(in1,in2,max,min);
END;
```

【例 4-25】过程举例——8 个数的平均值。

```
LIBRARY IEEE;
USE IEEE.STD_LOGIC_1164.ALL;
ENTITY sort_procedure IS
    PORT(in1,in2:IN INTEGER RANGE 0 TO 255;
        en:IN STD_LOGIC;
        max,min:OUT INTEGER RANGE 0 TO 255);
END;
ARCHITECTURE bhv OF sort_procedure IS
PROCEDURE sort(x,y:IN INTEGER;
            SIGNAL h,u:OUT INTEGER)IS
BEGIN
IF x>y THEN h<=x;u<=y;
ELSE h<=y;u<=x;
END IF;
END;
BEGIN
PROCESS(en,in1,in2)
BEGIN
IF EN='1' THEN
    sort(in1,in2,max,min);
END IF;
END PROCESS;
END;
```

4.2.3　VHDL 的属性语句

VHDL 中的属性指的是关于实体、结构体、类型和信号的一些特征。有些属性对综合(设计)非常有用，如数组类属性、信号类属性和范围类属性等，具体如表 4-9 所示。

表 4-9　综合器支持的预定义属性函数功能表

属性名	功能与含义	适用范围
LEFT[(n)]	返回类型或子类型的左边界，用于数组时，n 表示二维数组行序号	类型、子类型
RIGHT[(n)]	返回类型或子类型的右边界，用于数组时，n 表示二维数组行序号	类型、子类型
HIGH[(n)]	返回类型或子类型的上限界，用于数组时，n 表示二维数组行序号	类型、子类型
LOW[(n)]	返回类型或子类型的下限界，用于数组时，n 表示二维数组行序号	类型、子类型
LENGTH[(n)]	返回类型或子类型的总长度(范围个数)，用于数组时，n 表示二维数组行序号	数组

续表

属性名	功能与含义	适用范围
EVENT	如果当前的Δ期间内发生了事件，则返回 TRUE，否则返回 FALSE	信号
STABLE[(time)]	每当在可选的时间表达式指定的时间内信号无事件时，该属性建立一个值为 TRUE 的布尔型信号	信号
RANGE[(n)]	顺序返回数组类型的范围值，参数 n 指定二维数组的第 n 行	数组
REVERSE_ RANGE[(n)]	逆序返回数组类型的范围值，参数 n 指定二维数组的第 n 行	数组

1. 值类属性

值类属性有 LEFT、RIGHT、HIGH、LOW 和 LENGTH，其中用符号“'”隔开对象名及其属性。LEFT 表示类型最左边的值；RIGHT 表示类型最右边的值；LOW 表示类型中最小的值；HIGH 表示类型中最大的值；LEHGTH 表示限定型数组中元素的个数。

例如：

```
test_1:IN STD_LOGIC_VECTOR(8 DOWNTO 0);
SIGNAL test_2:STD_LOGIC_VECTOR(0 TO 8);
```

则这两个信号的各属性值如下：

```
test_1'LEFT=8;test_1'RIGHT=0;test_1'LOW=0;test_1'HIGH=8;test_1'LENGTH=9;
test_2'LEFT=0;test_2'RIGHT=8;test_2'LOW=0;test_2'HIGH=8;test_2'LENGTH=9;
```

2. 信号类属性

信号类属性 EVENT 的值为布尔型，如果刚好有事件发生在该属性所附着的信号上(即该信号发生变化)，则其值为 TRUE，否则为 FALSE。

信号类属性 STABLE 的值为布尔型，与 EVENT 属性相反，如果刚好没有事件发生在该属性所附着的信号上(即该信号没有发生变化)，则其值为 TRUE，否则为 FALSE。

例如：

clk'EVENT AND clk='1' 和 NOT clk'STABLE AND clk='1'表示时钟的上升沿，即时钟变化了，且其值为‘1’，因此表示上升沿。

clk'EVENT AND clk='0' 和 NOT clk'STABLE AND clk='0'表示时钟的下降沿，即时钟变化了，且其值为‘0’，因此表示下降沿。

此外，还可利用预定义的两个函数来表示时钟的边沿。

RISING_EDGE(clk)：表示时钟上升沿。

FALLING_EDGE(clk)：表示时钟下降沿。

3. 范围类属性

范围类属性 RANGE 可以生成一个限制性数据对象的范围。

例如：

```
SIGNAL test:STD_LOGIC_VECTOR(8 DOWNTO 0);
```

那么，

```
test'RANGE=8 DOWNTO 0
```

本 章 小 结

VHDL 的基本要素包括数据对象、数据类型、运算符和属性。要深刻理解 VHDL 的各类数据类型，特别是常用数据类型的定义和使用规范，它们是进行 VHDL 程序设计的基础。VHDL 的各类数据对象具有各自的功能，应掌握各类数据对象在 VHDL 程序中的使用方法，掌握各类运算符的使用规则。运算符是 VHDL 进行功能描述的手段之一，使用时应注意数据类型要相匹配。

在编写 VHDL 程序的过程中，通常可以按照语句的执行顺序将其分为顺序描述语句和并行描述语句两种。

顺序描述语句是指在语句的执行过程中，语句的执行顺序是按照语句的书写顺序依次执行的。常见的顺序描述语句有信号赋值语句、IF 语句、CASE 语句、LOOP 语句、NEXT 语句、EXIT 语句、NULL 语句和 WAIT 语句。

并行描述语句是指在语句的执行过程中，语句的执行顺序和语句的书写顺序无关，所有语句都是并发执行的。常见的并行描述语句有进程语句、并行信号赋值语句、条件信号赋值语句、选择信号赋值语句、块语句、元件例化语句和生成语句。

结构体中的各个模块之间是并行执行的，因此应该采用并行语句来进行描述；而各个模块内部的语句则需要根据描述方式来决定，即模块内部既可以采用并行描述语句，同时也可以采用顺序描述语句。

习　　题

一、填空题

1．VHDL 语句可以分为(　　)和(　　)两类。

2．NEXT 语句主要用于在 LOOP 语句执行中进行有条件的或无条件的(　　)控制。

3．在进程中，当程序执行到 WAIT 语句时，运行程序将被(　　)，直到满足此语句设置的(　　)，才重新开始执行进程或过程中的程序。

4．子程序有两种类型，即(　　)和(　　)。

5．VHDL 常用的预定义属性有(　　)、(　　)、(　　)、(　　)和(　　)五大类。

6．VHDL 中的断言语句主要用于(　　)和(　　)，属于不可综合语句，综合中被忽略而不会生成逻辑电路，只用于检测某些电路模型是否正常工作等。

7．过程调用语句属于 VHDL(　　)的一种类型。(　　)是一个 VHDL 程序模块，利用顺序语句来定义和完成算法，应用它能更有效地完成重复性的设计工作。

二、选择题

1．下列标识符中，(　　)是不合法的标识符。

A．State0　　B．9moon　　C．Not_Ack_0　　D．signall

2．对于进程中的变量赋值语句，其变量更新是(　　)。

A．立即完成　　B．按顺序完成　　C．在进程的最后完成　　D．都不对

3．嵌套使用 IF 语句，其综合结果可实现(　　)。

A．带优先级且条件相与的逻辑电路　　B．条件相或的逻辑电路

C．三态控制电路　　D．双向控制电路

4．在一个 VHDL 设计中，idata 是一个信号，数据类型为 STD_LOGIC_VECTOR，下面(　　)赋值语句是错误的。

A．idata <="00001111"　　B．idata <= b"0000_1111";

C．idata <= X"AB"　　D．idata <= 16"01";

5．下列语句中，不属于并行语句的是(　　)。

A．进程语句　　B．CASE 语句

C．元件例化语句　　D．WHEN ELSE 语句

6．在 VHDL 中，下列对进程(PROCESS)语句的语句结构及语法规则的描述中，不正确的是(　　)。

A．PROCESS 为一无限循环语句；敏感信号发生更新时启动进程，执行完成后，等待下一次进程启动

B．敏感信号参数表中，不一定要列出进程中使用的所有输入信号

C．进程由说明部分、结构体部分和敏感信号三部分组成

D．当前进程中声明的变量不可用于其他进程

7．下列关于 VHDL 中信号的说法不正确的是 (　　)。

A．信号赋值可以有延迟时间

B．信号除当前值外还有许多相关值，如历史信息等，变量只有当前值

C．信号可以是多个进程的全局信号

D．信号值输入时采用代入符“：=”，而不是赋值符“<=”，同时信号可以附加延时

三、判断题

1．只有信号可以描述实际硬件电路，变量则只能用在算法的描述中，而不能最终生成实际的硬件电路。　　(　　)

2．信号具有延迟、事件等特性，而变量则没有。　　(　　)

3．记录类型中可以含有“存取型”和“文件型”的数据对象。　　(　　)

4. “+”、“-”运算符只能用于整型数运算，移位操作符则只能用于 BIT 型和 BOOLEAN 型的运算。（　　）

5. 目前，在可综合的 VHDL 程序中，乘方运算符(**)的右操作数可以是任意数。（　　）

6. “=”和“/=”运算符比“>”和“<”综合生成的电路规模小。（　　）

四、简答题

1. 试设计一个芯片内的两个节点 a 和 b 相接的 VHDL 程序。
2. 在 VHDL 中标准数据类型有哪几种？怎样定义自己需要的数据类型？
3. 在 VHDL 中有哪几种常用库？在编程时怎样调用现有库？
4. WAIT 语句有几种格式？哪些格式能被综合？
5. VHDL 的数据对象有哪几类？
6. 简述信号和变量的异同点。
7. 用两种以上的方法或语句描述四选一数据选择器。
8. 用结构化描述方法设计一个 4 位全减器。
9. 以下程序有何错误？试改正。

```
ENTITY count IS
PORT(clk:IN BIT;
    q:OUT BIT_VECTOR(7 DOWNTO 0););
END count;
ARCHITECTURE a OF count
BEGIN
PROCESS(clk)
IF clk'EVENT AND clk='1' THEN
  q<=q+1;
END PROCESS;
END a;
```

10. 以下程序有何错误？试改正。

```
…
SIGNAL invalue:IN INTEGER RANGE 0 TO 15;
SIGNAL outvalue:OUT STD_LOGIC;
…
CASE invalue IS
  WHEN 0=>outvalue<='1';
  WHEN 1=>outvalue<='0';
END CASE;
…
```

11. 下面为一个时序逻辑模块的 VHDL 结构体描述，请找出其中的错误。

```
ARCHITECTURE bhv OF com1 IS
```

```
BEGIN
VARIANLE a,b,c,clk:STD_LOGIC;
pro1:PROCESS
BEGIN
IF NOT (clk'EVENT AND clk='1') THEN
x<=a XOR b OR c;
END IF;
END PROCESS;
END;
```

12．下述两段程序有错，请指出错在何处。

(1)

```
process(…)
    if a=b then
       c<=d;
    end if;
    if a=4 then
        c<=d+1;
     end if;
end process;
```

(2)

```
architecture behave of mux is
begin
    q<=i0 when a='0' and b='0' else '0';
    q<=i1 when a='0' and b='1' else '0';
    q<=i2 when a='1' and b='0' else '0';
    q<=i3 when a='1' and b='1' else '0';
end behave;
```

13．将下列程序段改写成用 WHEN ELSE 语句实现的程序段。

```
PROCESS (a,b,c,d)
BEGIN
IF a='0' AND b='1'  THEN next1<="1101";
ELSIF a='0' THEN next1<=d;
ELSIF b='1' THEN next1<=c;
ELSE next1<="1011";
END IF;
END PROCESS;
```

14．下面是一个简单的 VHDL 描述，请画出其实体对应的原理符号，并画出与结构体相应的电路原理图。

```
LIBRARY IEEE;
USE IEEE.STD_LOGIC_1164.ALL;
ENTITY sn74ls20 IS
PORT(i1a,i1b,i1c,i1d:IN STD_LOGIC;
    i2a,i2b,i2c,i2d:IN STD_LOGIC;
    o1,o2:OUT STD_LOGIC);
END sn74ls20;
ARCHITECTURE bhv OF sn74ls20 IS
SIGNAL n1,n2:STD_LOGIC;
BEGIN
o1<=NOT(i1a AND i1b AND i1c AND i1d);
o2<=NOT(i2a AND i2b AND i2c AND i2d);
END bhv;
```

15．下述程序是参数可定制、带计数使能、异步复位计数器的 VHDL 描述，试补充完整。

```
LIBRARY IEEE;
USE IEEE. STD_LOGIC_1164.ALL;
USE IEEE.________________.ALL;
USE IEEE. STD_LOGIC _ARITH.ALL;
ENTITY counter_n IS
    __________ (width : INTEGER := 8);
    PORT (data : IN STD_LOGIC _VECTOR (width-1 DOENTO 0);
        load, en, clk, rst : ______ STD_LOGIC;
        q : OUT STD_LOGIC _VECTOR (_____________ DOWNTO 0));
END counter_n;
ARCHITECTURE behave OF _______________ IS
    SIGNAL count : STD_LOGIC _VECTOR (width-1 DOWNTO 0);
BEGIN
    PROCESS(clk, rst)
    BEGIN
        IF rst = '1'  THEN
            count <= _______________;        -- 清零
        ELSIF _______________________ THEN  -- 边沿检测
            IF load = '1'  THEN
                count <= data;
            ___________ en = '1'  THEN
                count <= count + 1;
            _____________;
        END IF;
    END PROCESS;
    ________________
```

```
    END behave;
```

16. 请找出并修改下述程序中的错误。

```
LIBRARY IEEE;
USE IEEE.STD_LOGIC_1164.ALL;
ENTITY CNT10 IS
PORT ( clk: IN STD_LOGIC;
q: OUT STD_LOGIC_VECTOR(3 DOWNTO 0));
END CNT10;
ARCHITECTURE bhv OF CNT10 IS
SIGNAL q1 : STD_LOGIC_VECTOR(3 DOWNTO 0);
BEGIN
PROCESS (clk)
BEGIN
IF RISING_EDGE(clk) begin
IF q1 < 9 THEN
q1 <= q1 + 1;
ELSE
q1 <= (OTHERS => '0');
END IF;
END IF;
END PROCESS;
q <= q1;
END bhv;
```

17. 设计一数据选择器(MUX)，其系统模块图和功能表如图 4-7 所示。试采用 IF 语句、CASE 语句和 WHEN ELSE 语句来描述该数据选择器的结构体。

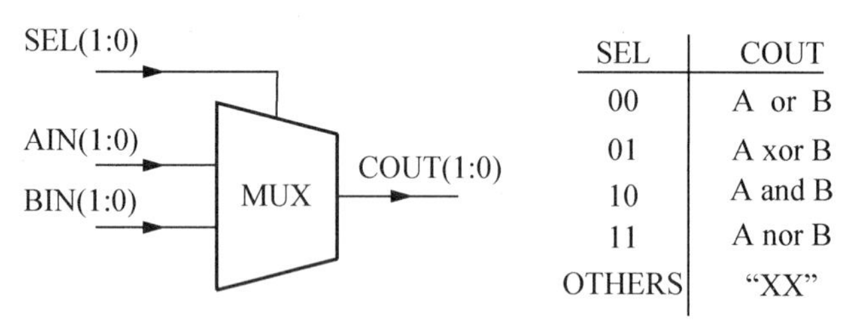

图 4-7　习题 17 图

第5章

Quartus II 集成开发软件初步

教学目标

通过本章知识的学习，应掌握在 Quartus II 集成开发环境下的开发流程和基本应用，掌握使用原理图输入法和文本输入法在 Quartus II 软件实现基于可编程逻辑器件的数字系统编辑、仿真和下载，掌握使用 ModelSim 软件进行 HDL 的仿真。

5.1 Quartus II 软件概述

Quartus II 软件是 Altera 公司的集成 PLD 开发软件，该软件界面友好，使用便捷。在该集成环境上可以完成设计输入(原理图输入、波形输入、文本输入等)、元件适配、时序仿真和功能仿真、编程下载整个流程，它提供了一种与硬件结构无关的设计环境，使设计者能专注地进行输入、快速处理和器件编程，完成从设计输入到硬件配置的完整 PLD 设计流程。

5.1.1 Quartus II 软件开发流程

Quartus II 软件的设计流程如图 5-1 所示。

Quartus II 软件的设计方法在许多方面与 Altera 公司的上一代 PLD 设计工具 MAX+plus II 相似，熟悉 MAX+plus II 的设计者可以通过 Quartus II 菜单的 Tools | Customize 对话框将桌面设置成 MAX+plus II 的显示界面进行设计。

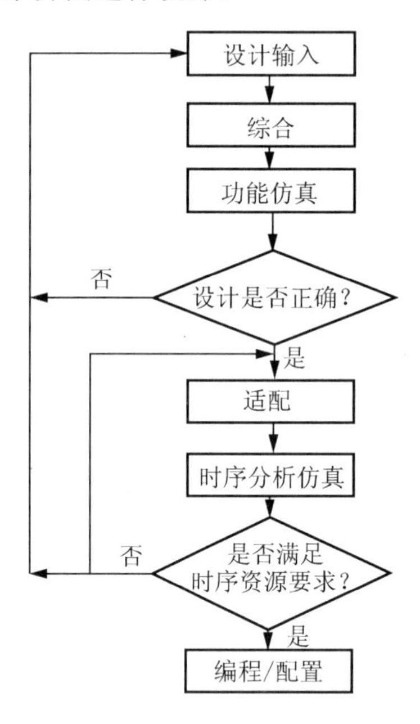

图 5-1　Quartus II 软件的设计流程

5.1.2 Quartus II 软件的特点

Quartus II 软件具有如下特点。

(1) 渐进式设计实现设计周期的缩短。

(2) SOPC Builder 系统级设计。

(3) MegaWizard 插件管理器，迅速方便地集成多种 IP 内核。

(4) 功耗分析工具，满足严格的功率要求。

(5) 存储器编译功能，轻松使用嵌入式存储器。

Quartus II 软件将设计、综合、布局布线和仿真以及第三方 EDA 工具无缝地集成在一起。

5.1.3　Quartus II 软件的图形用户界面

当启动 Quartus II 软件后，出现如图 5-2 所示的界面。界面主要包含了项目导航栏、编辑输入窗口、状态栏和消息窗口。

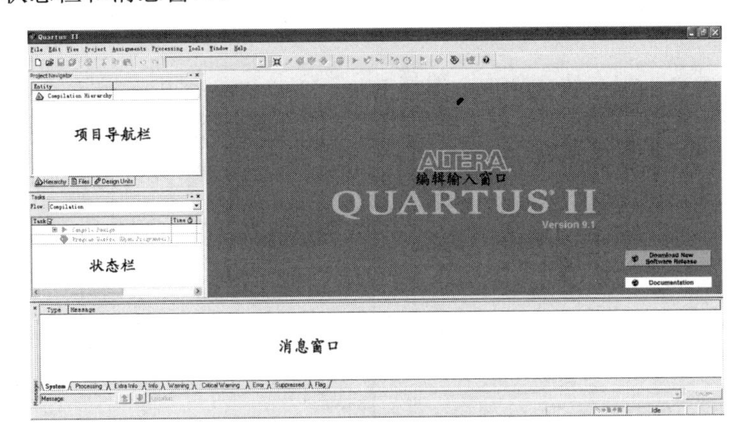

图 5-2　Quartus II 用户界面

1．项目导航栏

项目导航栏包括 3 个可以切换的选项卡：Hierarchy 选项卡用于层次显示，提供了逻辑单元、寄存器、存储器使用等信息；File 和 Design Units 选项卡提供了工程文件和设计单元的列表。

2．编辑输入窗口

编辑输入窗口是设计输入的主窗口，无论是原理图还是 HDL 编译、仿真的报告都在这里显示。

3．状态栏

状态栏，用于显示各系统运行阶段的进度，如编译、综合、适配和仿真的进度。

4．消息窗口

消息窗口用于实时提供系统信息、警告及相关错误信息等。

5.2　原理图编辑方法

原理图设计输入法是一种最直接的输入方式，使用系统提供的元器件库和各种符号完成电路原理图，形成原理图输入文件，多用在对系统电路很熟悉的情况或用在系统对时间特性要求较高的场合。其缺点是当系统功能较复杂时，原理图输入方式效率低；其优点是容易实现仿真，便于信号的观察和电路的调整。在原理图编辑器中是以符号的方式将需要的逻辑器件引入，各设计电路的信号输入引脚与信号输出引脚也需要以符号的方式引入。

5.2.1 半加器电路输入与编辑

1. 建立工程

1) 建立工程文件

在计算机上建立工程存放文件夹。选择 File→New Project Wizard 命令，如图 5-3 所示，弹出如图 5-4 所示对话框，在此对话框中从上自下依次输入新工程的存放文件夹、工程名和顶层实体名，工程名和顶层实体名必须相同。本例中建立的工程名为 h_adder。

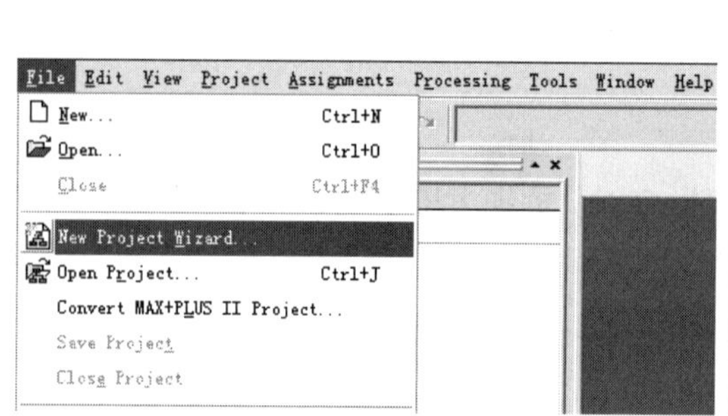

图 5-3 建立新工程图

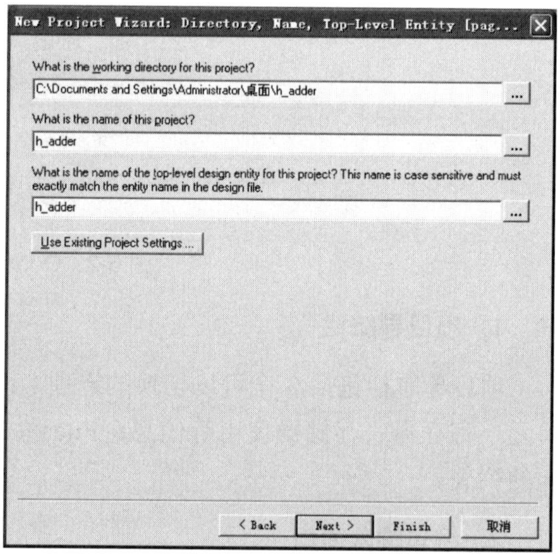

图 5-4 建立工程相关信息

2) 选择需要加入的文件和库

单击图 5-4 所示窗口中的 Next 按钮，此时，如果文件夹不存在，系统会提示是否创建该文件夹，单击 Yes 按钮后系统会自动创建工程存储文件夹，接下来弹出如图 5-5 所示的对话框。如果此设计中包含其他设计文件，可以在 File name 的下拉菜单中选择相关文件，或者单击 Add All 按钮添加在该目录下的所有文件。如果用户添加用户自定义的库，单击 User Libraries 按钮进行选择。本例由于较简单，无须添加相关文件和库，直接单击 Next 按钮即可。

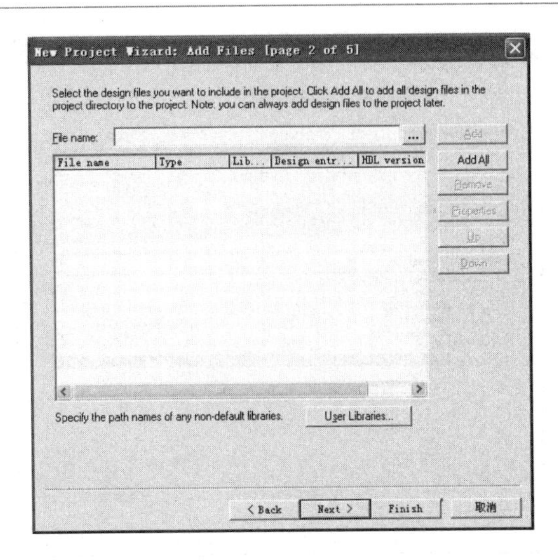

图 5-5　添加文件对话框

3) 选择目标器件

在图 5-6 所示的对话框中选择目标器件。本例中在 Family 下拉列表框中选择 Cyclone II 系列器件，在 Available devices 列表框中选择 EP2C70F896C7，单击 Next 按钮，目标器件选择完毕。读者可根据自己的实验设备进行器件选择。

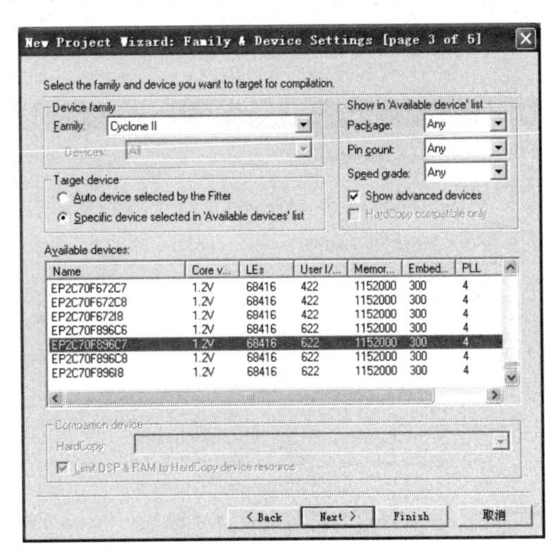

图 5-6　器件选择设置

4) 第三方 EDA 工具选择

在图 5-7 所示的对话框中，用户可以选择第三方工具。本例中不使用第三方工具，选择默认选项即可，单击 Next 按钮。

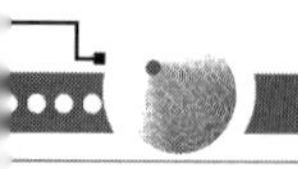

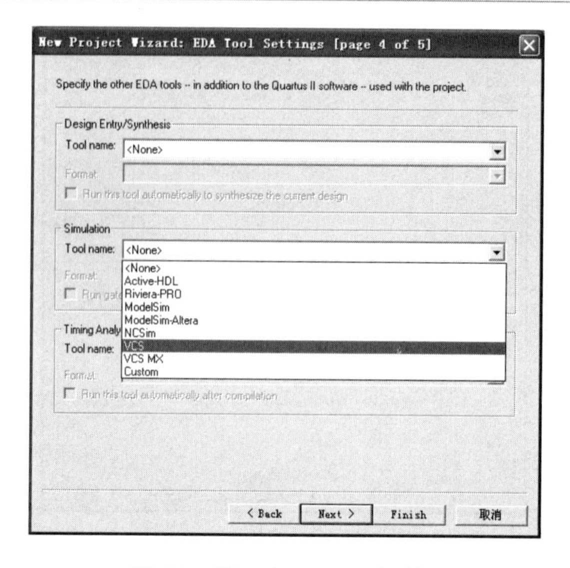

图 5-7　第三方 EDA 工具选择

5) 工程设置结束

单击图 5-7 所示对话框中的 Next 按钮即打开最终确认对话框，如图 5-8 所示。从中可以看到关于本次工程的相关信息，如工程名称、选择的器件和选择的第三方 EDA 工具等，如确认无误，单击 Finish 按钮，结束本次工程创建。如有误，可单击 Back 按钮，返回相关对话框修改错误设置。

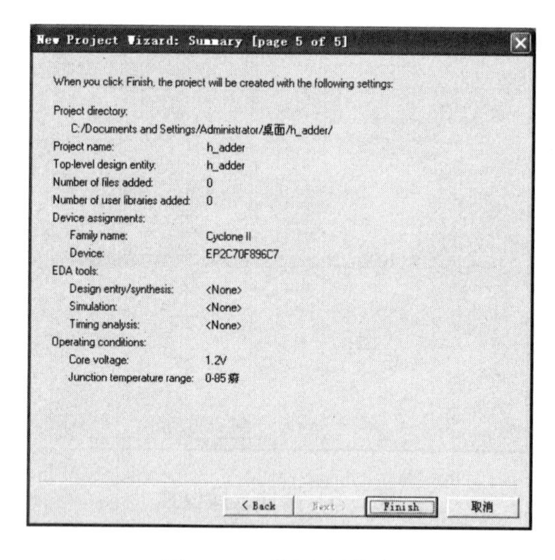

图 5-8　工程项目信息

半加器工程创建完成后在资源管理窗口可看到新建的名为 h_adder 的工程，如图 5-9 所示。

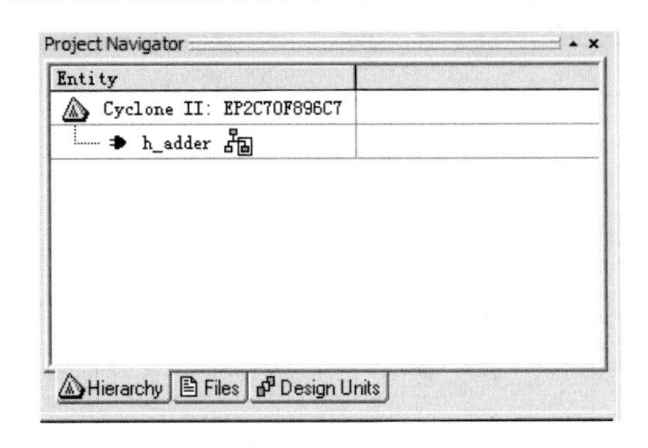

图 5-9　工程创建后的显示

2．利用原理图编辑器建立原理图文件

1) 创建原理图/图表模块文件

选择 File→New 命令，弹出新建文件对话框，如图 5-10 所示。选择 Block Diagram/Schematic File 选项，成功建立文件，生成原理图编辑器界面，如图 5-11 所示。

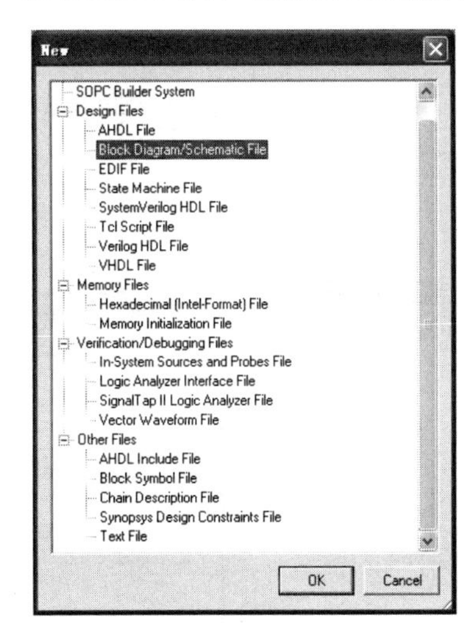

图 5-10　新建文件对话框

2) 放置所需元件符号

在如图 5-11 所示的原理图编辑器空白处右击，出现如图 5-12 所示的下拉列表，选择 Insert→Symbol 命令(或者在编辑工具栏中选择工具)，弹出如图 5-13 所示的选择电路符号对话框，选中 primitives→logic→input(或者在 Name 文本框中输入 input)后，单击 OK 按钮。此时，在光标上附着被选中的输入符号，将其移动到合适的位置，如图 5-14 所示。同理，在原理图编辑器窗口中分别放置两个输入符号，两个输出符号，一个 2 输入与门、一个非门和一个异或门，如图 5-15 所示。

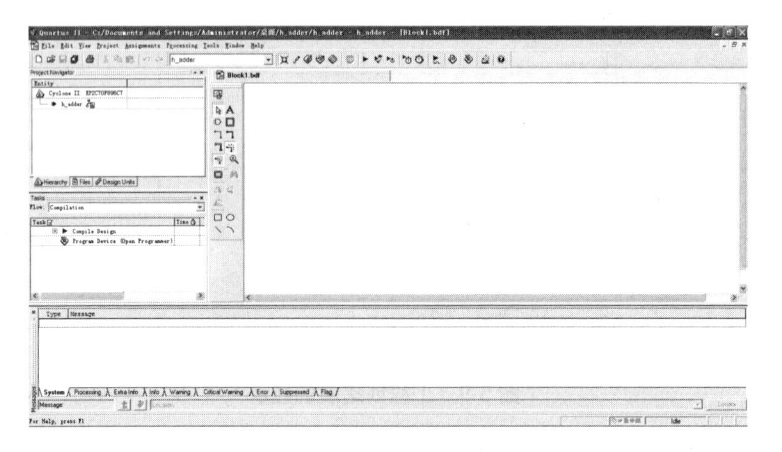

图 5-11　原理图编辑器界面

图 5-12　插入符号

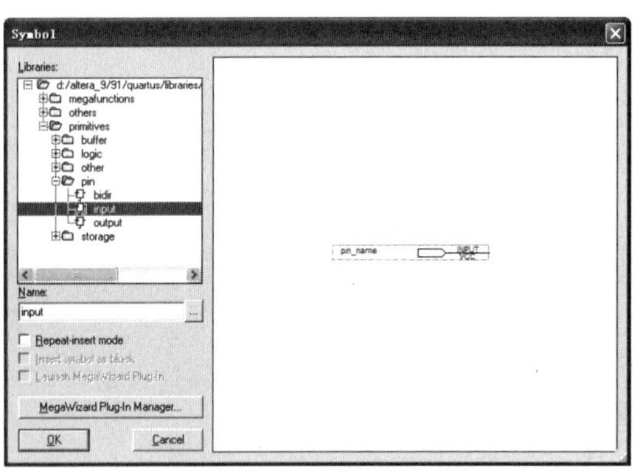

图 5-13　元器件符号选择

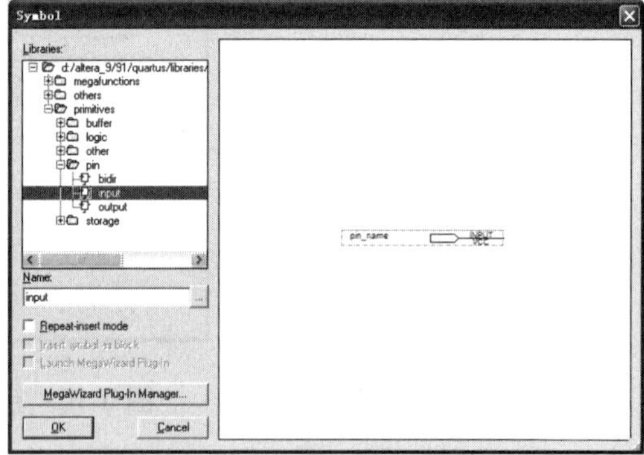

图 5-14 摆放输入符号

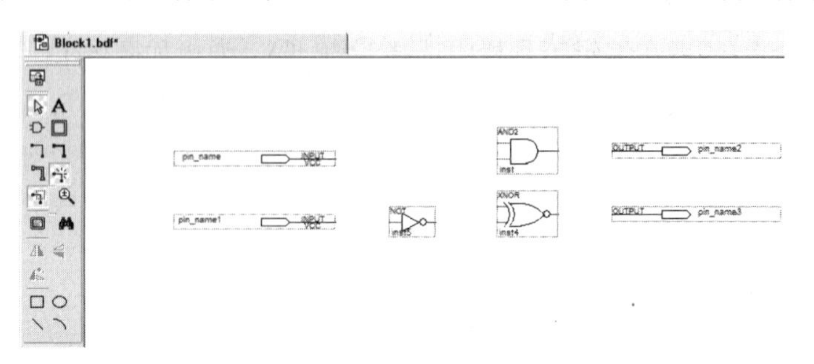

图 5-15　所需元器件摆放

3) 连接元器件并命名

原理图和图表模块编辑时所用的工具按钮如下所述，熟练使用这些工具，可以大大提高设计速度。

分离窗口工具：将当前窗口与主窗口分离。

选择工具：选取、移动、复制对象，为最基本且常用的功能。

文字工具A：文字编辑工具，指定名称或批注时使用。

符号工具：添加工程中所需要的各种原理图逻辑器件和符号。

图表模块工具：添加一个图表模块，用户可以定义输入和输出以及一些相关参数，用于自顶向下的设计，该工具应熟练掌握。

正交节点工具：画垂直和水平的连线，同时可以定义节点的名称。

正交总线工具：画垂直和水平的总线。

正交管道工具：用于模块之间的连线和映射。

橡皮筋工具：选中此项移动图形元件时，脚位与连线不会断开。

部分线选择工具：选中此项后可以选择局部连线进行操作。

放大/缩小工具：放大或缩小原理图，选中此项后单击为放大，右击鼠标为缩小。

全屏工具：全屏显示原理图编辑器。

查找工具：查找节点、总线和元件等。

元件翻转工具、、：用于图形的翻转，分别为水平翻转、垂直翻转和 90° 的逆时针翻转。

画图工具、、、：分别为矩形、圆形、直线和弧线工具。

在如图 5-15 所示的界面中，将光标移到 input 符号右侧，待光标变成十字形光标时按住鼠标左键(或者选中工具栏中的工具，光标会自动变成十字形的连线状态)，再将光标移动到需要连接的另一元件的引脚处，待连接点出现蓝色的小方块后松开鼠标左键，即连接成功。重复上述方法完成所有连接，如图 5-16 所示。

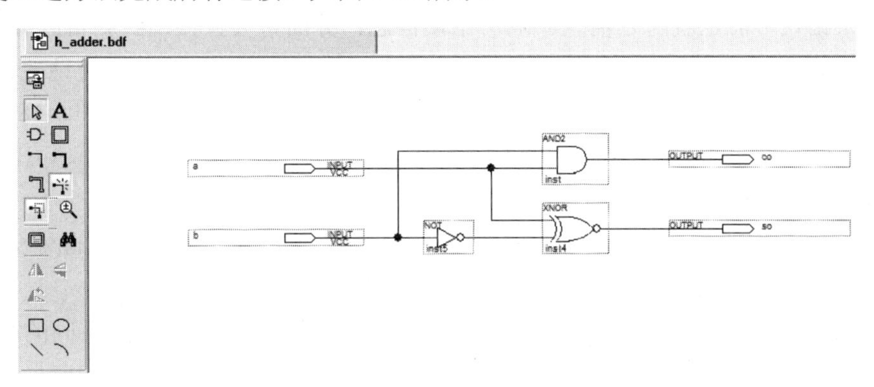

图 5-16 全加器原理图

4) 保存文件

单击保存文件按钮。

注意：保存新建的原理图文件的文件名不能与调用模块的文件重名，否则编译时会出现错误信息。

5.2.2 半加器的综合

单击水平工具条上的编译按钮开始编译，并伴随着进度的不断变化，编译完成后的界面如图 5-17 所示，单击“确定”按钮。在该图中显示了编译的各种信息，其中包括警告和出错信息。初学者对于警告信息可以忽略，但对于错误信息则必须进行相应的修改，并重新编译，直到没有错误提示为止。

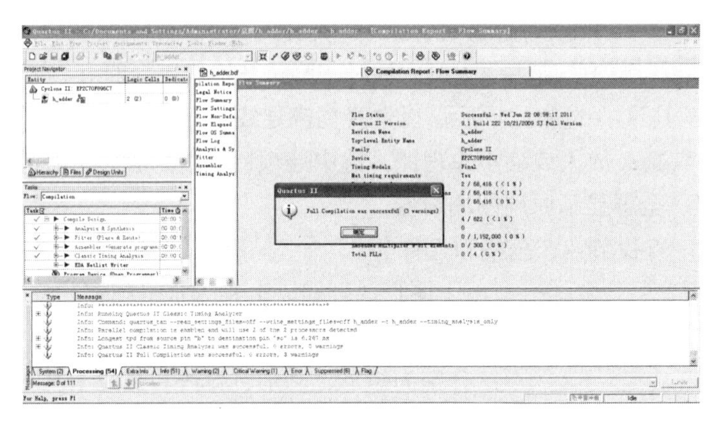

图 5-17　编译成功

注意：如果有编译错误，必须全部改正。查找和修改错误时，一般是选择第一行的错误提示，因为有时下面一系列的错误可能都是由上一行的错误引起的，修改了前面的错误，后面的多条错误可能也就随之消失。双击错误信息，界面将会直接跳到编辑区域，在有错误的地方闪动光标。一般错误是在光标出现行的前后行仔细寻找，可以方便地改正错误。

当工程编译完毕后，编译器窗口将显示工程详细信息。编译器窗口如图 5-18 所示。

(1) Analysis & Synthesis 分析综合器：用于分析和综合、Verilog HDL 和 VHDL 输入设置、默认设计参数和综合网络表优化设置。

(2) Fitter 适配器：又称结构综合器或布线布局器，它将逻辑综合所得的网表文件，即底层逻辑元件的基本连接关系，在选定的目标器件中具体实现。

(3) Assembler 装配器：能将适配器输出的文件，根据不同的目标器件、不同的配置 ROM 产生多种格式的编程/配置文件。

(4) Classic 时序分析器：包含 TimeQuest 时序分析报告以及引脚延时等基本时序参数。

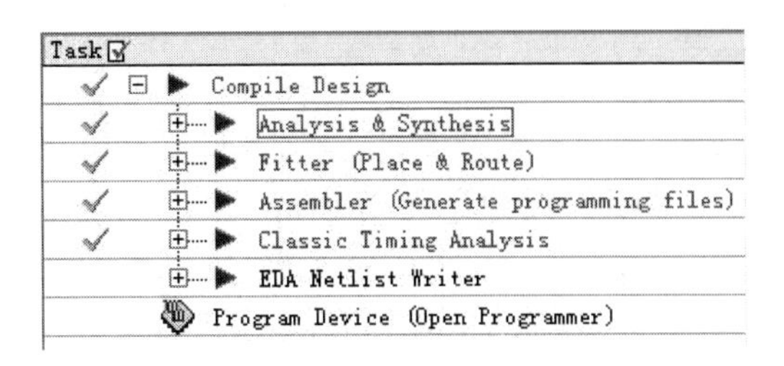

图 5-18　编译器窗口

5.2.3 半加器的仿真

1．建立矢量波形文件

选择 File→New 命令，在弹出的 New 对话框中选择 Other Files 选项卡，弹出如图 5-19 所示的对话框。选择 Vector Waveform File 选项后单击 OK 按钮，弹出矢量波形编辑窗口，如图 5-20 所示。

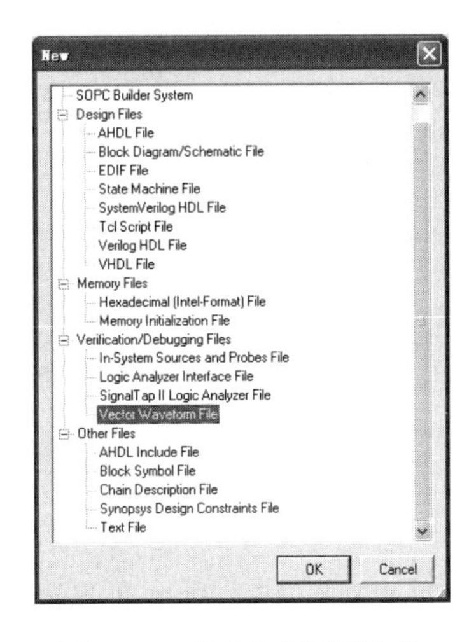

图 5-19　新建矢量波形文件

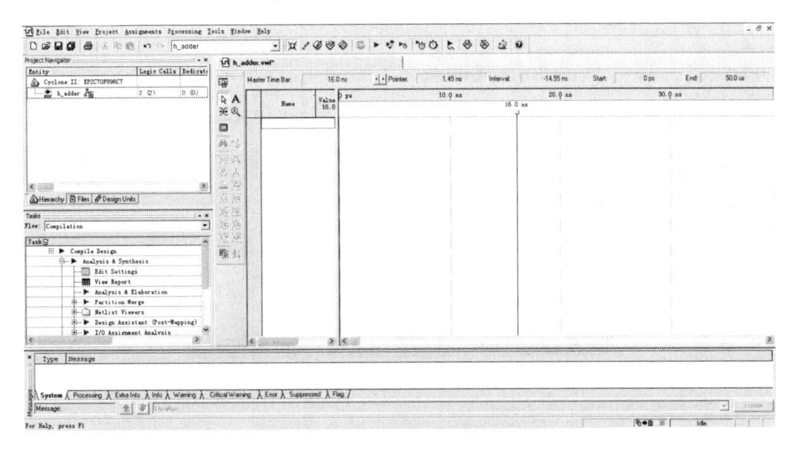

图 5-20　矢量波形编辑窗口

2．设置仿真时间区域

对于时序仿真来说，将仿真时间轴设置在一个合理的时间区域内十分重要。通常设置的时间范围在微秒级，如想观察延时问题，可将时间范围级别降低；如想进行高频率仿真，可将时间范围级别加大，如分频器和嵌入式锁相环仿真时。

选择 Edit→End Time 命令，在弹出的对话框中的 Time 文本框中输入 50，单位选为μs，整个仿真域的时间即定为 50 微秒，如图 5-21 所示。单击 OK 按钮，结束设置。

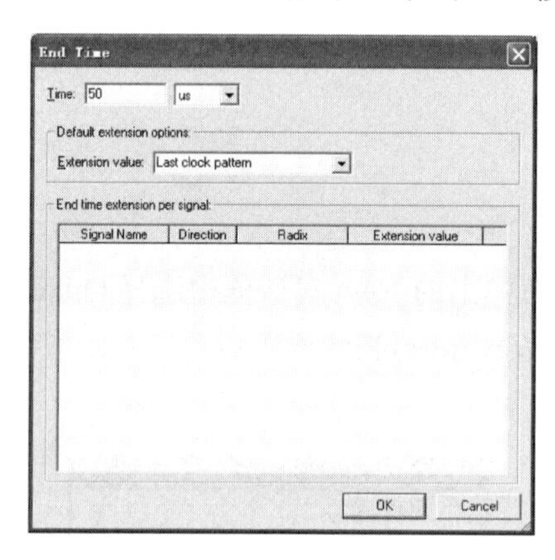

图 5-21　修改仿真时间

3．添加端口或节点

添加端口或节点的操作步骤如下。

(1) 在图 5-20 所示的界面中，双击 Name 下方的空白处，右击，出现选项菜单，如图 5-22 所示，选择 Insert→Insert Node or Bus 命令，弹出 Insert Node or Bus 对话框，如图 5-23 所示。单击 Node Finder 按钮后，弹出 Node Finder 对话框，将 Filter 项设置为“Pins:all”，如图 5-24 所示。

(2) 在图 5-24 所示的界面中单击 List 按钮，则会在 Nodes Found 列表框中列出设计中所涉及的输入/输出引脚，如图 5-25 所示。

(3) 在图 5-25 界面中单击“>>”按钮，则将所有输入输出节点复制到右边的一侧，也可以选择其中的部分引脚，具体视情况而定。

(4) 在图 5-25 所示的界面中单击 OK 按钮后，返回 Insert Node or Bus 对话框。此时，在 Name 文本框和 Type 下拉列表中出现了 Multiple Items。单击 OK 按钮，选中的输入输出端被添加到矢量波形编辑器窗口中，如图 5-26 所示。

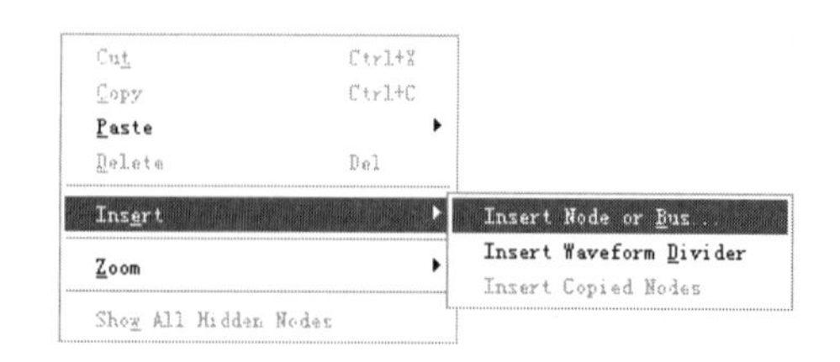

图 5-22　节点选择菜单

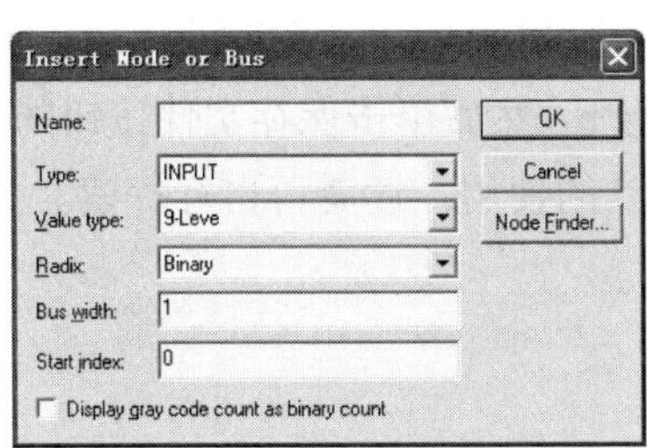

图 5-23　Insert Node or Bus 对话框

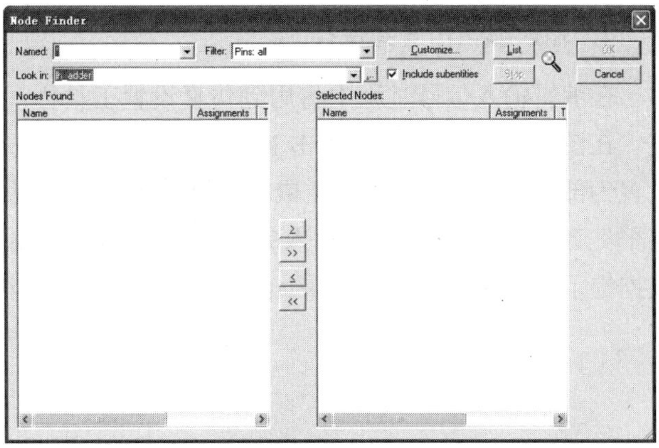

图 5-24　Node Finder 对话框

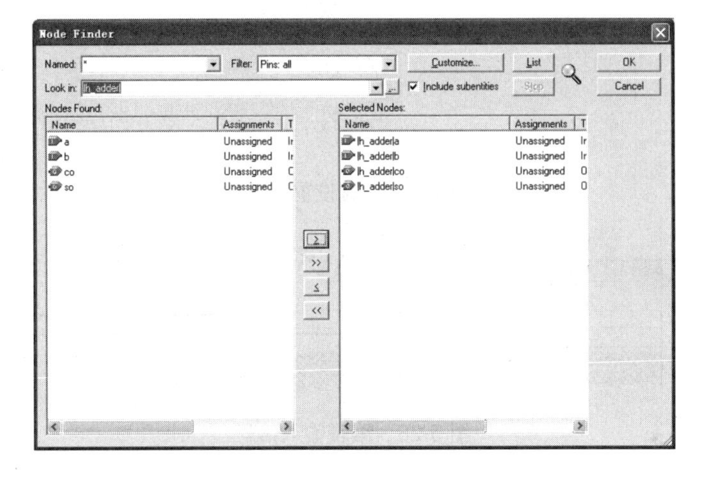

图 5-25　列出输入输出节点

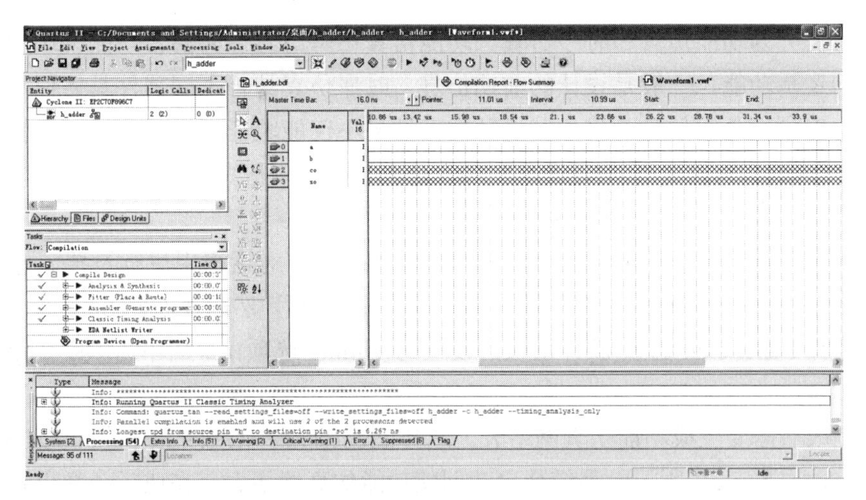

图 5-26　添加节点后的矢量波形编辑器窗口

4．输入编辑信号并保存

在编辑输入信号过程中将用到仿真设置工具栏，每个按钮及其功能如图 5-27 所示。

在图 5-26 所示界面中单击 Name 下方的 a，即选中改行的波形。本例中可将输入信号 a 设置为部分为高电平，可按住鼠标左键选中所要设置为高电平的区域，单击工具栏中的“高电平”工具按钮，信号 a 的输入完毕。同理，可设置输入信号 b，然后单击保存文件按钮，根据提示完成保存工作，结果如图 5-28 所示。关于其他工具的使用，读者可自行探索。

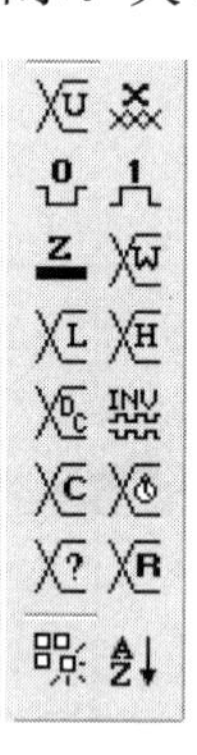

图 5-27　仿真设置工具栏

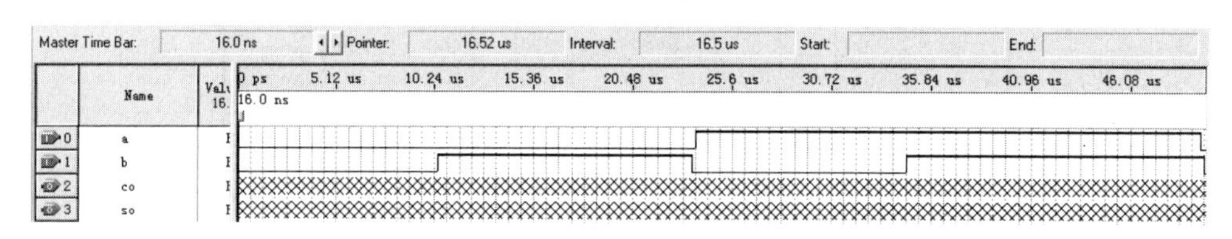

图 5-28　编辑输入信号

5．仿真

波形仿真分为功能仿真和时序仿真。功能仿真不考虑器件内部各功能模块的延时，只仿真电路的逻辑功能，一般是设计的前期仿真。时序仿真结合不同器件具体性能并考虑器件内部各功能模块之间的延时信息，这种仿真结果不仅能验证逻辑功能，而且验证用户所涉及的电路在时间(或速度)上是否满足要求，是设计的后期仿真。

1) 功能仿真

选择 Assignments→settings 命令，在弹出的 Settings 对话框中进行设置。操作界面如图 5-29 所示，单机左侧标题栏中的 Simulator Settings 选项，然后在右侧 Simulation mode 下拉列表中选择 Functional 选项(软件默认的设置为 Timing 选项)，最后单击 OK 按钮即可完成设置。

设置完成后需要生成功能仿真网络表。选择 Processing→Generate Functional Simulation Netlist 命令，如图 5-30 所示，系统会自动创建功能仿真网络表。完成后会弹出相应的提示框，单机提示框中的“确定”按钮。最后单击按钮进行功能仿真，如图 5-31 所示。从中可以看出，仿真后的波形没有延时。

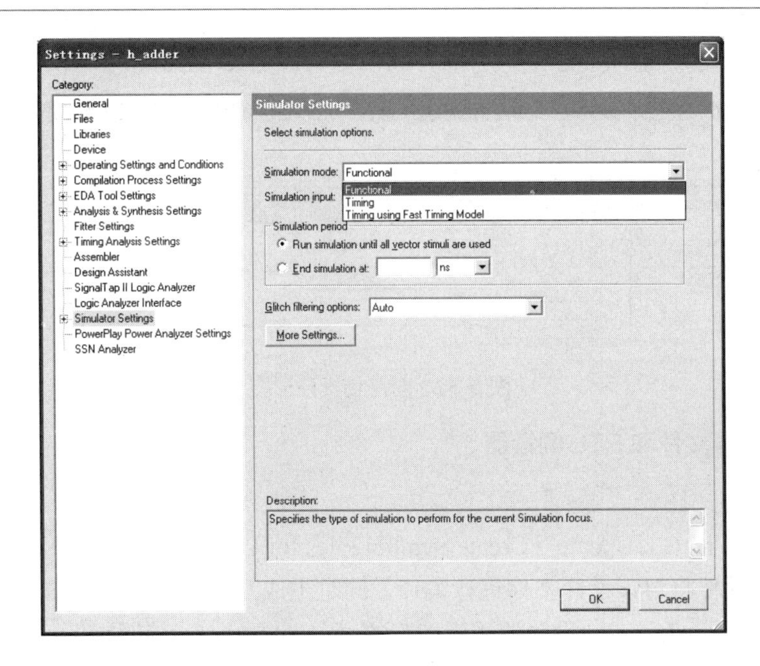

图 5-29　设置仿真类型

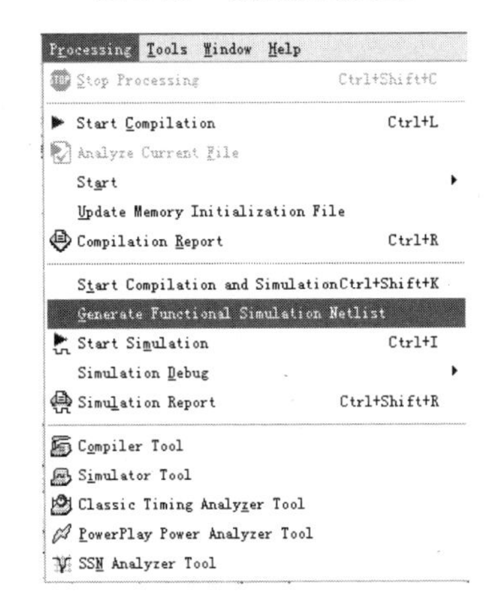

图 5-30 建立功能仿真网络表

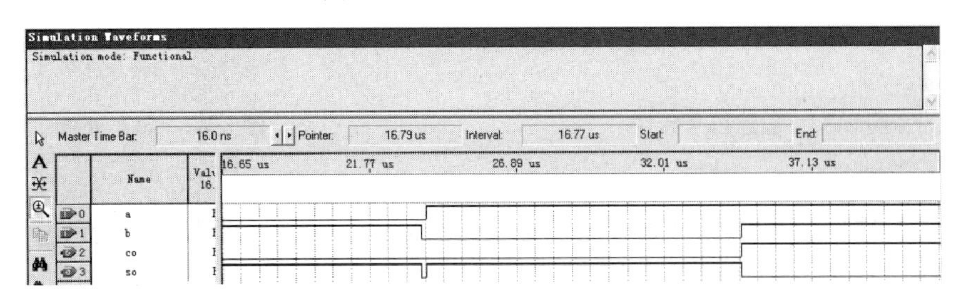

图 5-31　功能仿真波形图

2) 时序仿真

Quartus II 软件默认的仿真为时序仿真，在图 5-26 所示界面中直接单击仿真按钮即可。如果在做完功能仿真后进行时序仿真，需要在图 5-29 所示的设置仿真类型界面中将

Simulation mode 设置为 Timing 选项。时序仿真波形图如图 5-32 所示。

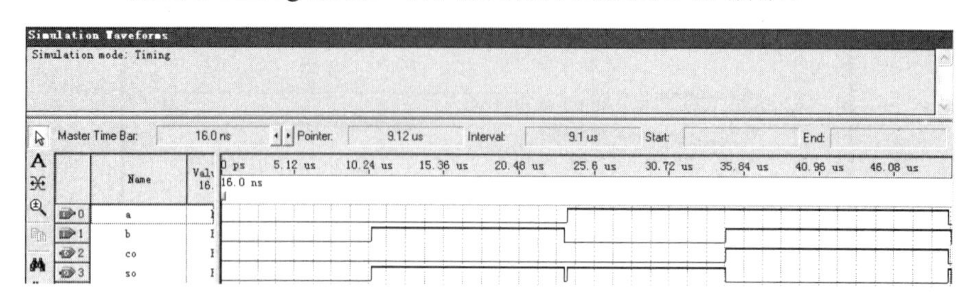

图 5-32　时序仿真波形图

6．生成符号文件和 RTL 阅读器

1) 生成符号文件

选择 File→Create∠Update→Create Symbol Files for Current File 命令，如图 5-33 所示。

QuartusⅡ软件将对该设计文件进行编译，同时生成对应的逻辑图形符号，如图 5-34 所示。此处，生成 h_adder.vhd 设计的逻辑图形符号 h_adder.bsf。该逻辑图形符号就像其他宏功能符号一样，可以被高层设计或者其他原理图设计文件调用。

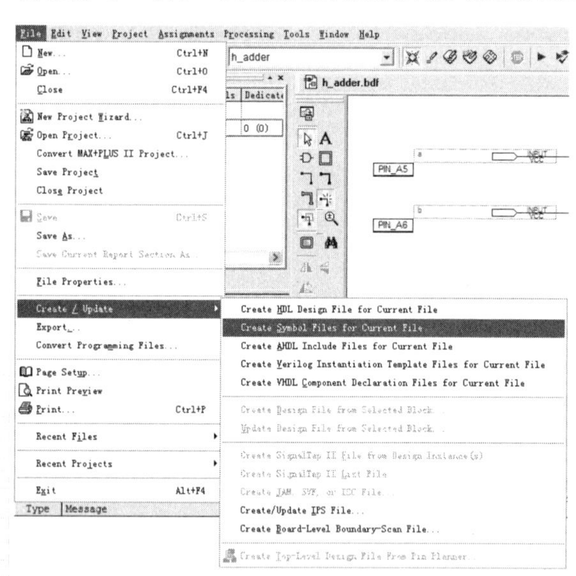

图 5-33　创建符号元件

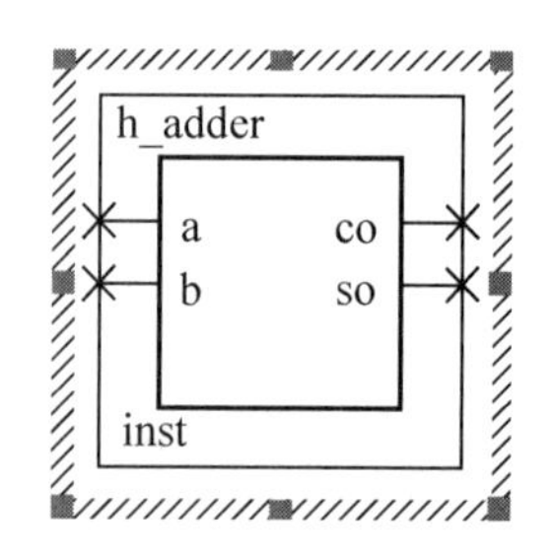

图 5-34　符号元件

2) RTL 阅读器

QuartusⅡ软件的 RTL 阅读器使用户在调试和优化过程中，可以观察设计电路的综合结果，观察的对象包括硬件描述语言设计文件、原理图设计文件和网表文件对应的电路 RTL 结构。

当设计电路通过编译后，选择 Tools→Netlist viewers→RTL Viewer 命令，如图 5-35 所示。弹出图 5-36 所示的 RTL 阅读器窗口。

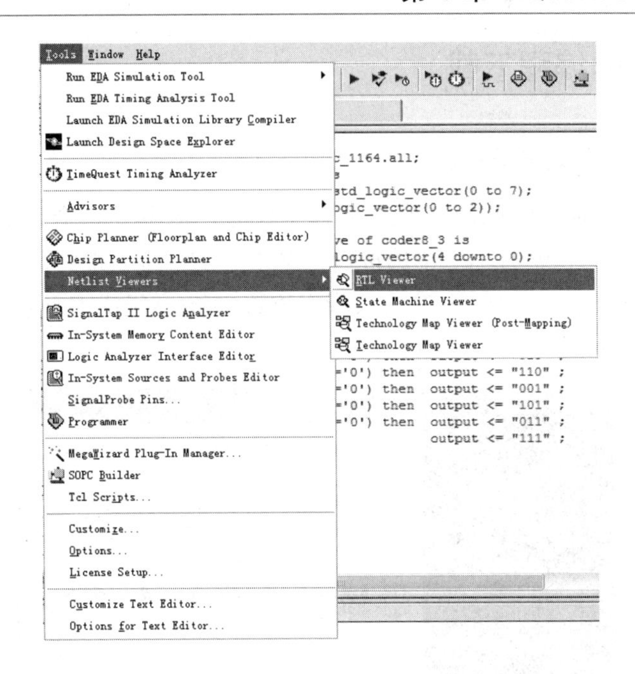

图 5-35　RTL Viewer

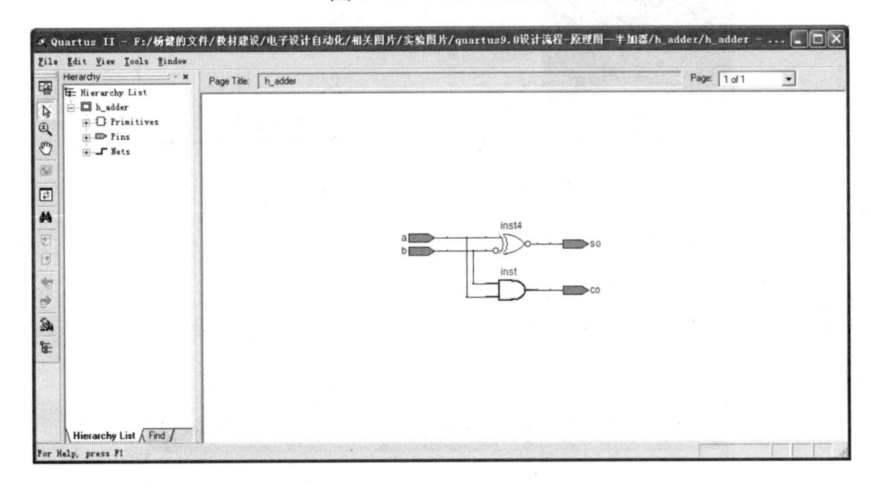

图 5-36　RTL 阅读器窗口

RTL 阅读器窗口的右边是观察设计结构的主窗口，包括设计电路的模块和连线。RTL 阅读器窗口的左边是层次列表，在每个层次上以树状形式列出了设计电路的所有单元。层次列表中包括以下内容。

(1) Instances(实例)。Instances 是能够被展开成低层次的模块或实例。本例中的 RTL 已经是最低层模块。

(2) Pins(引脚)。Pins 是当前层次(顶层或被展开的低层次)的 I/O 端口，如果这个端口是总线时，也可以将其展开，观察到总线中的每个端口信号。

(3) Nets(网线)。Nets 是连接节点(实例、原语和引脚)的连线，当网线是总线时，也可以展开观察每条网线。

5.2.4 半加器的编程下载

1. USB-Blaster 下载电缆安装

使用 USB 下载器时，将 USB 下载器插入计算机 USB 接口，会弹出“找到新的硬件向导”对话框。选中“否，暂时不”单选按钮，单击“下一步”按钮，打开帮助安装驱动软件界面，如图 5-37 所示。选中“从列表或指定位置安装(高级)”单选按钮，单击“下一步”按钮。

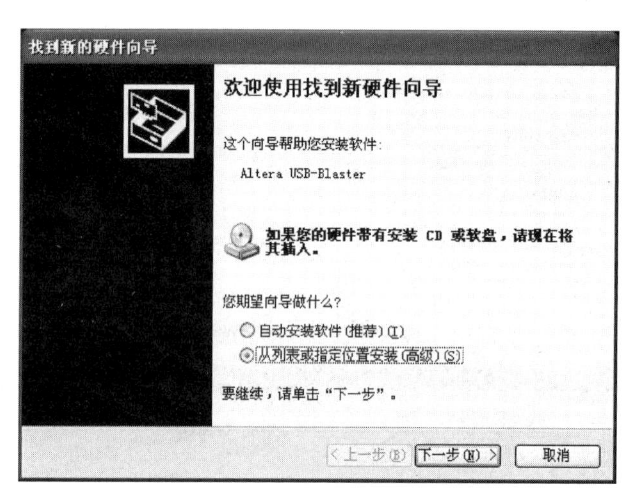

图 5-37　帮助安装驱动软件

打开搜索和安装选项界面，如图 5-38 所示。单击“浏览”按钮，选择指定安装路径为“X(磁盘分区):\altera\quartus60\drivers\usb-blaster”，对于此处的 X，读者应根据自己软件安装的位置来决定，单击“下一步”按钮继续安装，直到安装完成。至此，USB 下载电缆已可以使用。

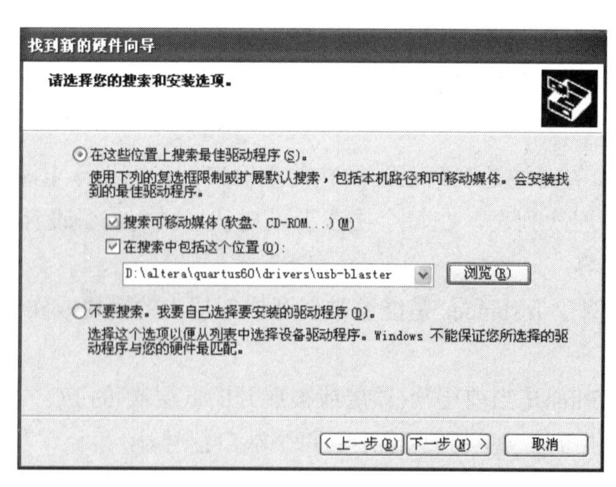

图 5-38　搜索和安装选项

2. ByteBlaster Ⅱ下载电缆安装

操作步骤如下。

(1) 选择“开始”→“控制面板”→“添加硬件”命令，打开“添加硬件向导”对话框，如图 5-39 所示。

选中“是，我已经连接了此硬件”单选按钮，单击“下一步”按钮，打开硬件列表选择界面，如图 5-40 所示。

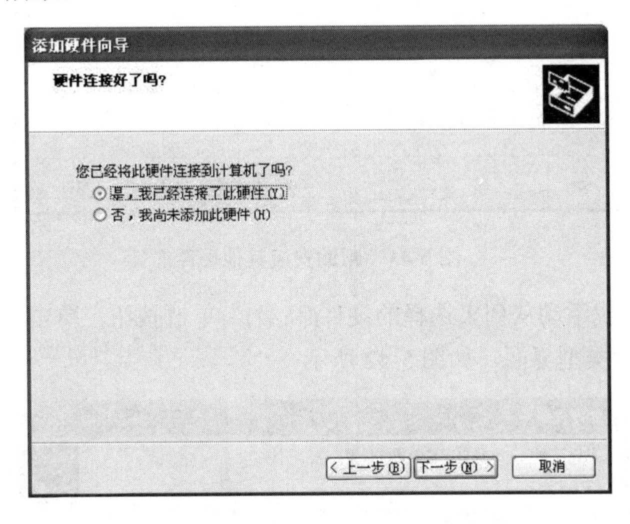

图 5-39　添加硬件向导

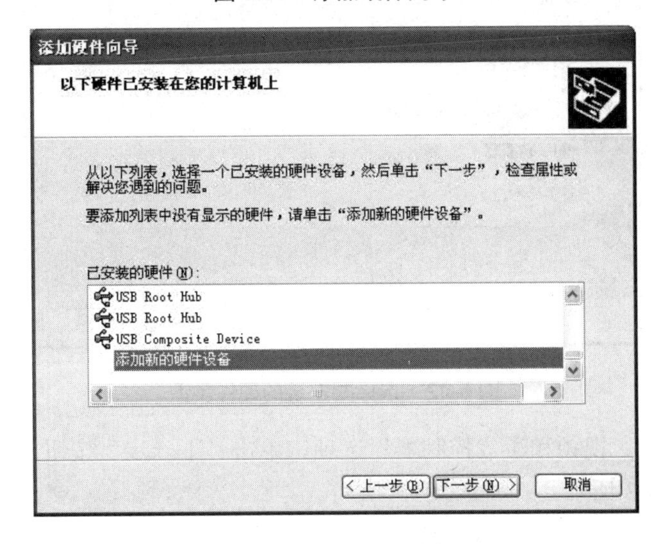

图 5-40　硬件列表选择

(2) 从列表中选择“添加新的硬件设备”选项，单击“下一步”按钮，弹出帮助安装其他硬件界面，如图 5-41 所示。

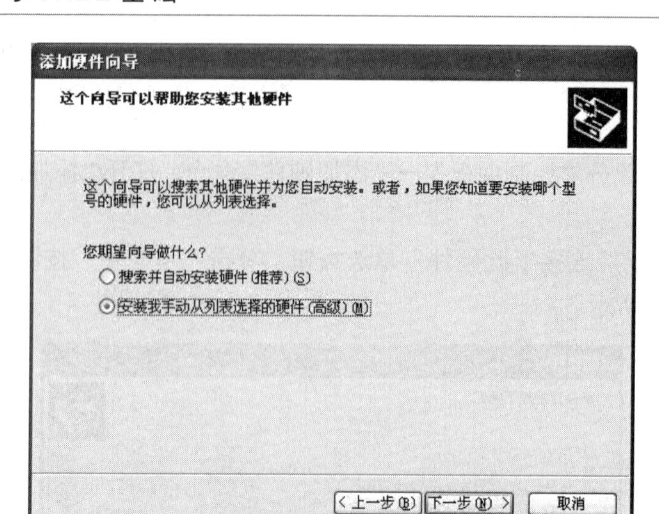

图 5-41　帮助安装其他硬件

(3) 选中“安装我手动从列表选择的硬件(高级)”单选按钮，单击“下一步”按钮，打开选择要安装的硬件类型界面，如图 5-42 所示。

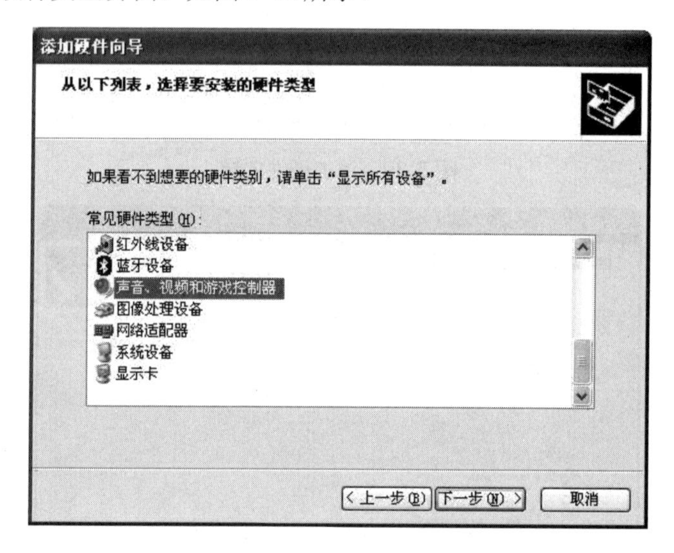

图 5-42　选择要安装的硬件类型

(4) 选择“声音、视频和游戏控制器”选项，单击“下一步”按钮，打开选择设备驱动程序界面，如图 5-43 所示。

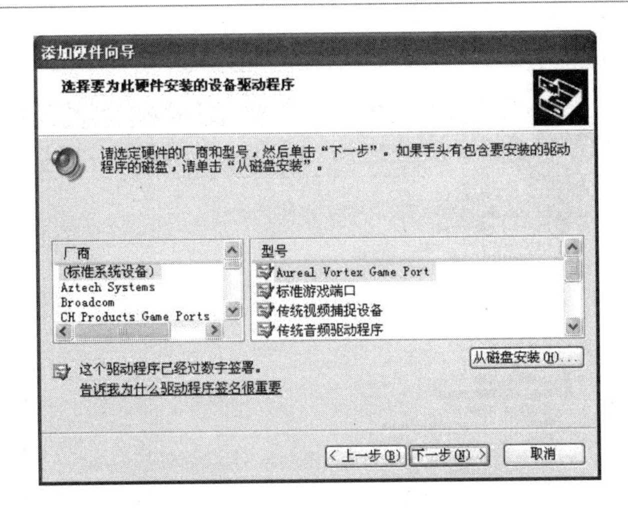

图 5-43　选择设备驱动程序

(5) 单击“从磁盘安装”按钮，打开“从磁盘安装”对话框，单击“浏览”按钮，选择指定安装路径为“D:\altera_9\quartus\drivers\win2000”，如图 5-44 所示。

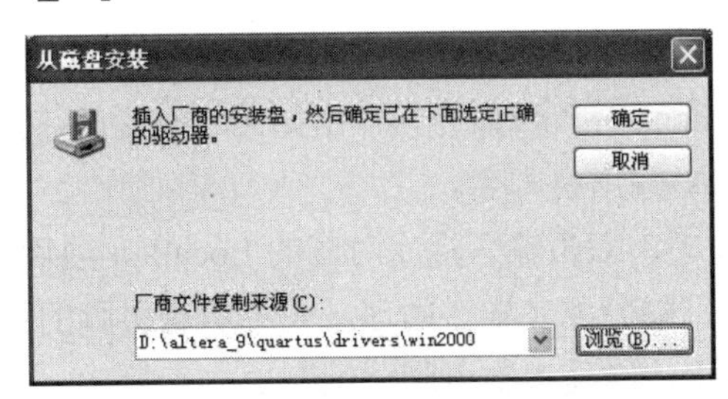

图 5-44　指定驱动程序安装路径

(6) 单击“确定”按钮，选择硬件厂商和型号为 Altera ByteBlaster，如图 5-45 所示。单击“下一步”按钮，继续安装，直至安装完成。至此，ByteBlaster II 下载电缆已可以使用。

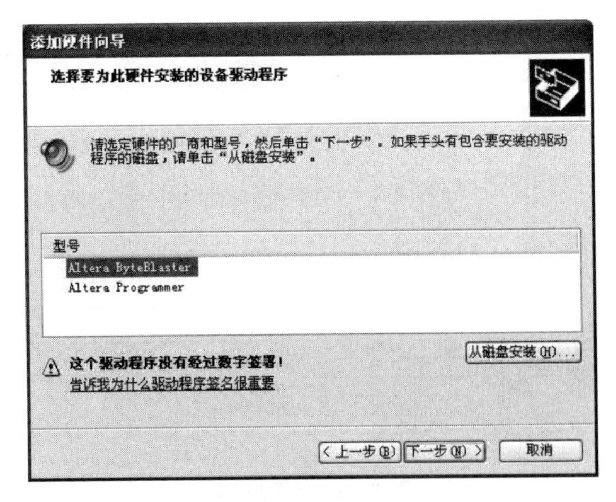

图 5-45　选择硬件厂商和型号

安装完成后，可在计算机“设备管理器”窗口中查到该设备名称 Altera ByteBlaster，说

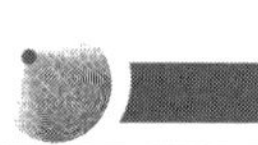

明安装成功，如图 5-46 所示。

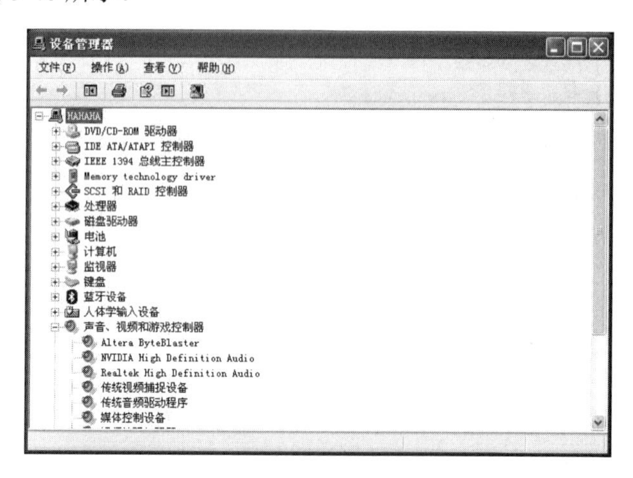

图 5-46　设备管理器窗口

3．引脚分配

Quartus II 的引脚分配是为了对所设计的工程进行硬件测试，将输入输出信号锁定在器件的引脚上，选择 Assignments→Pins 命令，弹出如图 5-47 所示的对话框，在其下方的列表中列出了本项目所有的输入/输出引脚名。

在图 5-47 所示的界面中，双击输入端 a 对应的 Location 项后弹出引脚列表，从中选择合适的引脚，则输入 a 的引脚分配完毕。同理，完成所有引脚的指定，如图 5-48 所示。分配引脚完成后重新编译工程才能使本次引脚分配有效。

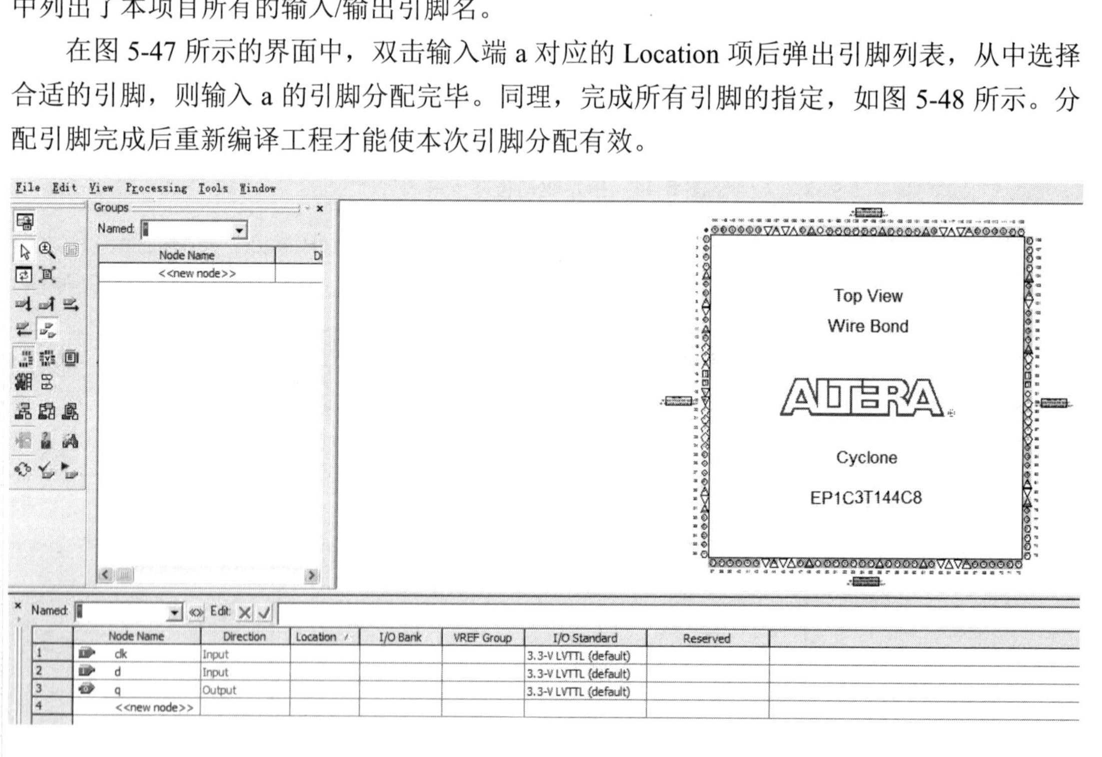

图 5-47　引脚分配

	Node Name	Direction	Location	I/O Bank	VREF Group	I/O Standard	Reserved
1	a	Input	PIN_4	1	B1_N0	3.3-V LVTTL (default)	
2	b	Output	PIN_12	1	B1_N1	3.3-V LVTTL (default)	
3	clk	Input	PIN_16	1	B1_N1	3.3-V LVTTL (default)	
4	<<new node>>						

图 5-48　设置完成引脚分配

注意：

(1) 主编辑区显示了各种类型的管脚，其中输入/输出管脚呈白色显示，VCC、GND、JTAG 接口以及现在电路专用的接口等呈黑色显示。在进行管脚分配时，一般只能使用呈白色的 I/O 管脚。

(2) 选择 Assignments→Device 命令，在出现的 Device 对话框中单击 Device&Pin Options 按钮，出现 Device&Pin Options 对话框，选择 Unused Pins 选项卡，将未使用引脚设置为高阻输入 As input tri-stated，否则，在部分调试硬件平台上会出现问题。请读者认真思考这样做的原因。

(3) 在分配引脚前，读者应认真阅读相关实验设备的说明书，根据使用的调试硬件，设置输入/输出引脚，以便顺利进行硬件调试工作。

4．下载验证

下载验证是将本次设计所生成的文件通过与计算机连接的下载电缆下载到实验或开发平台上来验证此次设计是否符合要求。

用 USB 下载电缆将计算机与 FPGA 主板上的 JTAG 口(或 AS 口)连接，选择 Tools→Programmer 命令或单击工具栏中的编程快捷按钮，打开编程窗口，如图 5-49 所示。

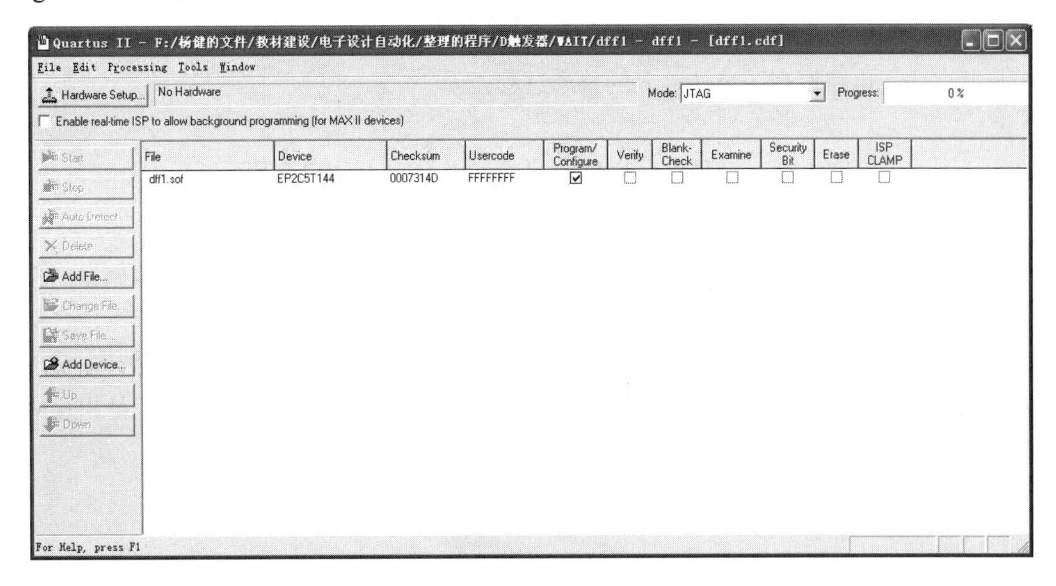

图 5-49　编程窗口

在 Mode 下拉列表中选择 JTAG 模式(或 AS 模式)。首次编程时，窗口左上角的 Hardware Setup 文本框中是 No Hardware，表明没有添加下载电缆。可单击 Hardware Setup 按钮，打开添加下载电缆线对话框，如图 5-50 所示，选择 USB-Blaster 电缆并添加。

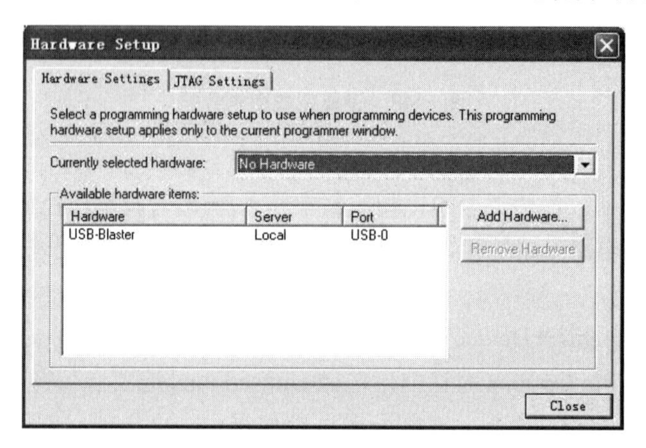

图 5-50　添加 USB 下载电缆

回到编程窗口中，系统自动打开配置文件。选中 Program/Configure 复选框，如图 5-51 所示。单击 Start 按钮开始进行下载配置，直至配置成功。

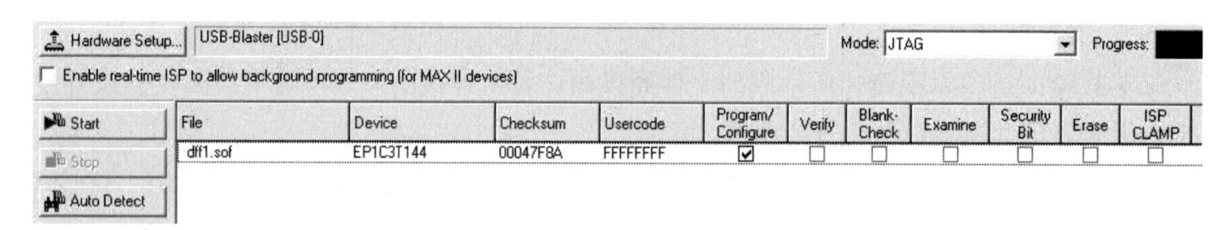

图 5-51　下载窗口

至此完成了电路原理图设计输入的整个过程。

5.3　用文本编辑方法设计编码器

采用 VHDL 的文本编辑输入方法是 EDA 的重要特色，本节将以 8 线-3 线编码器的设计为例来介绍文本设计方法的步骤。

由于文本设计方法的主要操作过程与用原理图编辑方法相同，此处将不再对项目工程建立、工程综合、工程仿真过程、符号元件转换和 RTL 阅读器做详细讲解，只给出相应过程的结果文件，供大家参考，主要讲解如何建立文本编辑文件。

5.3.1　8 线-3 线编码器的文本输入与编辑

1. 建立工程

输入工程保存路径、工程名和顶层实体名，如图 5-52 所示。

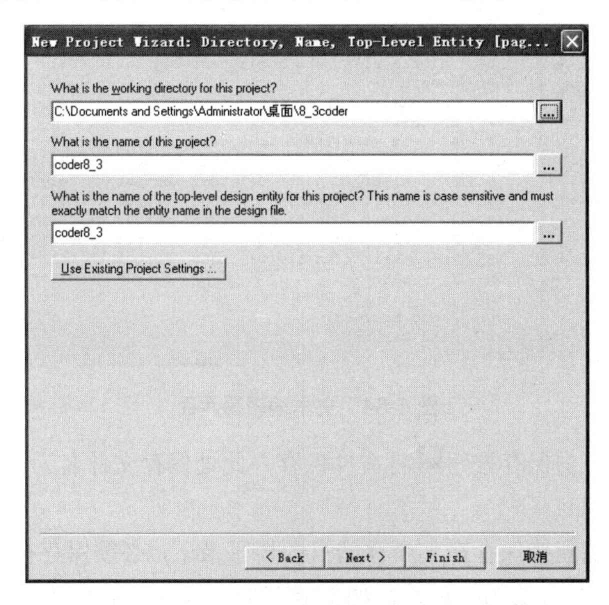

图 5-52　建立工程

2. 建立文本编辑文件

(1) 创建 VHDL 文件。选择 File→New 命令，弹出新建对话框，如图 5-53 所示。选择 VHDL File 选项后成功建立文件，生成文本编辑器界面，如图 5-54 所示。

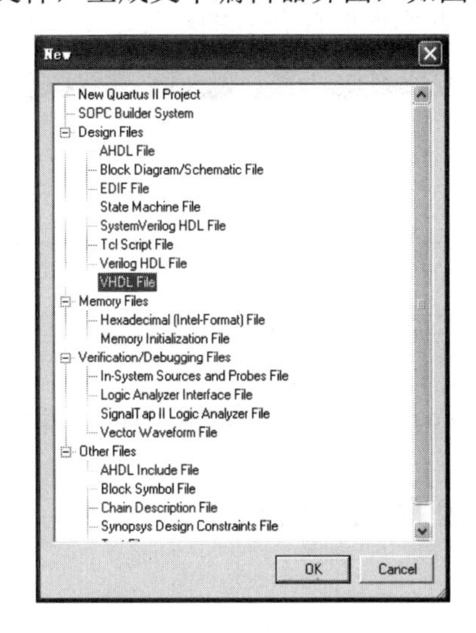

图 5-53　新建 VHDL 文件

(2) 在如图 5-54 所示的文本编辑器界面中输入 8 线-3 线编码器的 VHDL 源代码。蓝色表示的为 VHDL 关键字，黑色为标识符。

```
coder8_3.vhd*
1   library  ieee;
2   use ieee.std_logic_1164.all;
3   entity coder8_3 is
4       port(din: in std_logic_vector(0 to 7);
5   output: out std_logic_vector(0 to 2));
6   end coder8_3;
7   architecture behave of coder8_3 is
8   signal sint: std_logic_vector(4 downto 0);
9   begin
10   process(din)
11   begin
12      if  (din(7)='0')    then  output <= "000" ;
13      elsif  (din(6)='0')  then  output <= "100" ;
14      elsif  (din(5)='0')  then  output <= "010" ;
15      elsif  (din(4)='0')  then  output <= "110" ;
16      elsif  (din(3)='0')  then  output <= "001" ;
17      elsif  (din(2)='0')  then  output <= "101" ;
18      elsif  (din(1)='0')  then  output <= "011" ;
19      else                       output <= "111" ;
20      end if;
21   end process;
22  end behave;
23
```

图 5-54　文本编辑器界面

(3) 保存文件。单击保存按钮将文件保存，此处保存文件名为 coder_3.vhd。

注意：

(1) 设计文件不能直接保存在某个存储盘的根目录下，必须保存在某个文件夹中，且该文件夹的名称为 VHDL 合法的标识符，如不能有中文信息、空格等。

(2) 文件名称必须与实体名一致，扩展名为.vhd。

5.3.2　综合与仿真

与原理图编辑方法相同。此实例时序仿真的结果如图 5-55 所示。

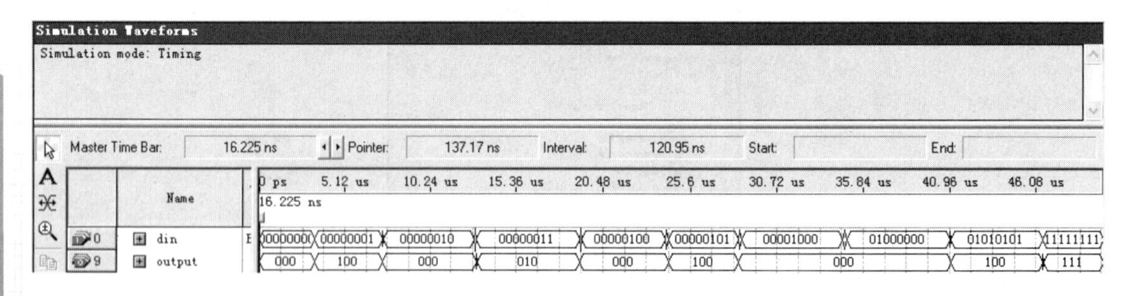

图 5-55　8 线-3 线编码器时序仿真结果

5.3.3　生成符号文件和 RTL 阅读器

1. 生成符号文件。

生成符号文件的结果如图 5-56 所示。

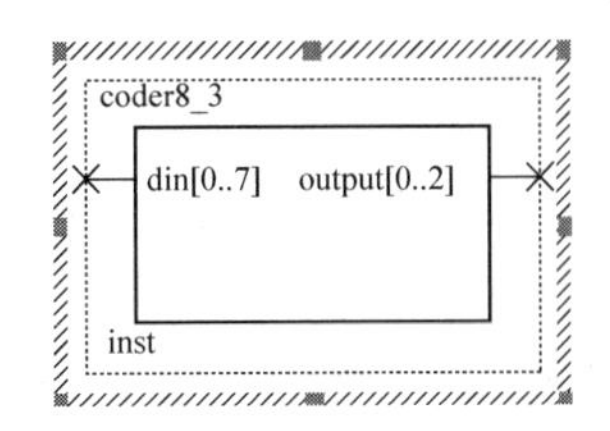

图 5-56　8 线-3 线编码器符号元件

2. RTL 阅读器

结果如图 5-57 所示。

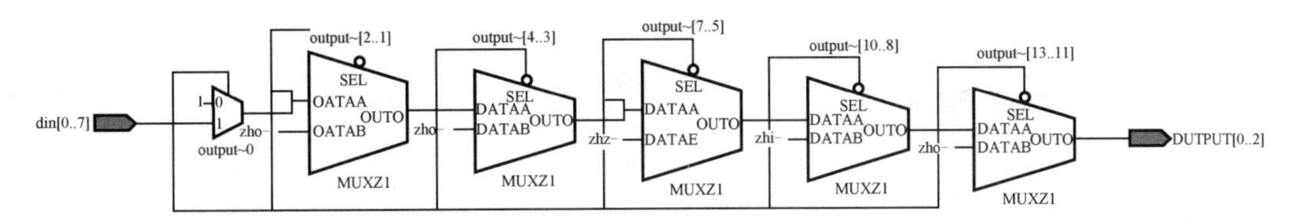

图 5-57　8 线-3 线编码器 RTL 电路图

5.4　ModelSim 软件应用

ModelSim 是快速而方便的 HDL 编译型仿真工具，支持 VHDL、SystemC、SystemVerilog 和 Verilog HDL 的编辑、编译和仿真。

本节采用 ModelSim SE 6.5d(通用版)版本为例，介绍 ModelSim 的基本使用方法，读者可使用针对 Altera 公司器件的 ModelSim-Altera 版本，使用方法基本相似。

5.4.1　ModelSim 软件的使用方法

ModelSim 启动后，弹出主窗口界面，如图 5-58 所示，主窗口包括工作区、命令窗口(Transcript)和工具栏。在工作区中用树状列表的形式来观察库(Library)、项目源文件(Project)和设计仿真的结构。

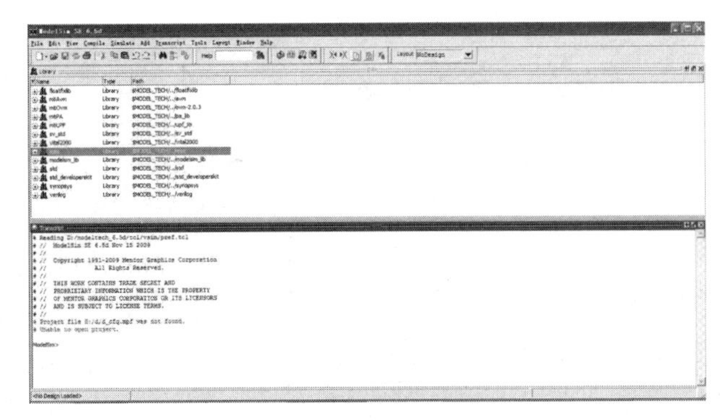

图 5-58　ModelSim 主窗口界面

1．建立工程

在 ModelSim 主窗口(图 5-59)，选择 File→New→Project 命令，弹出建立新项目的对话框，如图 5-60 所示，在对话框中输入要建立的项目名称及所在的文件夹，单击 OK 按钮。项目建立后，在工作区中出现 Project 选项卡。

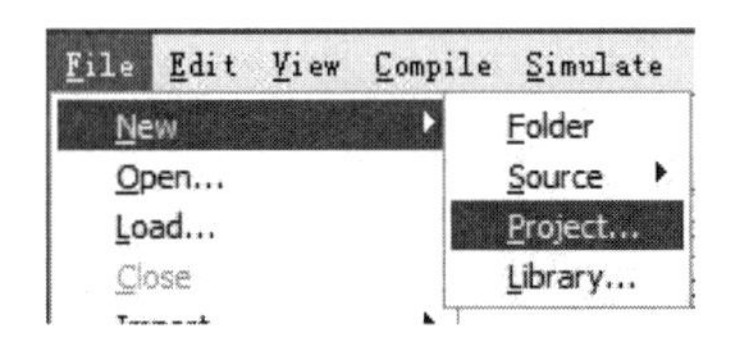

图 5-59　新建工程

图 5-60　设置工程名和工程文件夹

2．VHDL 文件编辑

本例以五进制计数器为例，采用图形用户交互方式 ModelSim 的编辑方法。

在 ModelSim 的主窗口界面，选择 File→New→Source→VHDL 命令，弹出添加文件到工程对话框，如图 5-61 所示，选择 Create New File，即可打开 ModelSim 的 VHDL 编辑方式，同时 Library 选项卡中出现 VHDL 源程序名称。ModelSim 的 VHDL 编辑方式界面如图 5-62 所示，在编辑方式中输入源程序，并保存文件到用户自己的工程文件中。

图 5-61　添加文件到工程对话框

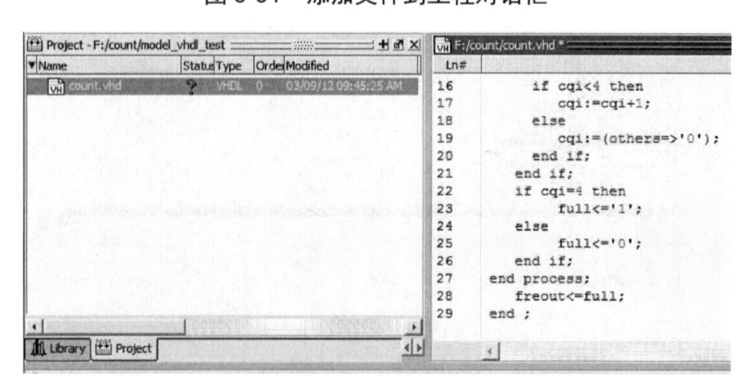

图 5-62　ModelSim 的 VHDL 编辑方式界面

【例 5-1】五进制计数器源程序。

```
LIBRARY IEEE;
USE IEEE.STD_LOGIC_1164.ALL;
USE IEEE.STD_LOGIC_UNSIGNED.ALL;
ENTITY jsq IS
  PORT(clk:IN STD_LOGIC;
      freout:OUT STD_LOGIC);
END;
ARCHITECTURE behave OF jsq IS
  SIGNAL full:STD_LOGIC;
BEGIN
p1:PROCESS(clk)
  VARIABLE cqi:STD_LOGIC_VECTOR(3 DOWNTO 0);
  BEGIN
  IF clk'EVENT AND clk='1' THEN
    IF cqi<4 THEN cqi:=cqi+1;
    ELSE cqi:=(OTHERS=>'0');
    END IF;
  END IF;
  IF cqi=4 THEN full<='1';
  ELSE full<='0';
  END IF;
END PROCESS;
  freout<=full;
END;
```

3. 编译

完成源程序编辑，在 ModelSim 编辑方式窗口中选择 Tools→Compile 命令，即开始对源程序进行编译，如果不存在错误，则编译成功，主窗口的命令窗口将提示编译成功信息，如图 5-63 所示。编译成功后，jsq 的设计实体就会出现在 work 库中。

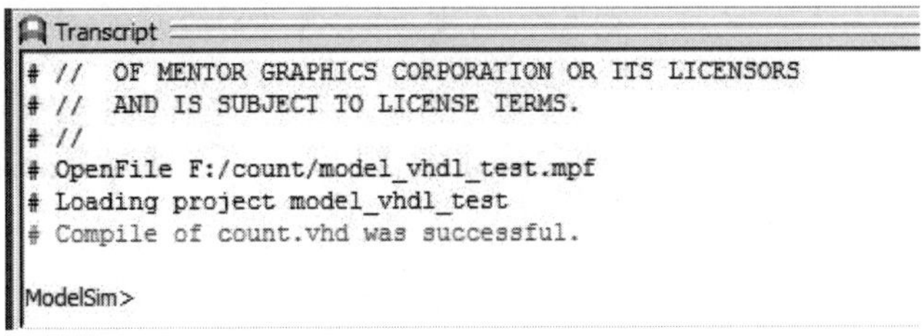

```
Transcript
# //  OF MENTOR GRAPHICS CORPORATION OR ITS LICENSORS
# //  AND IS SUBJECT TO LICENSE TERMS.
# //
# OpenFile F:/count/model_vhdl_test.mpf
# Loading project model_vhdl_test
# Compile of count.vhd was successful.

ModelSim>
```

图 5-63　编译信息

4．装载功能仿真设计文件

在 ModelSim 的主窗口中，将界面由 Project 切换为 Library，右击 work 库中的 jsq 点后，选择 Simulate 命令，如图 5-64 所示。

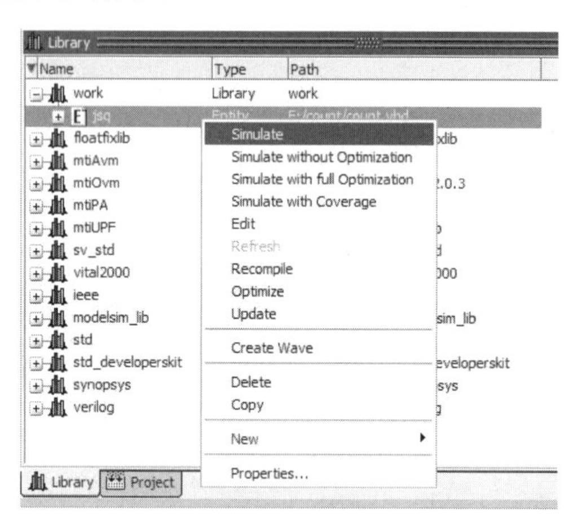

图 5-64　仿真文件装载对话框

5．设置仿真激励信号

执行上述过程，窗口中将出现 Objects 标签、Processes(Active)标签和 Wave 标签，如图 5-65 所示。Objects 标签中列出 jsq 设计中的输入、输出端口和结构体中定义的信号和变量等信息。Wave 标签用于仿真波形的输出。

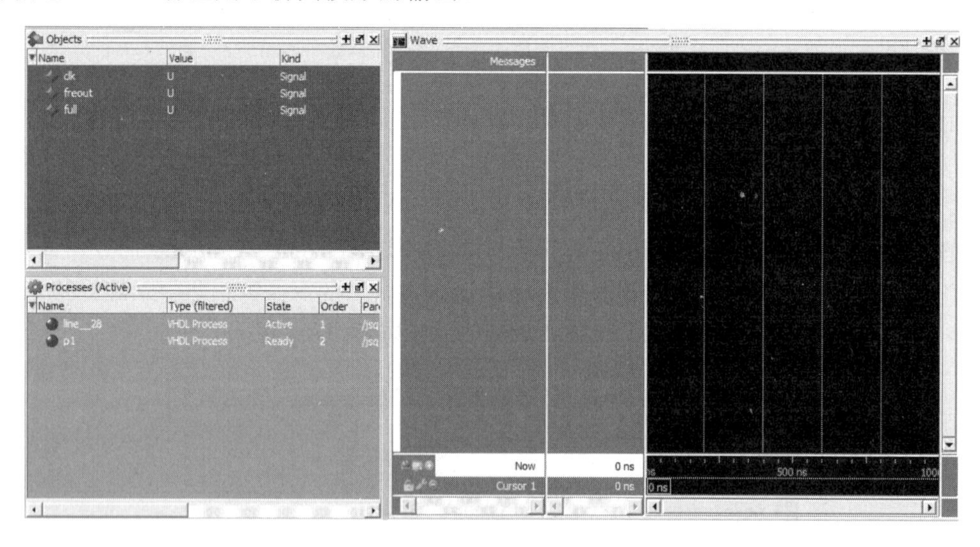

图 5-65　仿真激励信号设置界面

本例中，输入信号只有 clk，选中 Objects 标签中的输入信号 clk，右击，选择 Clock，如图 5-66 所示，弹出时钟定义对话框。在对话框中，时钟信号的主要参数基本已经设置好，其中，参数 Period 是时钟的周期，已经预先设置为 100 标准单位；参数 Duty 是时钟波形的高电平持续时间，已经预先设置为 50 个标准单位，表示预先设置的 clk 的占空比为 50%；

参数 Offset 是补偿时间；参数 Cancel 是取消时间。设置完成后单击 OK 按钮。

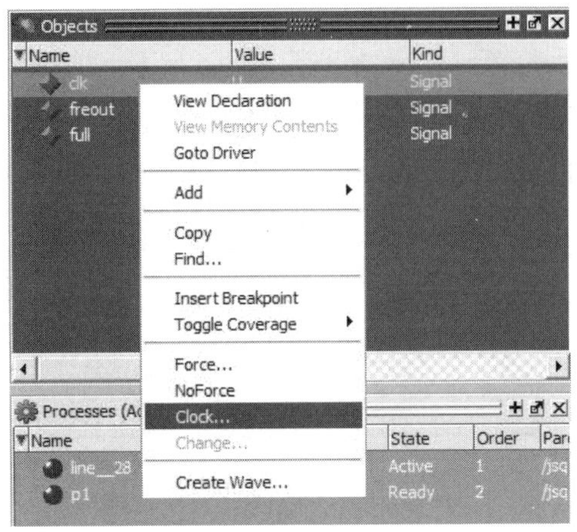

图 5-66　设置输入信号 clk

全部激励信号设置完毕后，将 Objects 标签中列出的全部端口信号选中，然后右击，选择 Add→To Wave→Selected Signals 命令，如图 5-67 所示，将这些信号添加到 Wave 标签。

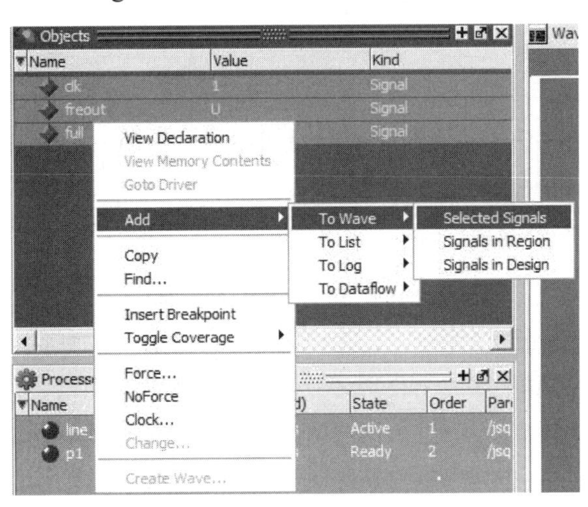

图 5-67　添加端口信号到 Wave 标签

6. 仿真设计文件

功能仿真结果如图 5-68 所示。

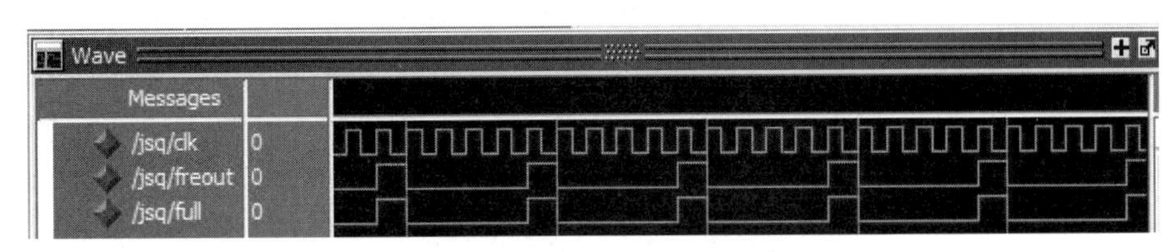

图 5-68　五进制计数器功能仿真波形

5.4.2 使用 ModelSim 仿真 Quartus II 已有文件

经过对 Quartus II 软件的学习，读者已经建立了很多 VHDL 设计文件，这些已完成的 VHDL 设计文件，也可以使用 ModelSim 进行仿真，整个过程与上述过程基本相似，只是在图 5-61 所示对话框中选择 Add Existing File 即可，弹出添加文件对话框，如图 5-69 所示。

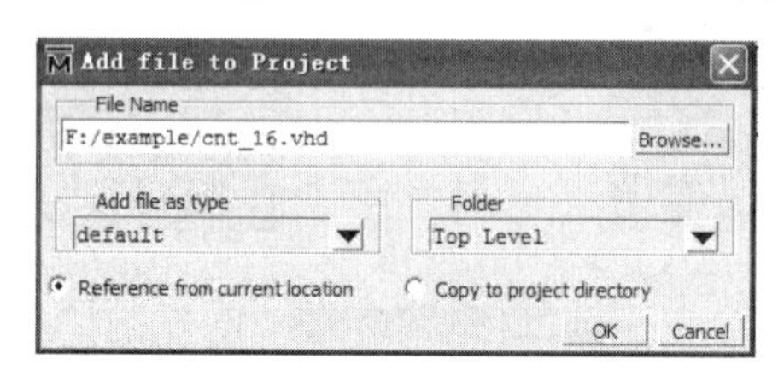

图 5-69　添加文件对话框

将已编辑好的 VHDL 源文件调加到 ModelSim 的工程中，直接进行编译和仿真等工作即可。

5.4.3 ModelSim 的时序仿真

ModelSim 仿真属于功能仿真，仿真与硬件特性无关，输出波形没有延迟。为了对文件进行门级时序仿真，必须首先使用 Quartus 软件对设计进行综合和适配，再把适配后产生的网表文件在 ModelSim 软件中进行门级时序仿真。

1. Quartus 软件产生网表文件

Quartus 软件支持多种 VHDL 和 Verilog HDL 网表格式，不同的网表格式，ModelSim 仿真处理不同。在 Quartus 软件中，已将 VHDL 的网表格式默认设置为“VHDL Output File[.vho]”文件。将 Verilog HDL 的网表格式默认设置为“Verilog Output File[.vo]”文件。利用 Quartus 软件产生 ModelSim 可识别网表文件的方法如图 5-70 所示。

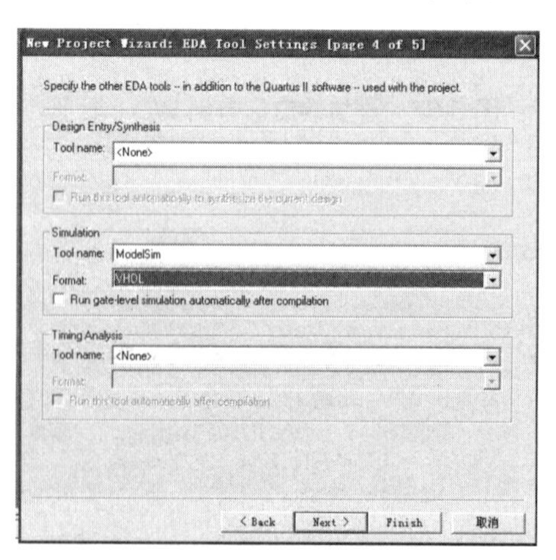

图 5-70　Quartus 软件新工程向导中设置第三方仿真工具

其他内容与 5.2 节内容相同，对设计文件进行综合和适配后，在工程文件夹中出现名为 ModelSim 的文件夹，以.vho 为后缀的 VHDL 网表文件就存放在这个文件夹中。

2. ModelSim 导入 VHDL 网表文件

新建工程，并导入网表文件，如图 5-71 所示。

图 5-71 导入网表文件

本 章 小 结

随着 EDA 技术的发展，世界各大集成电路生产商和软件公司相继推出了各种版本的 EDA 开发工具。这些工具软件各具特色，使用方法都不相同。

Quartus II 是 Altera 公司推出的第四代可编程逻辑器件的集成开发环境，本书采用较新的 9.1 版本。Quartus II 集成开发环境支持系统级设计、嵌入式系统设计和可编程逻辑器件设计的设计输入、编译、综合、布局、布线、时序分析、仿真、编程下载等 EDA 设计过程。该集成开发环境支持多种编辑输入法，包括图形编辑输入法、VHDL、Verilog HDL 和 AHDL 的文本编辑输入法，符号编辑输入法等。

原理图输入设计法可以极为方便地实现数字系统的层次化设计，将一个大的设计项目分解为若干个子项目或若干个层次来完成。先从底层的电路设计开始，然后在高层次的设计中调用低层次的设计结果，直至顶层系统电路的实现。

ModelSim 是一种快速而便捷的 HDL 编译型仿真工具，支持 VHDL 和 Verilog HDL 的编辑、编译和仿真。ModelSim 有交互命令方式、图形用户交互方式和批处理等执行方式。

习 题

一、填空题

1. VHDL 源程序的文件名应与(　　)相同，否则无法通过编译。

2. 以 EDA 方式设计实现的电路设计文件，最终可以编程下载到(　　)和(　　)芯片中，完成硬件设计和验证。

3. Quartus II 的 VHDL 文本文件后缀名是(　　)。

4. 通过 Quartus II 软件利用 VHDL 完成一个设计需要经过(　　)、(　　)、(　　)、(　　)和(　　)五个步骤。

5. Quartus II 软件提供的 Viewer 工具有(　　)、(　　)和 State Machine Viewer 三种。

6. LPM 功能模块内容丰富，每一模块的(　　)、(　　)、(　　)、(　　)和调用方法都可以在 Quartus II 的帮助文档中查到。

7. LPM_ROM 宏模块支持的初始化数据文件有(　　)和(　　)两种。

8. 在计算机上利用 VHDL 进行项目设计，不允许在(　　)下进行，必须在根目录为设计建立一个工程目录(即文件夹)。

二、选择题

1. 下面的关于利用原理图输入设计方法进行数字电路系统设计的说法中，不正确的是(　　)。

A. 原理图输入设计方法直观便捷，但不适合完成较大规模的电路系统设计

B. 原理图输入设计方法一般是一种自底向上的设计方法

C. 原理图输入设计方法无法对电路进行功能描述

D. 原理图输入设计方法也可进行层次化设计

2. 下列模块中不属于 LPM 宏单元的是(　　)。

A. LPM_ROM　　B. LPM_RAM　　C. LPM_FIFO　　D. FIR

三、简答题

1. 请按照图 5-72 完成一位全加器的原理图描述并进行下载调试。

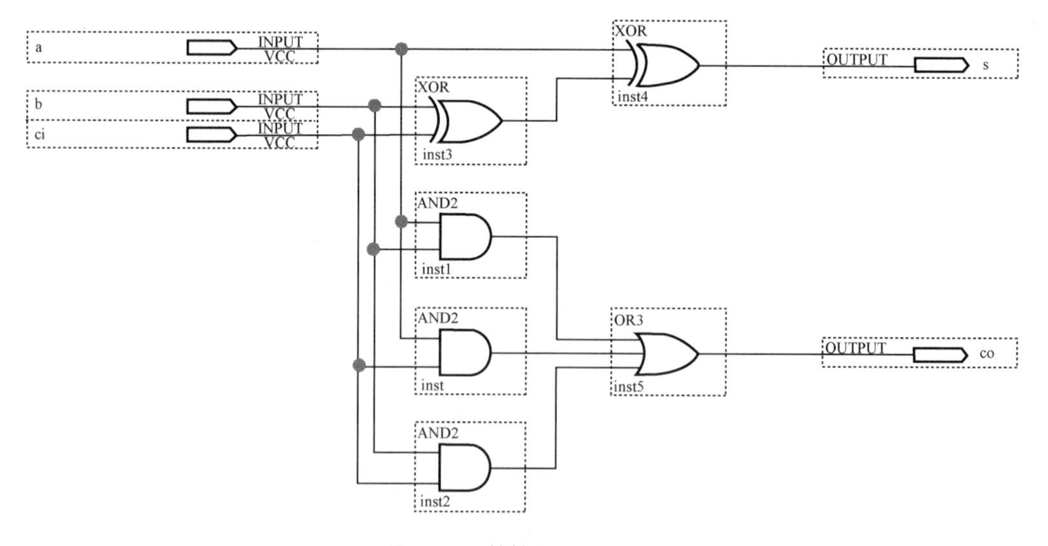

图 5-72　简答题习题 1 图

2. 请按照图 5-73 所示，完成四位全加器的原理图描述并进行下载调试。

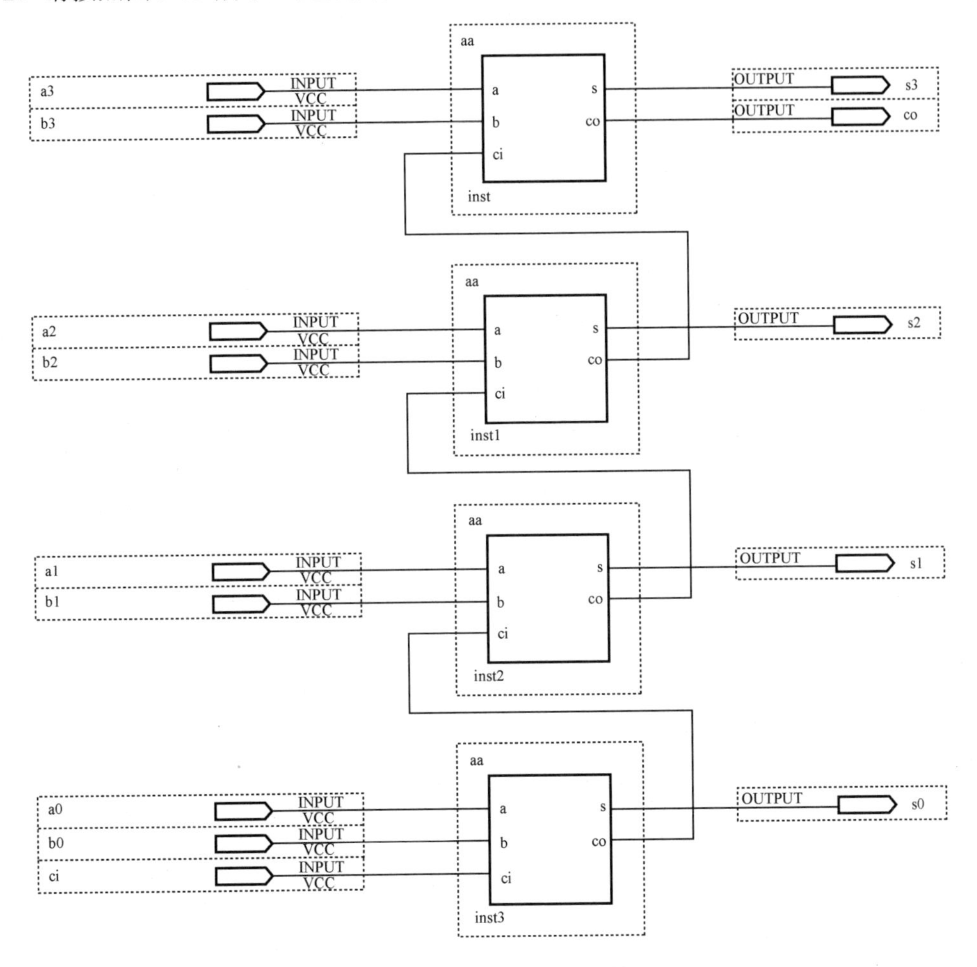

图 5-73　简答题习题 2 图

第 6 章

VHDL 设计方法

教学目标

通过本章知识的学习，掌握使用 Quartus II 软件进行自底向上混合设计的方法；掌握使用 Quartus II 软件进行自顶向下设计方法的实现；掌握两种设计方法的设计流程异同和优缺点，重点掌握自顶向下设计方法。

对于一个功能较为复杂的电路系统而言，可以采用层次化的设计思想。所谓层次化设计思想，就是将经常使用到的或者使用比较多的单元模块定义好并编译完成后，打包将其存放在常用库的程序包。当设计人员需要使用这些常用的功能模块时，可以对其“调用”。在 VHDL 中，库中单元模块的调用是通过例化元件说明语句和例化元件映射语句实现的，它们常常被分别称为 COMPONENT 语句和 PORT MAP 语句。

6.1 自底向上混合设计——六十进制计数器设计

六十进制计数器可以由一个十进制计数器和一个六进制计数器连接而成，可以分别写出十进制计数器的 VHDL 描述和六进制的 VHDL 描述，然后根据六十进制计数器的结构设计出六十进制计数器的顶层 VHDL 描述或设计出顶层原理图。

1. 建立工程

建立一个工程名为 count60 的工程文件。

2. 建立文件

新建三个 VHDL 文本文件，分别为 count10.vhd(十进制计数器)、count6.vhd(六进制计数器)、count60.vhd(六十进制计数器)，并将其保存。

3. 输入代码并打包入库

在每个 VHDL 文件中输入相应的代码，并保存文件，将低层的十进制计数器和六进制计数器打包入库。

【例 6-1】十进制计数器的 VHDL 源代码如下：

```
LIBRARY IEEE;
USE IEEE.STD_LOGIC_1164.ALL;
USE IEEE.STD_LOGIC_UNSIGNED.ALL;
ENTITY count10 IS
PORT( clk,rst,en:IN  STD_LOGIC;
      cq:OUT  STD_LOGIC_VECTOR(3 DOWNTO 0);
      cout:OUT STD_LOGIC);
END count10;
ARCHITECTURE  behave  OF count10 IS
BEGIN
PROCESS(clk,rst,en)
VARIABLE cqi:STD_LOGIC_VECTOR(3 DOWNTO 0);
BEGIN
IF rst='1' THEN cqi:=(OTHERS=>'0'); cout<='0';
ELSIF (clk'EVENT and clk = '1') then
  IF en='1' THEN
```

```
   IF cqi<9 THEN cqi:=cqi+1; cout<='0';
   ELSE  cqi:=(others=>'0'); cout<='1';
  END IF;
  END IF;
END IF;
  cq<=cqi;
END PROCESS;
END behave;
```

十进制计数器的打包元件如图 6-1 所示，时序仿真波形如图 6-2 所示。

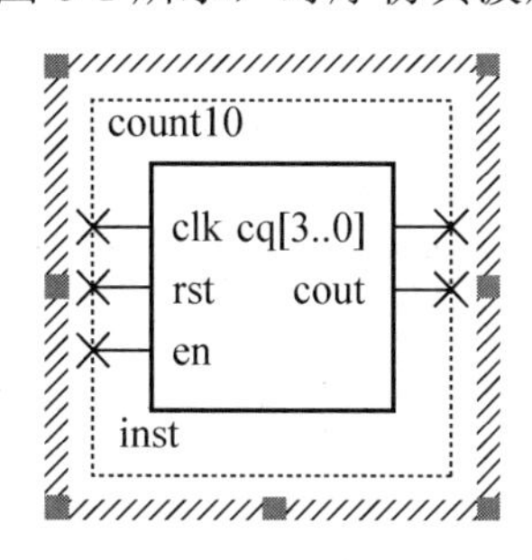

图 6-1　十进制计数器的打包元件

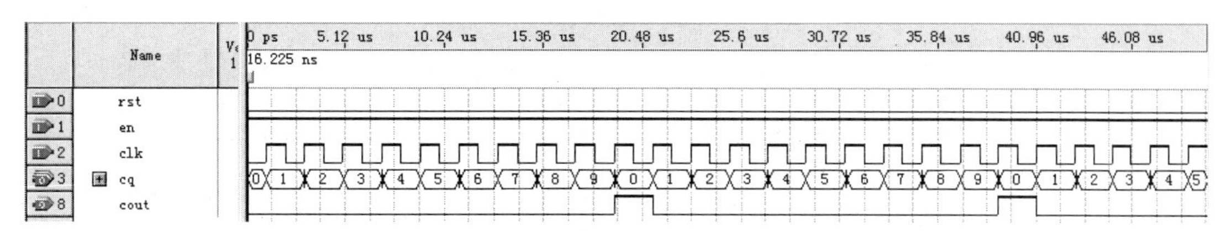

图 6-2 十进制计数器的时序仿真波形

【例 6-2】六进制计数器的 VHDL 源代码如下：

```
LIBRARY IEEE;
USE IEEE.STD_LOGIC_1164.ALL;
USE IEEE.STD_LOGIC_UNSIGNED.ALL;
ENTITY count6 IS
PORT( clk,rst,en:IN  STD_LOGIC;
      cq:OUT  STD_LOGIC_VECTOR(3 DOWNTO 0);
      cout:OUT STD_LOGIC);
END count6;
ARCHITECTURE  behave  OF count6 IS
BEGIN
PROCESS(clk,rst,en)
VARIABLE cqi:STD_LOGIC_VECTOR(3 DOWNTO 0);
BEGIN
IF rst='1' THEN cqi:=(OTHERS=>'0'); cout<='0';
```

```
ELSIF (clk'EVENT and clk = '1') then
   IF en='1' THEN
   IF cqi<5 THEN cqi:=cqi+1; cout<='0';
   ELSE  cqi:=(others=>'0'); cout<='1';
  END IF;
  END IF;
END IF;
  cq<=cqi;
END PROCESS;
END behave;
```

六进制计数器的打包元件如图 6-3 所示，时序仿真波形如图 6-4 所示。

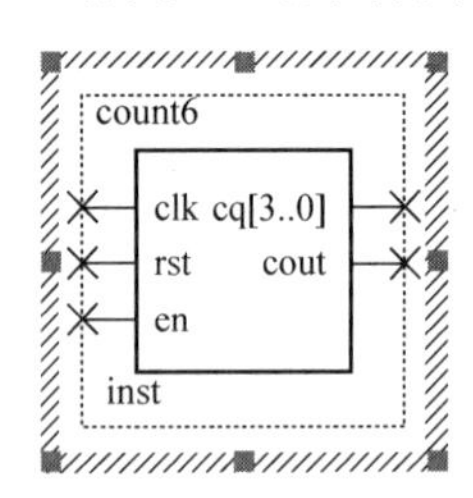

图 6-3　六进制计数器的打包元件

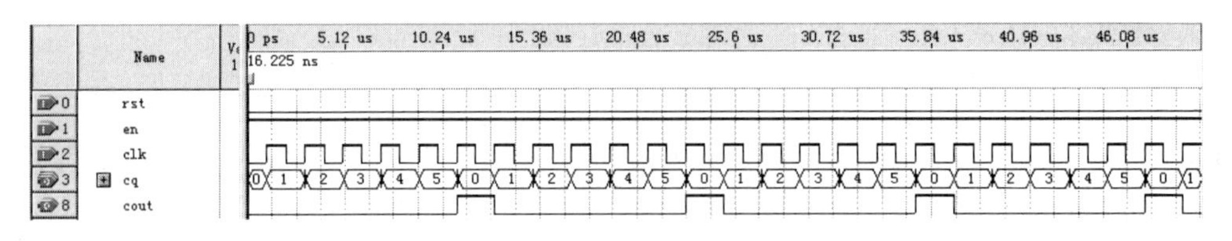

图 6-4　六进制计数器的时序仿真波形

4．顶层文件设计

顶层文件一般可以用两种方法实现，一种是利用原理图，另一种是使用 VHDL 的元件例化语句设计实现。

1)　原理图方法

(1)　建立原理图文件并添加模块元件。建立名为 count60 的原理图文件，将两个模块元件添加到原理图编辑器中，并放置输入/输出引脚。

(2)　连接各模块。如图 6-5 所示，此处不做详细讲解。

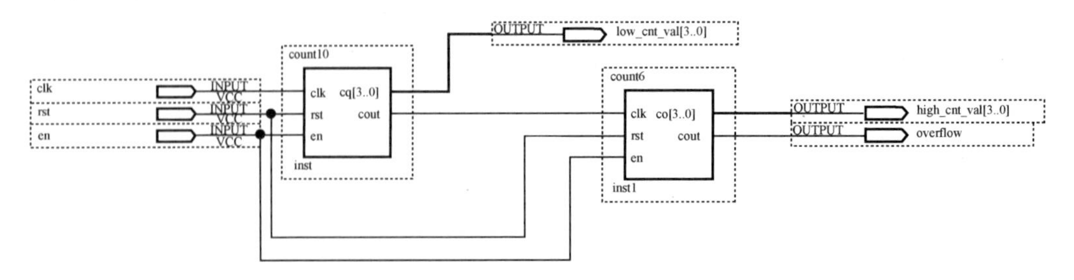

图 6-5　六十进制计数器的顶层原理图

2)　VHDL 实现六十进制计数器。

【例 6-3】在 count60.vhd 文件中输入以下 VHDL 顶层代码：

```
LIBRARY ieee;
USE ieee.std_logic_1164.all;
LIBRARY work;
ENTITY count60 IS
    PORT
    (clk、rst、en: IN  STD_LOGIC;
        overflow: OUT  STD_LOGIC;
        high_cnt_val、low_cnt_val: OUT  STD_LOGIC_VECTOR(3 DOWNTO 0));
END count60;
ARCHITECTURE bdf_type OF count60 IS
COMPONENT count10
    PORT(clk、rst、en : IN STD_LOGIC;
         cout : OUT STD_LOGIC;
         cq : OUT STD_LOGIC_VECTOR(3 DOWNTO 0));
END COMPONENT;
COMPONENT count6
    PORT(clk、rst、en : IN STD_LOGIC;
         cout : OUT STD_LOGIC;
         cq : OUT STD_LOGIC_VECTOR(3 DOWNTO 0));
END COMPONENT;
SIGNAL  SYNTHESIZED_WIRE_0 :  STD_LOGIC;
BEGIN
b2v_inst : count10
PORT MAP(clk => clk,
         rst => rst,
         en => en,
         cout => SYNTHESIZED_WIRE_0,
         cq => low_cnt_val);
b2v_inst1 : count6
PORT MAP(clk => SYNTHESIZED_WIRE_0,
         rst => rst,
         en => en,
         cout => overflow,
         cq => high_cnt_val);
END bdf_type;
```

5. 顶层文件编译与仿真

单击编译按钮►，此时将对顶层 VHDL 文件进行编译。编译完成后建立波形文件并仿真。仿真波形如图 6-6 所示，完成了用 VHDL 实现自底向上的设计。

注意：以上所有的底层模块文件和顶层文件必须存储在同一个文件夹中。

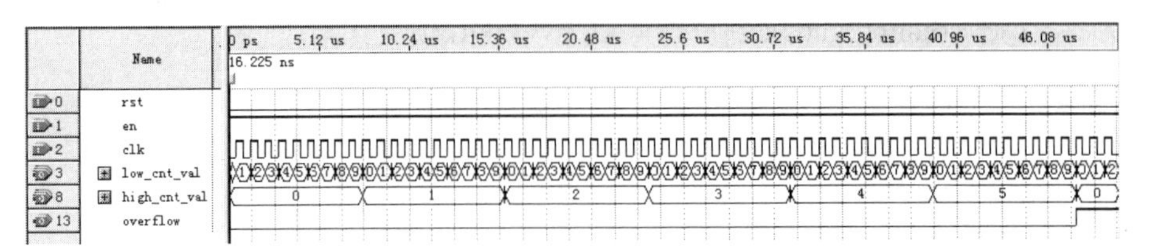

图 6-6　六十进制计数器的顶层 VHDL 描述时序仿真波形

6.2　自顶向下混合设计

6.2.1　十六进制计数译码显示电路设计

下面用一个十六进制计数译码器设计来分析自顶向下的设计方法。该计数器由一个十六进制计数器模块和一个数码管显示译码器模块两部分组成。

1. 建立工程

建立名为 counter16 的工程文件。

2. 建立原理图文件

建立一个空白的原理图文件，并命名为 counter16。

3. 创建并设置图表模块(第一层——顶层)

1)　放置符号块

单击(Block Tool)按钮，在适当的位置放置一个符号块，如图 6-7 所示。

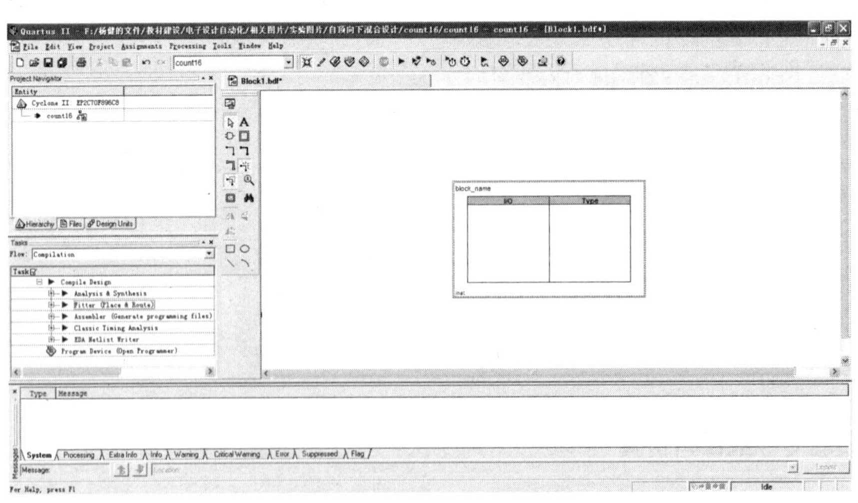

图 6-7　放置图表模块

2)　块属性设置

在图 6-7 所示的符号块上右击，从弹出的快捷菜单中选择 Block Properties 命令，如图 6-8 所示，弹出如图 6-9 所示的对话框。在 General 选项卡中的 Name 文本框中输入设计文件名称，在 Instance name 文本框中输入模块名称。本例中设计名称为 count16，模块名称为 inst1。

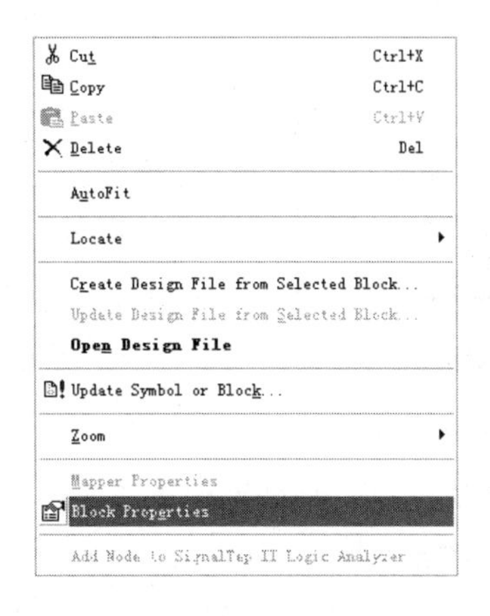

图 6-8　Block Properties

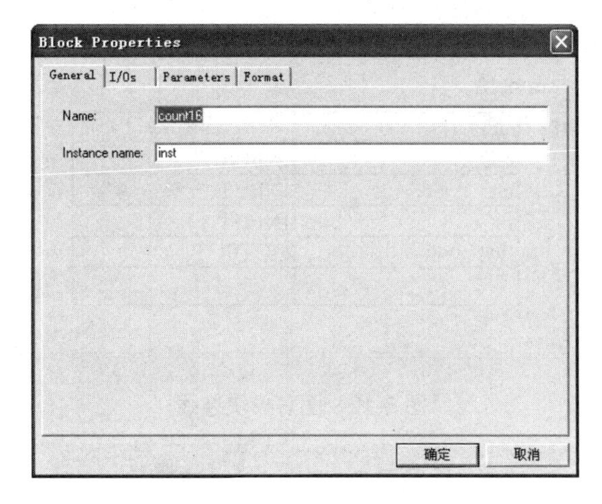

图 6-9　设置图表模块

3)　块输入/输出引脚设置

选择 I/Os 选项卡，如图 6-10 所示。在 Name 下拉列表框中分别输入图表模块的输入端和输出端口名。在 Type 下拉列表框中分别选择与输入和输出对应的类型，单击 Add 按钮。当设置完成所有端口后，单击“确定”按钮，结果如图 6-11 所示。

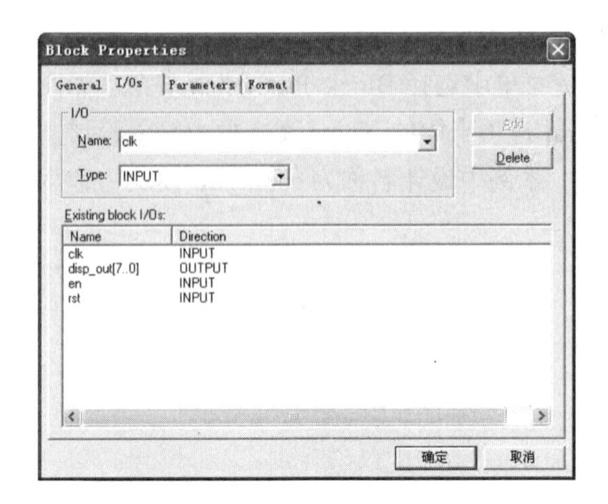

图 6-10　图表模块 I/Os 选项卡

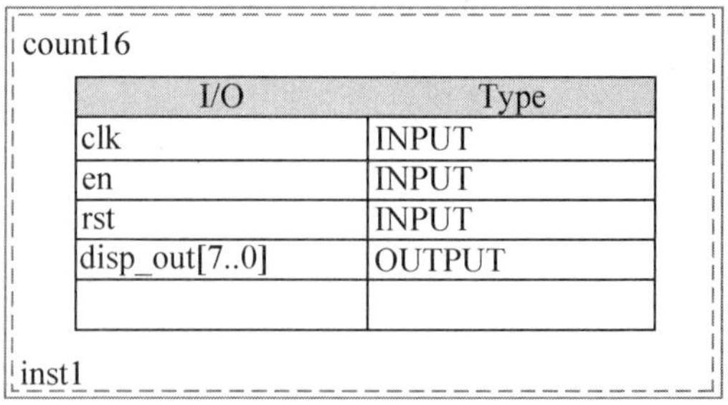

count16

I/O	Type
clk	INPUT
en	INPUT
rst	INPUT
disp_out[7..0]	OUTPUT

inst1

图 6-11　图表模块 I/O 完成

4)　添加模块引线并设置属性

(1)　在图中的 counter 模块的左右两侧分别用 3 条连线和 1 条总线连接，如图 6-12 所示，可以看到，在每条线靠模块的一侧都有的图样。双击其中一个样标，弹出 Mapper Properties 对话框，如图 6-13 所示。在 General 选项卡的 Type 下拉列表中选择输入/输出类型，本例选择 INPUT 选项。

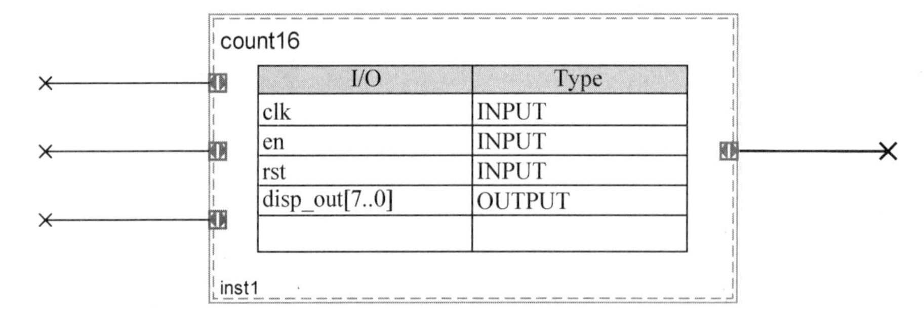

图 6-12　图表模块连线

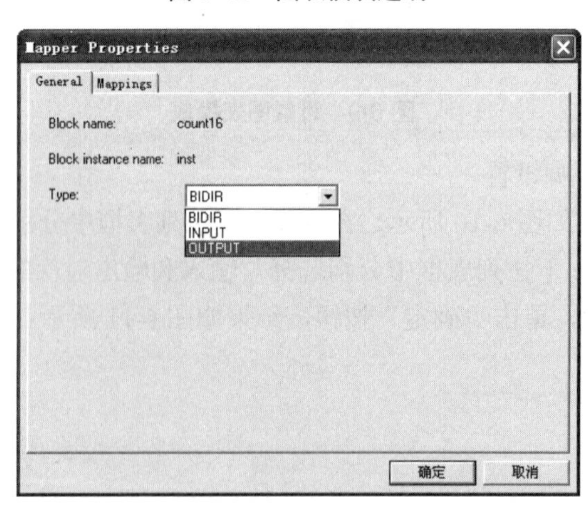

图 6-13　图表模块端口模式设置

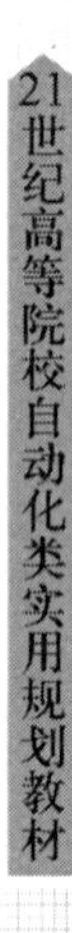

(2) 选择 Mappings 选项卡，如图 6-14 所示。在 I/O on block 下拉列表框中选择引脚 en，在 Signals in node 下拉列表框中选择连线节点名称 en。输入完成后，单击 Add 按钮添加到 Existing mappings 列表框中。

注意：I/O on block 下拉列表中的内容表示在本模块中要设计的输入/输出引脚，Signals in node 是一个设计难点，此栏的含义是 I/O on block 下拉列表框中引脚将要连接的节点、引脚或总线，根据不同情况应输入不同内容，初学者可先不填写此项，直接在 I/O on block 下拉列表框中输入模块引脚，接着进行模块与模块、模块与其他引脚的连接，最后再根据连接情况填写 Signals in node 中的内容。

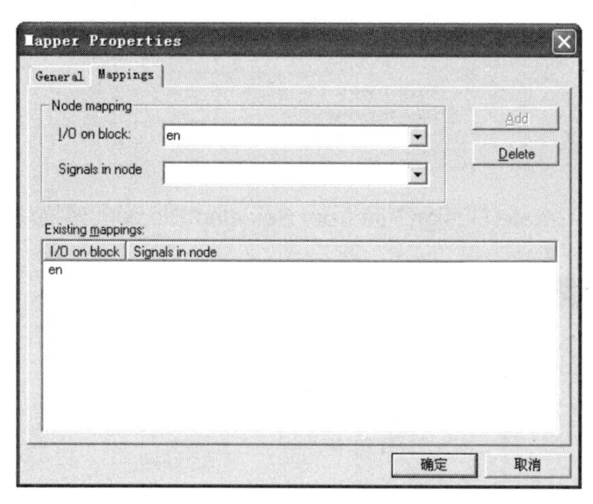

图 6-14 图表模块 Mapping 设置

(3) 同理，将其他引线按此方法进行设置。通常左侧放置输入接口信号，右侧放置输出接口信号，同时添加输入/输出引脚，最后单击“确定”按钮，结果如图 6-15 所示。

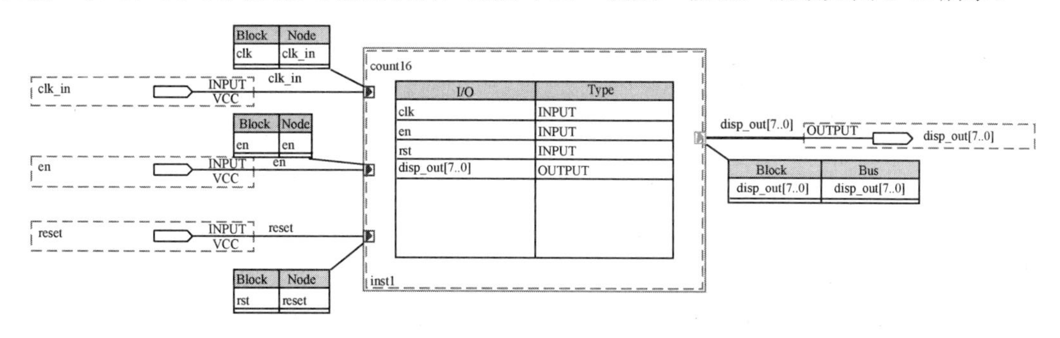

图 6-15 图表模块样标设置

5) 创建设计文件

在图 6-15 所示的符号块上右击，在弹出的菜单中选择 Create Design File from Selected Block 命令，如图 6-16 所示，弹出图 6-17 所示的对话框。其中 File type 选项组中有 4 个单选按钮可供选择，它们分别是 AHDL、VHDL、Verilog HDL 和 Schematic，分别对应不同的电路行为描述方法。本例为计数译码电路设计，底层可以由计数器和译码器两部分组成，基于自顶向下的设计思路，下一层仍采用模块设计方法，所以顶层的设计文件，即顶层的下层实现文件选择 Schematic 原理图设计，选择完成，单击 OK 按钮。此时，会弹出生成模块文件的确认对话框，单击“确定”按钮，打开 Schematic 原理图编辑窗口，如图 6-18 所示。

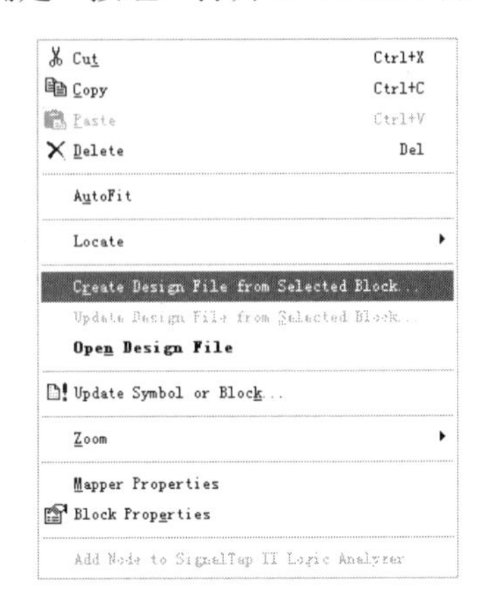

图 6-16　Create Design File from Selected Block 创建模块设计文件

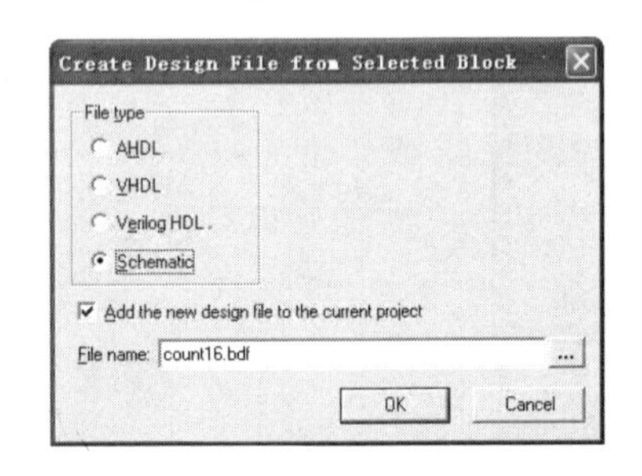

图 6-17　顶层模块设计语言选择

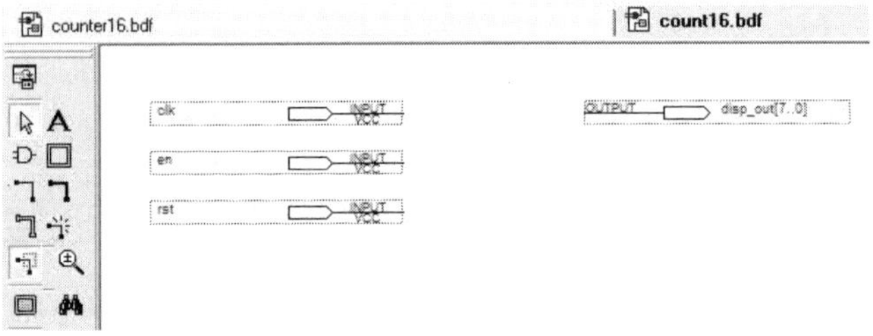

图 6-18　计数译码器原理图编辑窗口

4．创建并设置图表模块(第二层——次层)

与步骤 3 操作类似，完成计数器模块和译码器模块的添加，并进行输入/输出引脚连接，完成结果如图 6-19 所示。

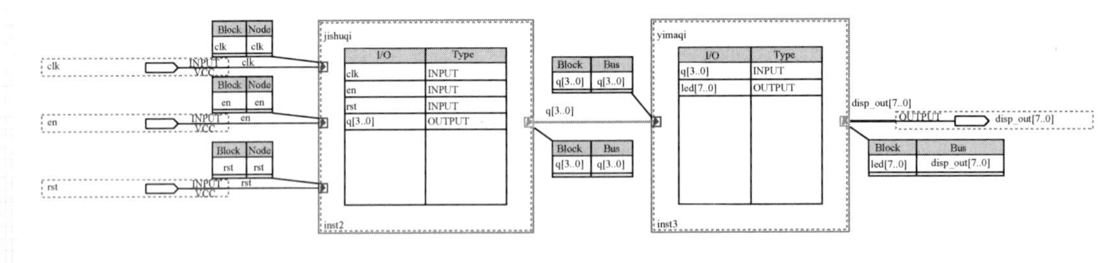

图 6-19　计数器和译码器模块添加样板

计数器和译码器为基础数字电路模块，它们的下层设计实现文件已无须采用模块设计方法，可直接采用 VHDL 进行设计。

5．为计数器和译码器创建设计文件

(1)　在图 6-19 所示的计数器符号块(jishuqi)上右击，在弹出的菜单中选择 Create Design

File from Selected Block 命令，选择 VHDL，单击 OK 按钮。此时，会弹出生成模块文件的确认对话框，如图 6-20 所示，单击 OK 按钮即可打开 VHDL 文本编辑窗口，如图 6-21 所示。

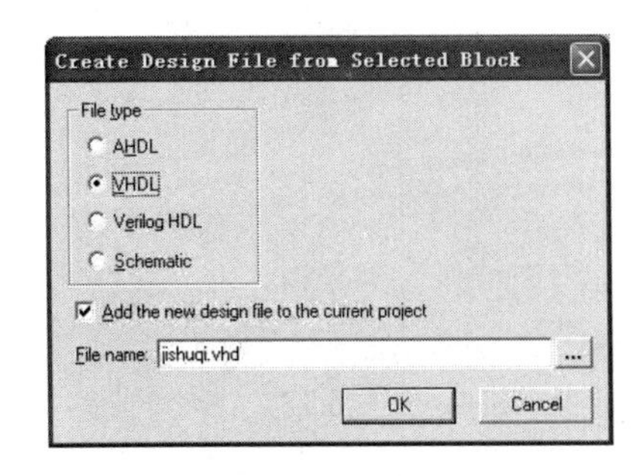

图 6-20　计数器设计语言选择

```
19
20  -- Generated by Quartus II Version 9.1 (Build Build 222 10/21/2009)
21  -- Created on Wed Oct 03 10:21:43 2012
22
23  LIBRARY ieee;
24  USE ieee.std_logic_1164.all;
25
26
27  --  Entity Declaration
28
29  ENTITY jishuqi IS
30      -- {{ALTERA_IO_BEGIN}} DO NOT REMOVE THIS LINE!
31      PORT
32      (
33          clk : IN STD_LOGIC;
34          en : IN STD_LOGIC;
35          rst : IN STD_LOGIC;
36          q : OUT STD_LOGIC_VECTOR(3 downto 0)
37      );
38      -- {{ALTERA_IO_END}} DO NOT REMOVE THIS LINE!
39
40  END jishuqi;
41
42
43  --  Architecture Body
44
45  ARCHITECTURE jishuqi_architecture OF jishuqi IS
```

图 6-21　计数器 VHDL 文本编辑窗口

(2) 使用同样的方法为译码器创建 VHDL 设计文件。

6. 输入 VHDL 代码

将图 6-21 所示的计数器中的代码修改为所需要的设计代码。

注意：实体部分已经设计完毕，设计者只需在结构体中添加功能代码即可。

【例 6-4】 jishuqi.vhd 文件的 VHDL 描述。

```
LIBRARY IEEE;
USE IEEE.STD_LOGIC_1164.ALL;
USE IEEE.STD_LOGIC_UNSIGNED.ALL;
ENTITY jishuqi IS
    PORT(clk,en,rst:IN STD_LOGIC;
        q:OUT STD_LOGIC_VECTOR(3 DOWNTO 0));
END;
ARCHITECTURE bhv OF jishuqi IS
SIGNAL tmp:STD_LOGIC_VECTOR(3 DOWNTO 0);
BEGIN
PROCESS(clk,en,rst)
BEGIN
IF en='1' THEN
    IF rst='1' THEN tmp<="0000";
    ELSIF (clk='1' AND clk'EVENT) THEN
        tmp<=tmp+1;
    END IF;
END IF;
END PROCESS;
```

```
q<=tmp;
END;
```

7．添加译码器模块，并完成顶层电路设计

按照上述方法添加译码器模块和所用引脚，完成电路设计。其中译码器模块创建的 VHDL 代码 yimaqi.vhd 文件的源代码如例 6-5 所示。

【例 6-5】 yimaqi.vhd 文件的 VHDL 描述。

```
LIBRARY IEEE;
USE IEEE.STD_LOGIC_1164.ALL;
USE IEEE.STD_LOGIC_UNSIGNED.ALL;
ENTITY yimaqi IS
    PORT(q_in:IN STD_LOGIC_VECTOR(3 DOWNTO 0);
        led:OUT STD_LOGIC_VECTOR(7 DOWNTO 0));
END;
ARCHITECTURE bhv OF yimaqi IS
BEGIN
PROCESS(q)
BEGIN
CASE q IS
    WHEN "0000" => led <="11111100";
    WHEN "0001" => led <="01100000";
    WHEN "0010" => led <="11011010";
    WHEN "0011" => led <="11110010";
    WHEN "0100" => led <="01100110";
    WHEN "0101" => led <="10110110";
    WHEN "0110" => led <="10111110";
    WHEN "0111" => led <="11100000";
    WHEN "1000" => led <="11111110";
    WHEN "1001" => led <="11110110";
    WHEN "1010" => led <="11101110";
    WHEN "1011" => led <="00111110";
    WHEN "1100" => led <="10011100";
    WHEN "1101" => led <="01111010";
    WHEN "1110" => led <="10011110";
    WHEN "1111" => led <="10001110";
    WHEN OTHERS => led <="11111111";
END CASE;
END PROCESS;
END;
```

最后完成工程编译、仿真、引脚分配和下载验证工作。

6.2.2　一位全加器的自顶向下混合设计

6.2.2 节以十六进制计数译码显示电路设计为例向读者介绍了自顶向下混合设计方法，本例将以一位全加器的设计为例，深入介绍自顶向下混合设计方法。

1．创建工程

建立名为 full_adder 的工程文件，建立一个空白的原理图文件，单击(Block Tool)按钮，在适当的位置放置一个符号块，Name 命名为 f_adder，Instance name 命名为 f_adder_1。

2．添加引脚信息

需添加的引脚信息如图 6-22 所示。

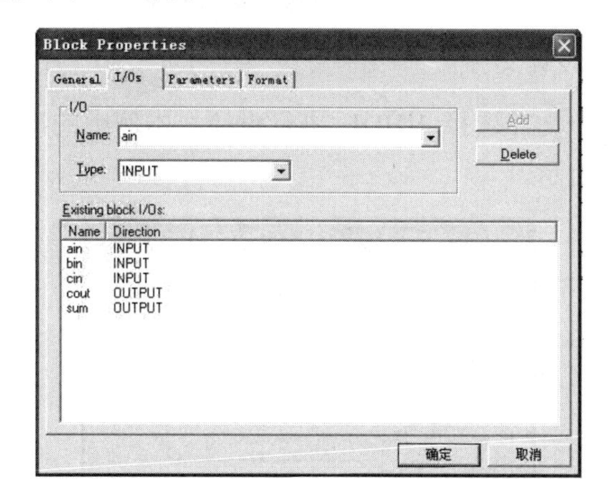

图 6-22　图表模块 I/O 完成

3．添加模块引线并设置属性

设置结果如图 6-23 所示。

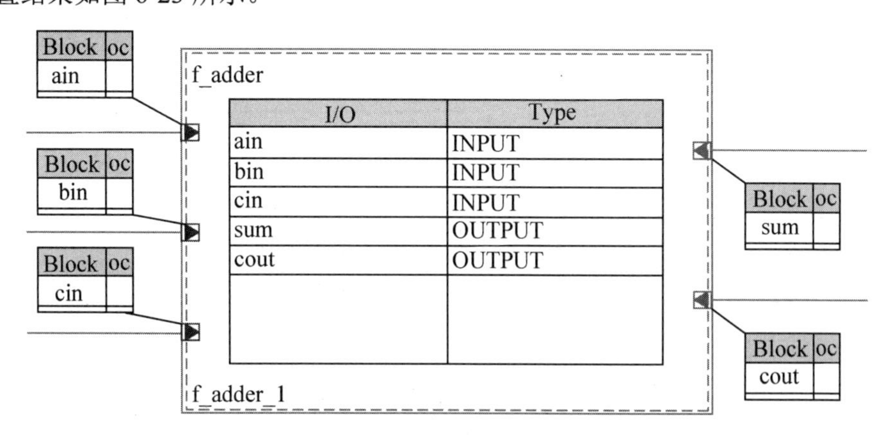

图 6-23　图表模块样标设置

4．添加输入/输出引脚

设置结果如图 6-24 所示。

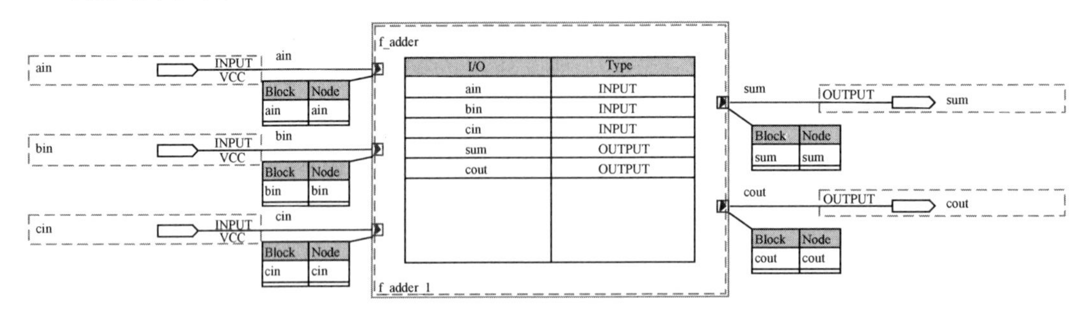

图 6-24　加入输入/输出引脚

5．创建全加器下层设计文件

在上例中，下层设计文件选择 VHDL 进行设计，本例中的次层文件类型选择原理图(Schematic)，如图 6-25 所示。

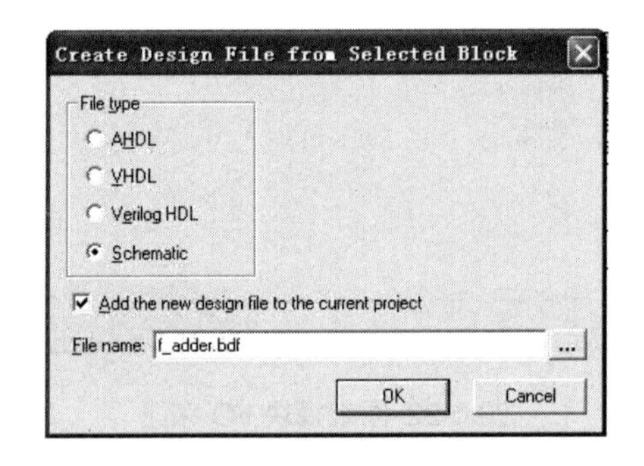

图 6-25　设计语言选择

6．下层设计文件编辑

编辑结果如图 6-26 所示。

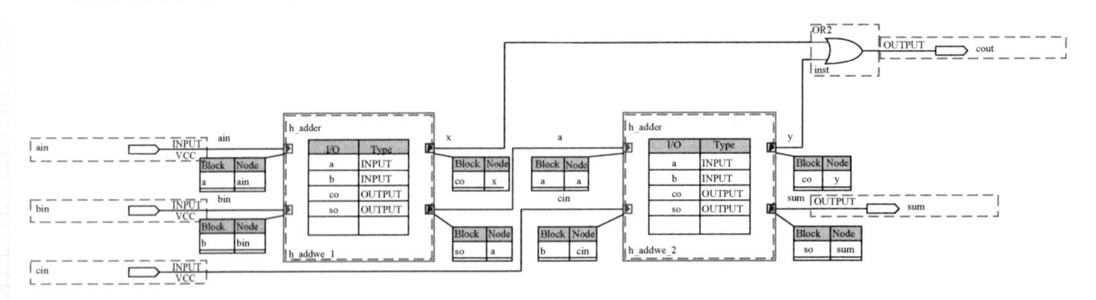

图 6-26　一位全加器的次层原理图

7．创建半加器下层设计文件

选择 VHDL 进行下层设计，如图 6-27 所示。

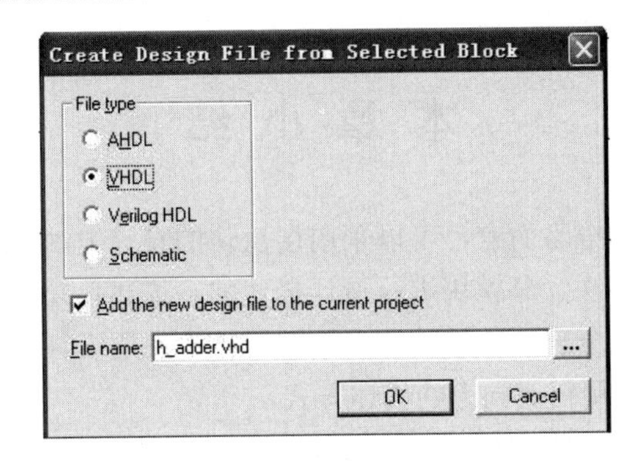

图 6-27　设计语言选择

8. 加入所需要的设计代码

注意：实体部分已经设计完毕，设计者只需要在两个半加器的结构体中添加功能代码即可。

【例 6-6】 h_adder.vhd 文件的 VHDL 描述。

```
LIBRARY  IEEE;
USE IEEE.STD_LOGIC_1164.ALL;
ENTITY h_adder IS
PORT (a, b : IN STD_LOGIC;
     co, so : OUT STD_LOGIC);
END ENTITY h_adder;
ARCHITECTURE bhv OF h_adder  is
 SIGNAL abc : STD_LOGIC_VECTOR(1 DOWNTO 0);
BEGIN
  abc <= a & b;
 PROCESS(abc)
  BEGIN
   CASE abc IS
    WHEN "00" => so<='0'; co<='0' ;
    WHEN "01" => so<='1'; co<='0' ;
    WHEN "10" => so<='1'; co<='0' ;
    WHEN "11" => so<='0'; co<='1' ;
    WHEN OTHERS => NULL;
   END CASE;
 END PROCESS;
END;
```

最后完成工程编译、仿真、引脚分配和下载验证工作。

本 章 小 结

对于一个较为复杂的电路而言，可以采用层次化的设计方法，使系统设计变得简洁和方便。层次化设计是分层次、分模块进行设计描述的。描述总功能的模块放在最上层，称为顶层设计；描述某一部分功能的模块放在下层，称为底层设计。用户既可以采用自顶向下的描述方式，也可以采用自底向上的描述方式。

当采用层次化设计方法时，在使用 Quartus II 仿真时需要将设计好的单元模块(底层设计)和顶层设计文件存放在同一个文件夹中，否则可能会出现无法调用的情况。

习　　题

1．请按照图 6-28 完成蜂鸣器控制电路顶层设计。

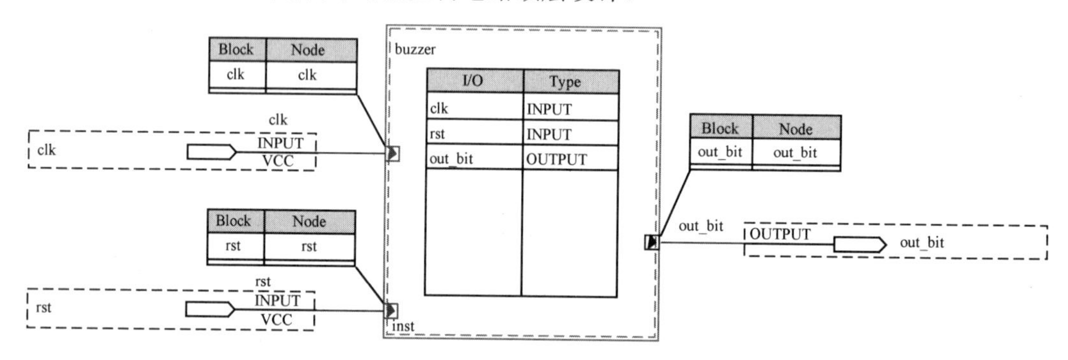

图 6-28　习题 1 图

2．请按照图 6-29 完成拨码开关控制电路顶层设计。

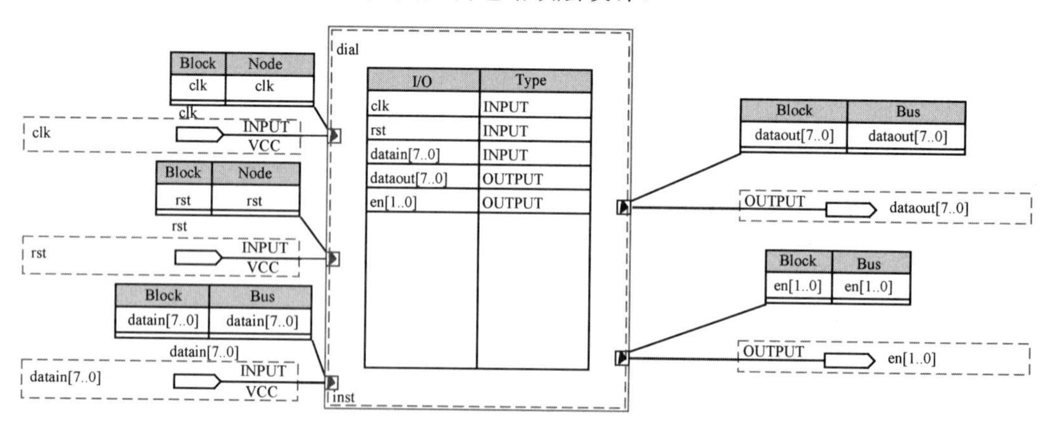

图 6-29　习题 2 图

3．请读者将所学 VHDL 程序使用自顶向下的方法进行重新设计。

第 7 章

有限状态机设计

教学目标

通过本章知识的学习，掌握状态机的基础知识，掌握有限状态机的设计流程，掌握 Mealy 型和 Moore 型状态机的 VHDL 设计方法，掌握 Quartus 软件状态图输入法。

7.1 有限状态机概述

在数字电路中可以用状态图来描述电路的状态转变过程，同样，在 VHDL 中也可以通过有限状态机的方式来表示状态的转换过程。大多数数字系统都可以划分为控制单元和被控单元两部分。被控部分通常是功能单元，设计较容易，而控制单元通常可以用状态机和 CPU 实现(如单片机)，如果使用 CPU，执行的速度与程序的设计有关，使用有限状态机实现时，执行的速度主要受限于计算新状态所需时间，实践证明，在执行耗时和执行时间的确定性方面，状态机优于 CPU，因此状态机在数字系统设计中更为重要。

7.1.1 有限状态机的概念和分类

状态机是一种广义的时序电路，它不同于一般的时序逻辑电路。状态机内部状态的变化规律不再像计数器、移位寄存器那么简单，而是需要精心设计和规划。

状态机一般包含组合逻辑和寄存器逻辑两部分。寄存器逻辑用于存储状态，组合逻辑用于状态译码和产生输出信号。实际中状态机的状态数是有限的，因此，又称为有限状态机，本章将讲解有限状态机。

状态机的输出不仅与当前输入信号有关，还与当前的状态有关，因此状态机有 4 个基本要素：现态、条件、动作和次态。

现态：指状态机当前所处的状态。

条件：又称为事件。即状态机状态转移条件，指状态机根据输入信号和当前状态决定下一个转移的状态。

动作：条件满足后执行的动作。动作执行完毕后，可以迁移到新的状态，也可以仍旧保持原状态。动作不是必需的，当条件满足后，也可以不执行任何动作，直接迁移到新状态。

次态：条件满足后要迁往的新状态。“次态”相对于“现态”而言，“次态”一旦被激活，就转变为新的“现态”了。

输出信号可以由当前状态和当前输入信号决定，也可以只由当前状态决定。按照输出信号是否与输入信号有关，可将有限状态机分为 Moore 型(摩尔型)和 Mealy 型(米里型)。Moore 型状态机的输出只与当前状态有关，Mealy 型状态机的输出不仅与当前状态有关，还与当前输入有关。Moore 型和 Mealy 型状态机分别如图 7-1(a)和图 7-1(b)所示。

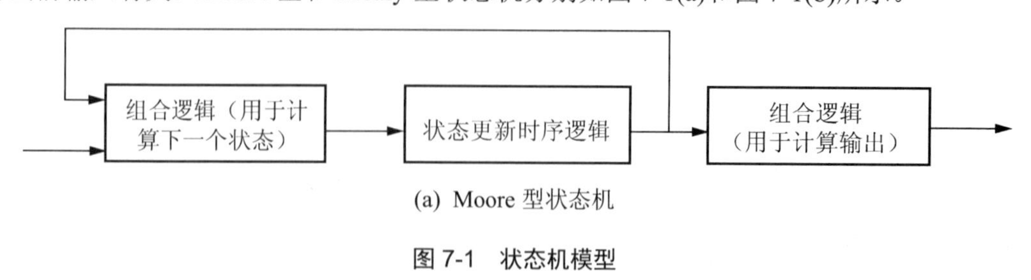

(a) Moore 型状态机

图 7-1 状态机模型

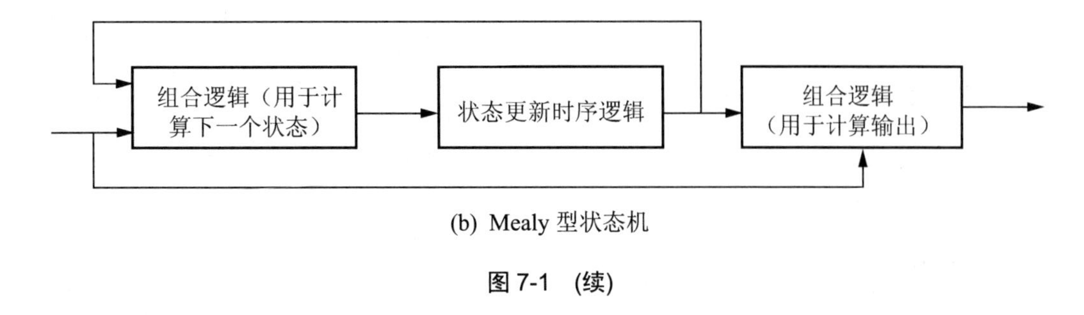

(b) Mealy 型状态机

图 7-1　(续)

7.1.2　有限状态机的状态转换图

状态转换图是状态机的一种表示方法，它能够直观地说明状态机的四要素。所以能够识读状态转换图，进而能够根据实际问题绘制出状态转换图，是设计状态机的基本技能。例如考虑一个序列检测器，检测的序列流为 1111，当输入信号为 1111 时(必须是 4 个连续的 1)输出高电平，否则输出低电平，其状态转换图如图 7-2 所示。

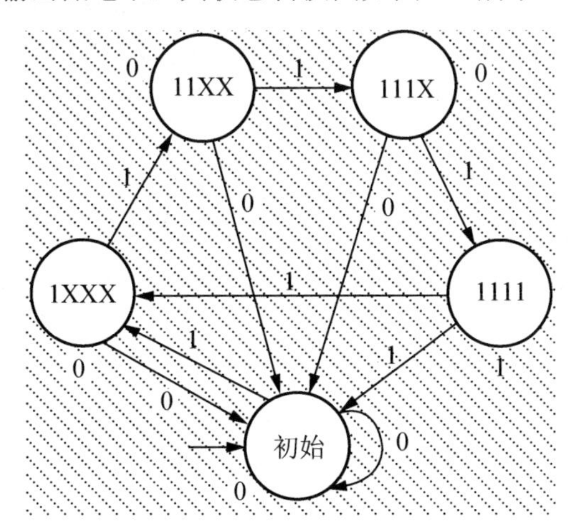

图 7-2　序列检测器状态转换图

图中每一个状态用一个圆圈表示，并表明状态名称，各状态圆圈中括号内的数字 0 或 1 表示处于该状态时状态机的输出。各状态连线上的数字 0 和 1 表示状态转移的条件，在这里是输入信号。状态机一开始处于起始状态，各状态间根据输入信号的不同按照图 7-2 相互转移。当状态转移到 1111 时，输出高电平，否则输出低电平。序列检测器状态机为 Moore 型状态机，其输出只由当前状态决定。

7.1.3　有限状态机的设计流程

1．理解问题背景

状态机往往是由于解决实际问题的需要而引入的，因此深刻理解实际问题的背景对设计符合要求的状态机十分重要。简单地说，就是设计人员需要了解设计问题的相关细节和重点。

2．逻辑抽象，得出状态转换图

状态转换图是实际问题与使用 VHDL 描述状态机之间的桥梁。实际上，往往绘制出状态转换图就能很容易地用 VHDL 实现状态机。

3．状态化简

如果在状态转换图中出现这样两个状态，它们在相同的输入下转移到同一状态去，并得到一样的输出，则称它们为等价状态。显然等价状态是重复的，可以合并为一个。电路的状态越少，存储电路也就越简单，硬件资源的耗费也就越少。状态简化的目的就在于将等价状态尽可能地合并，以得到最简的状态转换图。

4．状态编码

通常有很多编码方法，编码方案选择得当，设计的电路可以简单。实际设计时，需综合考虑电路复杂度与电路性能之间的折中。在触发器资源丰富的 FPGA 或 ASIC 设计中采用独立热编码既可以使电路性能得到保证又可充分利用其触发器数量多的优势。状态分配的工作一般由综合器自动完成，并可以设置分配方式。

5．形成状态转换图

同样一个状态机设计问题，可能有很多不同的状态转换图构造结果，这是设计者的设计经验问题。在状态不是很多的情况下，状态转换图可以直观地给出设计中各个状态的转换关系以及转换条件。

6．用 VHDL 实现有限状态机

可以充分发挥硬件描述语言的抽象建模能力，使用进程语句中的 CASE、IF 等条件语句及赋值语句即可方便实现。

7.1.4　有限状态机的 VHDL 描述

1．数据类型定义语句

VHDL 数据类型有标准预定义数据类型和用户自定义数据类型，标准预定义数据类型有整数类型、STD_LOGIC、BIT 等常用数据类型，用户自定义数据类型有枚举类型、数据类型和记录类型等。

自定义数据类型主要是用类型定义语句 TYPE 来实现，其基本语法格式如下：

```
TYPE 数据类型名 IS 数据类型定义 [OF 基本数据类型]
```

(1) 数据类型名部分由设计者自定，要符合标识符的规定。

(2) 数据类型定义部分用来描述所定义的数据类型的表达方式和表达内容。

(3) OF 后的基本数据类型，一般为已有的标准预定义数据类型，该部分不是必需的。

(4) 数据类型定义语句一般放在结构体中的说明部分。

```
TYPE  a  IS  ARRAY(0 TO 7) OF  STD_LOGIC;
```

该句定义了一个数据类型名称为 a，a 是一个具有 8 个元素的数组。8 个元素按顺序分别为 a(0)、a(1)、a(2)、a(3)、a(4)、a(5)、a(6)、a(7)，其中每个元素数据类型都是 STD_LOGIC。

```
TYPE  week  IS  (sum,mon,tue,wed,thu,fri,sat);
```

该句定义了一个数据类型名称为 week，week 是一个具有 7 个元素的枚举数据类型。7 个元素是由字符组成的。

枚举数据类型是一种特殊的数据类型，一般用文字符号表示，主要是为了便于设计、阅读、编译和优化。在进行电路综合时，它用一组二进制数来编码，其实际电路是由一组触发器实现的。

```
TYPE stste IS (st0,st1,st2,st3,st4);
SIGNAL next_state,current_state: state;
```

该例首先定义了一个具有 5 个元素的枚举数据类型 state，5 个元素分别为 st0、st1、st2、st3、st4，然后定义了两个信号量 current 和 next，这两个信号的数据类型为上句定义的 state，即信号量 current 和 next 的取值范围只能是 state 所包含的 st0、st1、st2、st3、st4 这 5 个元素。

2. 状态机的结构

1) 状态机的说明部分

状态机的说明部分一般放在结构体 ARCHITECTURE 和 BEGIN 之间，首先使用 TYPE 语句定义新的数据类型，并且一般将该数据类型定义为枚举型，其元素采用文字符号表示，作为状态机的状态名，然后用 SIGNAL 语句定义状态变量(如现态和次态)，将其数据类型定义为由 TYPE 语句定义的新的数据类型。

```
ARCHITECTURE … OF … IS
TYPE new_state IS (s0,s1,s2,s3,s4);
SIGNAL present_state, next_state: new_state;
…
BEGIN
…
```

2) 状态机的进程部分

状态机的进程部分又可分为主控时序进程、主控组合进程和辅助进程。主控时序进程是指负责状态机运转和在时钟驱动下负责状态转换的进程，一般主控时序进程不负责下一状态的具体状态取值。主控组合进程的任务是根据外部输入的控制信号(包括来自状态机外部的信号和来自状态机内部其他非主控的组合或时序进程的信号)或(和)当前状态值确定下一状态的取值。辅助进程用于配合状态机工作的组合进程或时序进程。

状态机的进程描述有单进程状态机、双进程状态机和多进程状态机。各进程结构模型描述如下。

(1) 三进程状态机基本结构。

```
P1:PROCESS(clk,rst)                 --同步时序进程,在时钟驱动下,进行状态转换
   BEGIN
    IF rst='1' THEN present_state<=初始状态;--复位,由现态转入初始状态
    ELSIF clk'EVENT AND clk='1' THEN
     present_state<=next_state;     --时钟上升沿时，由现态转入次态
    END IF;
   END PROCESS;
P2:PROCESS(present_state,输入信号)--状态转移进程,根据现态和输入条件,给次态赋值
   BEGIN
    CASE present_state IS
        WHEN 初始状态 =>
            IF 转换条件 THEN 次态赋值;
          …
            END IF;
      …              --其他所有状态转换的描述
    END CASE;
   END PROCESS;
P3:PROCESS(present_state,输入信号)  --输出描述进程(Mealy 型)
   BEGIN
    CASE present_state IS
        WHEN 初始状态 =>
            IF 输入信号的变化 THEN
               输出赋值;  --输出值由当前状态值与输入信号共同决定
          …
            END IF;
      …
    END CASE;
   END PROCESS;
```

或者

```
P3:PROCESS(present_state,输入信号)  --输出描述进程(Moore 型)
   BEGIN
    CASE present_state IS
        WHEN 初始状态 => 输出赋值;  --输出值仅由当前状态决定
       …                          --其他所有状态下输出的描述
    END CASE;
   END PROCESS;
```

进程 P1 和进程 P2 描述是相对固定的，进程 P3 可以用其他方法描述，如用 WHEN … ELSE 语句、SELECT 语句描述等。若将进程 P2 和 P3 合成一个进程描述，即为双进程状态机结构。

(2) 双进程状态机基本结构。

```
P1:PROCESS(clk,rst)                --同步时序进程，在时钟驱动下，进行状态转换
  BEGIN
   IF rst='1' THEN present_state<=初始状态; --复位，由现态转到初始状态
   ELSIF clk'EVENT AND clk='1' THEN
       present_state<=next_state;  --时钟上升沿，由现态转入次态
   END IF;
  END PROCESS;
P2:PROCESS(present_state,输入信号)  --状态转移及输出描述进程
  BEGIN
   CASE present_state IS
       WHEN 初始状态 =>
           IF  转换条件 THEN 次态赋值;
           END IF;
           IF  转换条件 THEN 次态赋值;
           END IF;
         …
   END CASE;
  END PROCESS;
```

双进程状态机中进程 P1 是一个时序进程，在时钟上升沿时，进行状态转换，即将下一个状态值赋给当前状态，但并不决定下一个状态的取值。进程 P2 是一个组合进程，根据当前状态值和外部输入信号，决定下一个状态的取值和输出值。如果将两个进程合成一个进程描述，则为单进程状态机结构。

(3) 单进程状态机基本结构。

```
PROCESS(clk,rst)
BEGIN
    IF rst='1' THEN present_state<=初始状态;
        输出赋初值;
    ELSIF clk'EVENT AND clk='1' THEN
        CASE present_state IS
            WHEN 初始状态 =>
                IF 转换条件 THEN 当前状态赋值;
                END IF;
                IF 转换条件 THEN 输出赋值;
                END IF;
              …
```

```
        END CASE;
    END IF;
END PROCESS;
```

单进程状态机是一个时序进程，其输出值是在时钟上升沿时锁存输出，避免了输出出现毛刺的现象，而双进程和三进程的状态机中，其输出是由组合进程产生的，难免出现毛刺现象。但从输出时序上看，单进程状态机输出信号要比多进程状态机输出信号晚一个时钟周期输出。

以上 3 种状态机进程描述模型，读者在学习阶段可以根据自己的理解选择其中之一详细掌握。灵活使用之后，可对 3 种模型比较理解和运用。

7.2 Moore 型状态机

对于 Moore 型状态机，输出仅由其所处状态(现态)决定，与当前输入相关。从输出时序看，只有当时钟信号变化使状态发生变化时才导致输出的变化，因此 Moore 型同步输出状态机。

下面以序列检测器检测(检测“1111”信号)为例，分别列出以三进程、双进程和单进程方式实现的 VHDL 描述。

7.2.1 三进程描述

【例 7-1】序列检测——三进程。

```
LIBRARY IEEE;
USE IEEE.STD_LOGIC_1164.ALL;
ENTITY fsm IS
    PORT(clk,reset,cin:IN STD_LOGIC;
        result:OUT STD_LOGIC);
END;
ARCHITECTURE bhv OF fsm IS
TYPE state IS(start,s0,s1,s2,s3);     --用枚举类型定义状态，简单直观
SIGNAL current_state,next_state:state;  --定义存储现态和次态的信号
BEGIN
p1:PROCESS(clk)  --状态更新进程
BEGIN
IF clk'EVENT AND clk='1' THEN
    IF reset='1' THEN current_state<=start;
    ELSE current_state<=next_state;
    END IF;
END IF;
```

```
    END PROCESS;
    p2:PROCESS(current_state,cin)  --次态产生进程
    BEGIN
    CASE current_state IS
        WHEN start=>IF cin='0' THEN next_state<=start;
                    ELSE next_state<=s0;
                    END IF;
        WHEN s0=>IF cin='0' THEN next_state<=s0;
                    ELSE next_state<=s1;
                    END IF;
        WHEN s1=>IF cin='0' THEN next_state<=start;
                    ELSE next_state<=s2;
                    END IF;
        WHEN s2=>IF cin='0' THEN next_state<=start;
                    ELSE next_state<=s3;
                    END IF;
        WHEN s3=>IF cin='0' THEN next_state<=start;
                    ELSE next_state<=s0;
                    END IF;
        WHEN OTHERS=>NULL;
    END CASE;
    END PROCESS;
    p3:PROCESS(current_state)  --输出信号产生进程
    BEGIN
    CASE current_state IS
        WHEN start=>result<='0';
        WHEN s0=>result<='0';
        WHEN s1=>result<='0';
        WHEN s2=>result<='0';
        WHEN s3=>result<='1';
        WHEN OTHERS=>NULL;
    END CASE;
    END PROCESS;
    END;
```

其中，start 为初始状态，s0、s1、s2 和 s3 分别代表“1×××”、“11××”、“111×”和“1111”状态。

结构体描述部分分为三个部分。第一部分用于描述状态更新，同步复位后当前状态 current_state 被置位初始状态“start”，否则在 clk 时钟的同步下完成状态的更新，即把 current_state 更新为 next_state。

第二部分用于产生下一个状态，是状态机中最关键的部分。FSM 根据状态转移图，检

测输入信号的状态，并决定当前状态的下一状态(next_state)的取值。本例中，当前状态的下一状态取值由输入信号 cin 决定。

第三部分用于产生输出逻辑，也是 Moore 型状态机和 Mealy 型状态机设计的区别点。本例为 Moore 状态机，其输出只与当前状态有关，因此，敏感信号表中只列出 current_state。本程序仿真波形如图 7-3 所示。

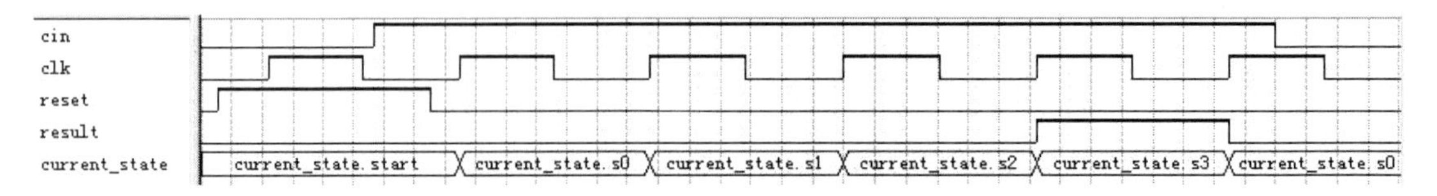

图 7-3　序列检测器——三进程结构仿真波形(1)

7.2.2　双进程描述

“双进程”模式将“三进程”模式下的下一状态产生部分和输出信号产生部分这两个组合逻辑部分合并起来。

【例 7-2】序列检测——双进程。

```
LIBRARY IEEE;
USE IEEE.STD_LOGIC_1164.ALL;
ENTITY fsm IS
    PORT(clk,reset,cin:IN STD_LOGIC;
        result:OUT STD_LOGIC);
END;
ARCHITECTURE bhv OF fsm IS
TYPE state IS(start,s0,s1,s2,s3);
SIGNAL current_state,next_state:state;
BEGIN
p1:PROCESS(clk)  --状态更新进程
BEGIN
IF clk'EVENT AND clk='1' THEN
    IF reset='1' THEN current_state<=start;
    ELSE current_state<=next_state;
    END IF;
END IF;
END PROCESS;
p2:PROCESS(current_state,cin)  --次态产生和输出信号产生
BEGIN
CASE current_state IS
    WHEN start=>result<='0';
                IF cin='0' THEN next_state<=start;
```

```
                ELSE next_state<=s0;
                END IF;
    WHEN s0=>result<='0';
                  IF cin='0' THEN next_state<=s0;
                ELSE next_state<=s1;
                END IF;
    WHEN s1=>result<='0';
                  IF cin='0' THEN next_state<=start;
                ELSE next_state<=s2;
                END IF;
    WHEN s2=>result<='0';
                  IF cin='0' THEN next_state<=start;
                ELSE next_state<=s3;
                END IF;
    WHEN s3=>result<='1';
                  IF cin='0' THEN next_state<=start;
                ELSE next_state<=s0;
                END IF;
    WHEN OTHERS=>NULL;
END CASE;
END PROCESS;
END;
```

结构体描述分为两个部分，第一部分用于描述状态更新的进程，是时序进程。第二部分用于描述当前状态下的输出信号以及下一个状态逻辑，是组合逻辑。由于只是将两个描述组合电路的进程合并，其综合和仿真结果不会变化，仿真波形如图 7-4 所示，与图 7-3 所示波形相同。

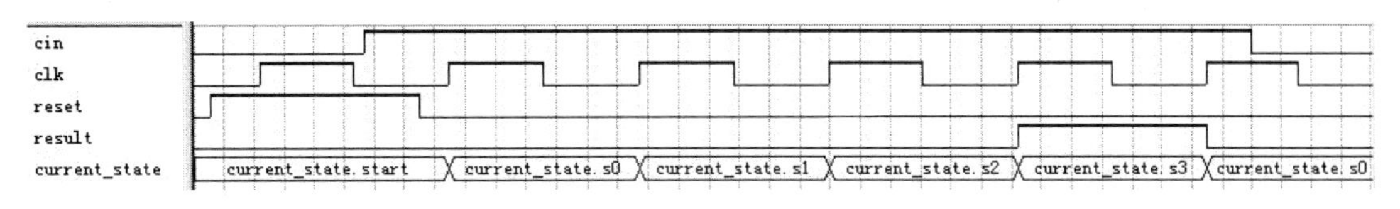

图 7-4　序列检测器——二进程结构仿真波形(1)

7.2.3　单进程描述

【例 7-3】序列检测——单进程。

```
LIBRARY IEEE;
USE IEEE.STD_LOGIC_1164.ALL;
ENTITY fsm IS
    PORT(clk,reset,cin:IN STD_LOGIC;
```

```
        result:OUT STD_LOGIC);
END;
ARCHITECTURE bhv OF fsm IS
TYPE istate IS(start,s0,s1,s2,s3);
SIGNAL state:istate;
BEGIN
p1:PROCESS(clk)
BEGIN
IF clk'EVENT AND clk='1' THEN
    IF reset='1' THEN state<=start;result<='0';
    ELSE
        CASE state IS
                WHEN start=>result<='0';
                        IF cin='0' THEN state<=start;
                        ELSE state<=s0;
                        END IF;
                WHEN s0=>result<='0';
                        IF cin='0' THEN state<=s0;
                        ELSE state<=s1;
                        END IF;
                WHEN s1=>result<='0';
                        IF cin='0' THEN state<=start;
                        ELSE state<=s2;
                        END IF;
                WHEN s2=>result<='0';
                        IF cin='0' THEN state<=start;
                        ELSE state<=s3;
                        END IF;
                WHEN s3=>result<='1';
                        IF cin='0' THEN state<=start;
                        ELSE state<=s0;
                        END IF;
                WHEN OTHERS=>NULL;
        END CASE;
    END IF;
END IF;
END PROCESS;
END;
```

对比图 7-4 和图 7-5，从输出时序上看，单进程的输出值 result 在状态发生变化时，延迟一个时钟输出，而双进程(和三进程)的输出值 result 在状态发生变化时，即刻发生变化。

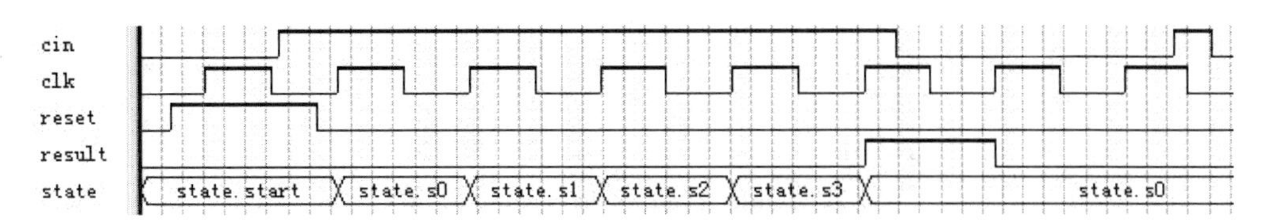

图 7-5　序列检测器——三进程结构仿真波形(2)

7.3　Mealy 型状态机

对于 Mealy 型状态机，输出信号值根据当前状态值和外部输入信号值来确定，一旦输入信号或状态发生变化，输出信号立即发生变化。

【例 7-4】根据状态转换图 7-6，采用单进程实现。

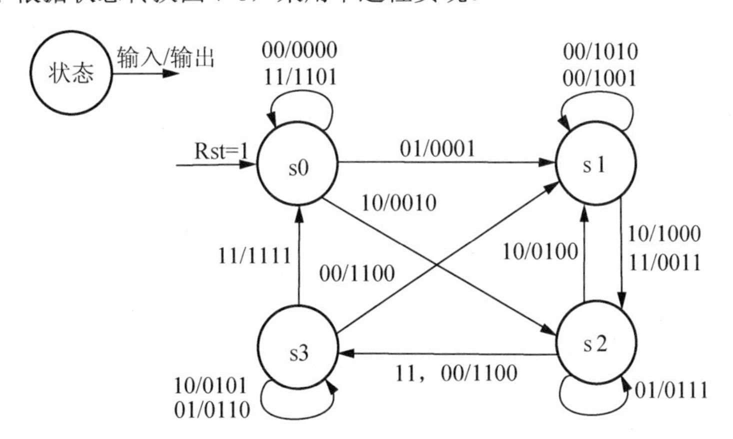

图 7-6　状态转换图

```
LIBRARY IEEE;
USE IEEE.STD_LOGIC_1164.ALL;
ENTITY example IS
    PORT(a:IN STD_LOGIC_VECTOR(1 DOWNTO 0);
        clk,reset:IN STD_LOGIC;
        q:OUT STD_LOGIC_VECTOR(3 DOWNTO 0));
END;
ARCHITECTURE bhv OF example IS
TYPE istate IS(s0,s1,s2,s3);
SIGNAL state:istate;
BEGIN
PROCESS(clk,reset)
BEGIN
IF reset='1' THEN state<=s0;
ELSIF RISING_EDGE(clk) THEN
    CASE state IS
```

```
        WHEN s0=>
            IF a="00" THEN state<=s0;q<="0000";
            ELSIF a="01" THEN state<=s1;q<="0001";
            ELSIF a="10" THEN state<=s2;q<="0010";
            ELSE state<=s0;q<="1101";
            END IF;
        WHEN s1=>
            IF a="00" THEN state<=s1;q<="1010";
            ELSIF a="01" THEN state<=s1;q<="1001";
            ELSIF a="10" THEN state<=s2;q<="1000";
            ELSE state<=s2;q<="0011";
            END IF;
        WHEN s2=>
            IF a="00" THEN state<=s2;q<="0111";
            ELSIF a="10" THEN state<=s1;q<="0100";
            ELSE state<=s3;q<="1110";
            END IF;
        WHEN s3=>
            IF a="00" THEN state<=s1;q<="1100";
            ELSIF a="01" THEN state<=s3;q<="0110";
            ELSIF a="10" THEN state<=s3;q<="0101";
            ELSE state<=s0;q<="1111";
            END IF;
        WHEN OTHERS=>q<="0000";state<=s0;
    END CASE;
END IF;
END PROCESS;
END;
```

请读者对比单进程 Moore 型状态机和 Mealy 型状态机的异同，分别使用双进程和三进程方法实现上述 Mealy 状态机。

7.4 设计实例——十字路口交通灯控制器

本节将通过设计一个简化的十字路口交通灯控制电路来为读者介绍有限状态机的设计方法。

1. 设计要求

(1) 正常工作模式下，每个状态持续的时间各自独立，通过 CONSTANT 定义。

(2) 测试模式下，每个状态持续一个较短时间，以便观察状态转移过程，该时间可以通过程序修改。

(3) 紧急模式下，两个方向都亮黄灯，直到状态解除为止，该状态的设置可以通过外界输入，如按钮。其状态表如表 7-1 所示。

表 7-1　交通灯控制器状态表

状态 (state)	状态模式		
	正　常	测　试	紧　急
RG(东西红南北绿)	30s	2s	—
RY(东西红南北黄)	5s	2s	—
GR(东西绿南北红)	45s	2s	—
YR(东西黄南北红)	5s	2s	—
YY(东西黄南北黄)	—	—	未定

系统划分为 RG、RY、GR、YR 和 YY 5 个状态，系统的状态转移图如图 7-7 所示。

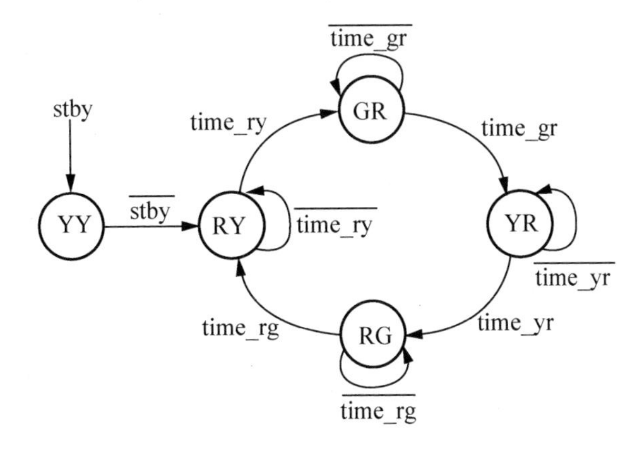

图 7-7　十字路口交通灯控制器状态转换图

2. 设计源程序

控制器中各状态的时间都在秒级，设计的输入时钟频率为 1Hz。

```
LIBRARY IEEE;
USE IEEE.STD_LOGIC_1164.ALL;
ENTITY tlc IS
    PORT(clk,test,emerge:IN STD_LOGIC;
        ra,rb,ya,yb,ga,gb:OUT STD_LOGIC);
END;
ARCHITECTURE bhv OF tlc IS
TYPE state IS (rg,ry,gr,yr,yy);    --定义状态机状态类型
CONSTANT timemax:INTEGER:=45;   --定义各状态持续时间
CONSTANT time_rg:INTEGER:=30;
CONSTANT time_ry:INTEGER:=5;
```

```
CONSTANT time_gr:INTEGER:=45;
CONSTANT time_yr:INTEGER:=5;
CONSTANT time_test:INTEGER:=2;
SIGNAL state_curr,state_next:state; --定义信号用于保存现态和次态
SIGNAL times:INTEGER RANGE 0 TO timemax;
BEGIN
p1:PROCESS(clk,emerge)  --进程 p1 用于计时以及描述状态更新的时刻
VARIABLE cnt:INTEGER RANGE 0 TO timemax;
BEGIN
IF (emerge='1') THEN state_curr<=yy;cnt:=0;
ELSIF (clk'EVENT AND clk='1') THEN
        IF (cnt=times-1) THEN
            state_curr<=state_next; cnt:=0;
        ELSE
            cnt:=cnt+1;
        END IF;
END IF;
END PROCESS;
p2:PROCESS(state_curr,test)  --进程 p2 决定次态和输出逻辑
BEGIN
CASE state_curr IS
    WHEN rg=> ra<='1';ya<='0';ga<='0';  --东西红灯亮，南北绿灯亮
             rb<='0';yb<='0';gb<='1';
             state_next<=ry;
             IF (test='1') THEN times<=time_test; --是否进入测试状态
             ELSE times<=time_rg;
             END IF;
    WHEN ry=> ra<='1';ya<='0';ga<='0';  --东西红灯亮，南北黄灯亮
             rb<='0';yb<='1';gb<='0';
             state_next<=gr;
             IF (test='1') THEN times<=time_test;
             ELSE times<=time_ry;
             END IF;
    WHEN gr=> ra<='0';ya<='0';ga<='1';  --东西绿灯亮，南北红灯亮
             rb<='1';yb<='0';gb<='0';
             state_next<=yr;
             IF (test='1') THEN times<=time_test;
             ELSE times<=time_gr;
             END IF;
    WHEN yr=> ra<='0';ya<='1';ga<='0';  --东西黄灯亮，南北红灯亮
             rb<='1';yb<='0';gb<='0';
```

```
            state_next<=rg;
            IF (test='1') THEN times<=time_test;
            ELSE times<=time_yr;
             END IF;
    WHEN yy=> ra<='0';ya<='1';ga<='0';  --东西南北均黄灯亮
            rb<='0';yb<='1';gb<='0';
            state_next<=ry;
END CASE;
END PROCESS;
END;
```

7.5　Quartus 软件状态图输入法

本节以前述序列检测器状态转换图为例，讲解如何使用 Quartus 软件设计状态转换图。

1．创建原状态图模块文件

选择 File→New 命令，弹出新建文件对话框，如图 7-8 所示。选择 State Machine File 选项后建立文件成功，生成状态图编辑器界面。

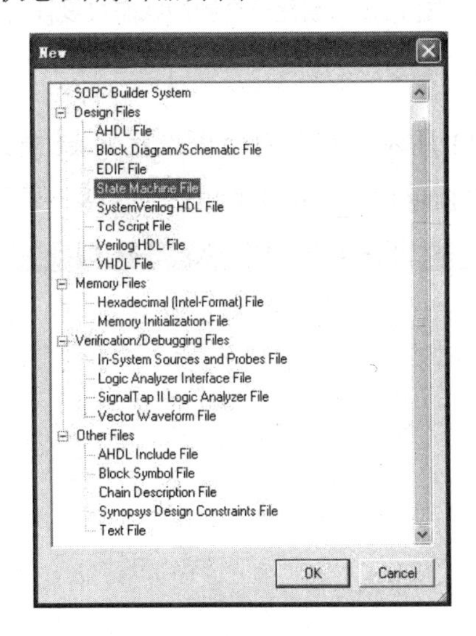

图 7-8　新建文件对话框

2．设置状态机输出文件格式

单击按钮，自动弹出文件保存对话框，保存文件，接着弹出状态机输出文件格式选择对话框，如图 7-9 所示，选择 VHDL。

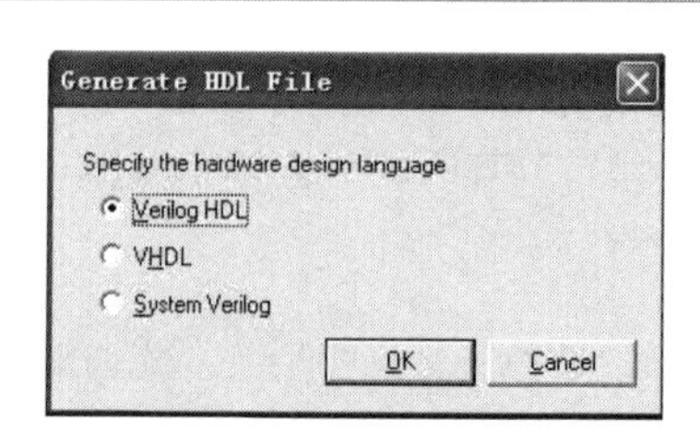

图 7-9　状态机输出文件

3. 利用状态机编辑向导，建立状态机

单击按钮，弹出状态机编辑向导，如图 7-10 所示，选择 Create a new state machine design，创建一个新的状态机设计，单击 OK 按钮。

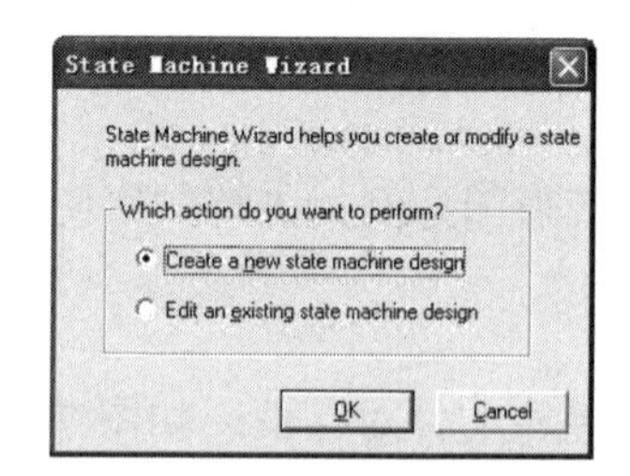

图 7-10　创建一个新的状态机设计

4. 设置复位(reset)属性

复位属性对话框如图 7-11 所示。在此对话框设置 reset 模式为 Synchronous(同步模式)，选中 Reset is active-high 和 Register the output ports 复选框，单击 Next 按钮。

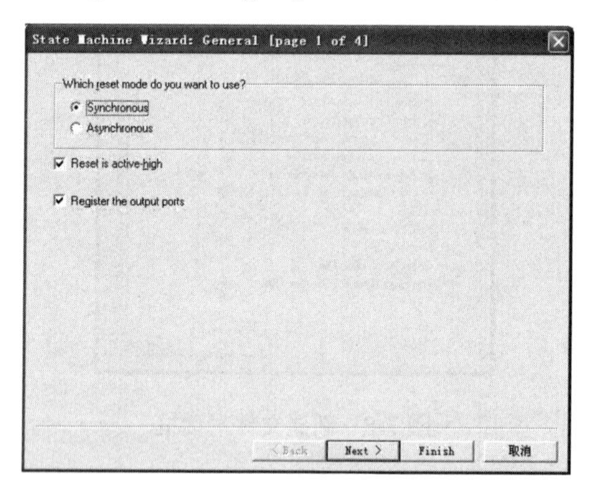

图 7-11　复位属性

5. 在状态设置对话框中设置参数

如图 7-12 所示，图中 States 列表框用于设置状态机的各个状态； Input ports 列表框用于设置状态机的输入端口；State transitions 列表框用于设置状态转换中的原状态、目的状态和状态转换条件。状态转换条件中的“&”表示与条件，“|”表示或条件。设计人员在此对话框中，根据状态转换图填入相关信息后单击 Next 按钮即可。

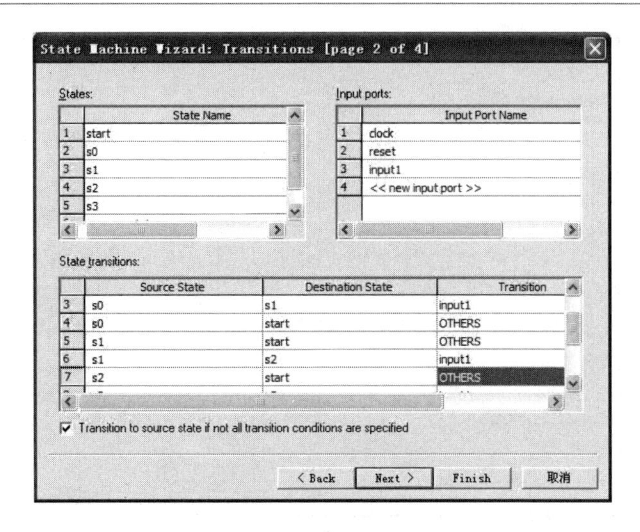

图 7-12　状态设置对话框

6．在输出设置对话框中设置参数

如图 7-13 所示，图中 Output ports 列表框用于设置输出值的时刻，此处选择 Next clock cycle，输出在下一个时钟周期；Action conditions 列表框用于设置输出的值、所在状态和输出额外条件，该列表框的设置决定着状态机是米里型还是摩尔型，设置完毕后，单击 Next 按钮。

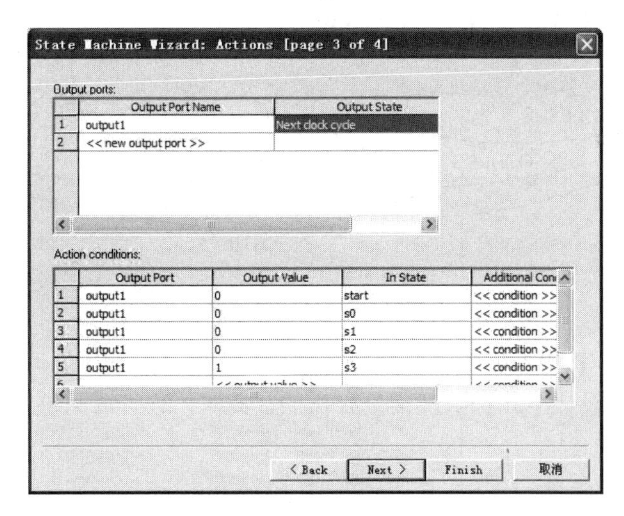

图 7-13　输出设置对话框

7．状态机情况统计

如图 7-14 所示，将列出状态机的状态名、输入端口和输出端口，单击 Finish 按钮。

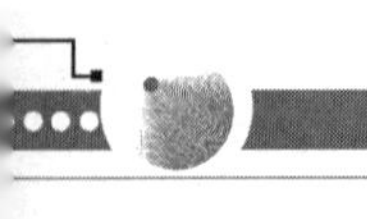

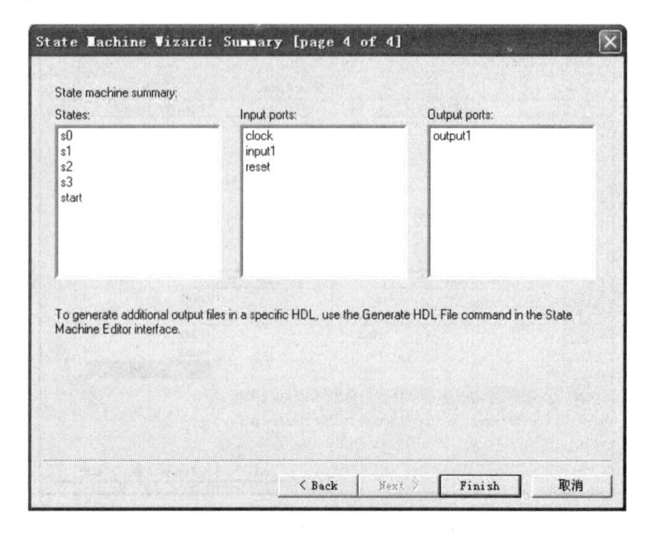

图 7-14 设置情况统计

整个设计过程结束，将弹出状态机的状态图(如图 7-15 所示)和 VHDL 描述文件，以便设计人员继续改进状态机。

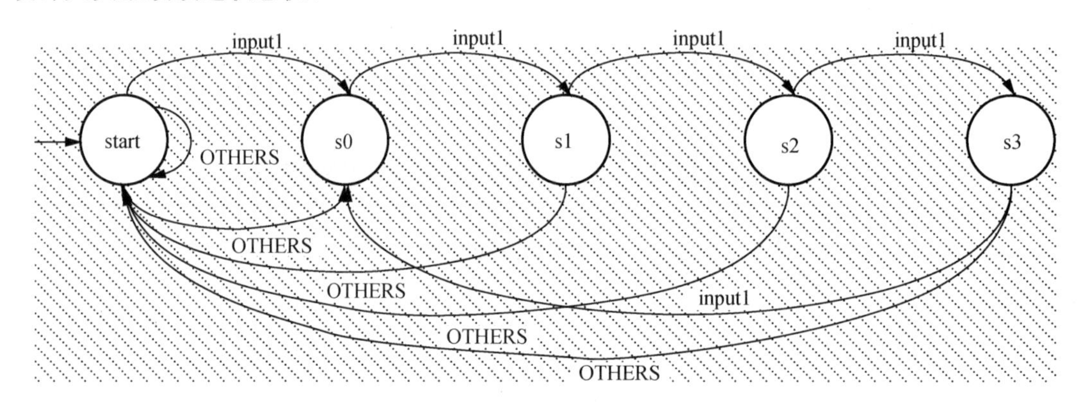

图 7-15 状态转换图

注意：在图 7-12 中，不要尝试设置输入端口为“input[4..0]”形式，这在设置向导中是不合法的操作，但在设计中此种情况又是必需的，此时，设计者只能在 VHDL 源文件生成后对源文件进行修改。

本 章 小 结

状态机作为一种特殊的时序电路，可以有效地管理系统执行中的步骤，它类似于计算机中的 CPU。因此，状态机不仅仅是一种电路，而且是一种设计思想，贯穿于数字系统设计中。熟练掌握状态机的设计方法和 VHDL 描述可以迅速提升设计者的硬件电路设计水平。

对比状态机的三种描述方式，“三进程”和“双进程”模式都是将组合逻辑和时序逻辑分开描述，因而能使状态转移同步于时钟信号(即同步状态机)，而结果可以直接输出(不经过触发器的延迟)。但电路需要寄存两个状态(current_state 和 next_state)，即当前状态和下一个状态。

“单进程”模式比较简洁，且较符合思维习惯。但其输出信号需要经过触发器，与时钟信号同步，因而被延迟一个时钟周期输出。“单进程”模式状态机的这个特性有利也有弊。一方面，状态机的输出信号经常被用作其他模块的控制信号，需要同步于时钟信号。另一方面，输出经过触发器后被延迟一个时钟周期，不能即刻反映状态的变化。

习　　题

设计题

1．已知图 7-16 为状态机状态图，请使用 VHDL 完成对该状态机的设计。

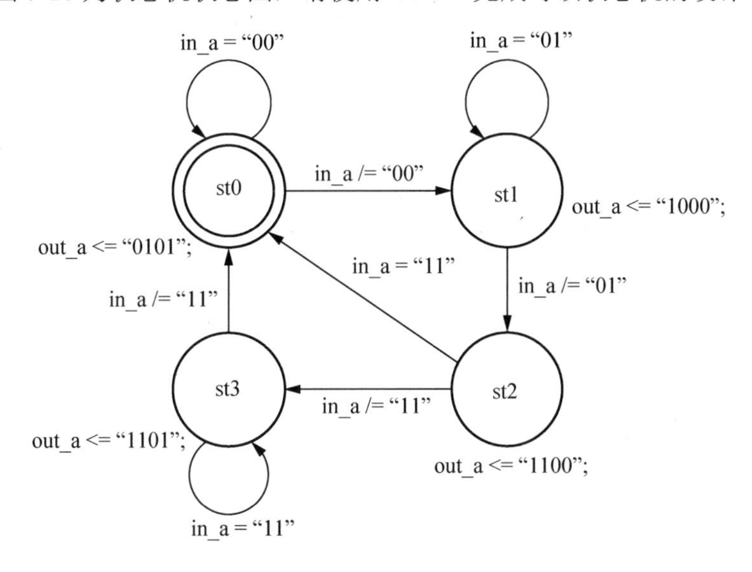

图 7-16　习题 1 状态转换图

2．已知图 7-17 为状态机状态图，请使用 VHDL 完成对该状态机的设计。

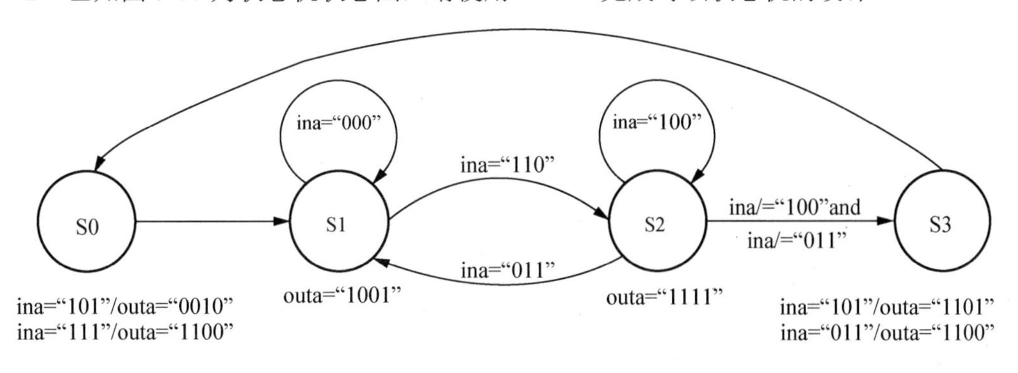

图 7-17　习题 2 状态转换图

3．已知图 7-18 为状态机状态图，请使用 VHDL 完成对该状态机的设计。

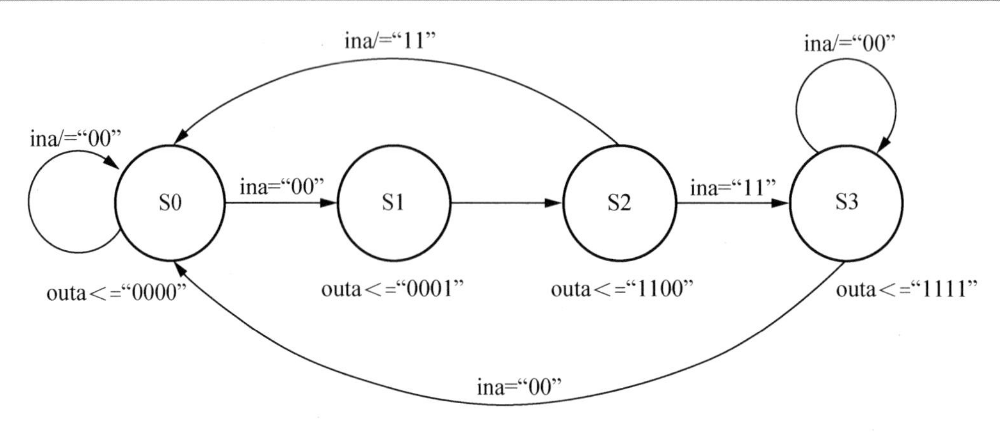

图 7-18　习题 3 状态转换图

4．设计序列检测器，要求当检测器连续收到一组串行码(如 01111110)后，输出为 1，否则输出为 0。序列检测器的 I/O 端口定义为：data_in 是串行输入端，data_out 是输出端。

第 8 章

宏功能模块及应用

教学目标

通过本章知识的学习，掌握宏功能模块的基础知识，掌握使用宏功能模块实现多种基本数字模块的设计方法。

LPM 是参数可设置模块库(Library of Parameterized Modules)的英语缩写，Altera 提供的可参数化宏功能模块和 LPM 函数均基于 Altera 器件的结构做了优化设计。在许多实用情况下，必须使用宏功能模块才可以使用一些 Altera 特定器件的硬件功能。例如各类片上存储器、DSP 模块、LVDS 驱动器、嵌入式 PLL 以及 SERDES 和 DDIO 电路模块等。这些可以图形或硬件描述语言模块形式方便调用的宏功能块，使得基于 EDA 技术的电子设计的效率和可靠性有了很大的提高。设计者根据实际电路的设计需要，选择 LPM 库中的适当模块，并为其设定适当的参数，就能满足自己的设计需要，从而在自己的项目中十分方便地调用优秀的电子工程技术人员的硬件设计成果。

宏功能模块是复杂的、更高级的构建模块，在 Quartus II 设计文件中，与逻辑门或触发器等基本单元一起使用。

本章详细介绍 Quartus II 9.1 开发软件提供的各种宏功能模块，如计数器、加减法器、存储器和嵌入式锁相环，通过具体实例说明各种宏功能模块在设计数字电子系统中使用的方法和技巧。

8.1 Quartus II 宏功能模块概述

需要注意的是，Quartus II 只有利用宏功能模块时，才可以使用一些 Altera 特定的器件功能，如存储器、DSP 模块、LVDS 驱动器、PLL 等电路。

Quartus II 9.1 集成开发环境提供的宏功能模块存放在 C:\altera\quartus\libraries\megafunctions 目录下，主要有如表 8-1 所示的九大类。

表 8-1 宏功能模块和 LPM 函数

类 型	描 述
Arithmetic	算数组件：包括累加器、加法器、乘法器和 LPM 算术函数
Communications	通信组件
DSP	数字信号处理器电路
Gates	门电路：包括多路复用器和 LPM 门函数
I/O	输入/输出组件：包括时钟数据恢复(CDR)、锁相环(PLL)、双数据速率(DDR)、千兆位收发器块(GXB)、LVDS 接收器和发送器、PLL 重新配置和远程更新宏功能模块
Interface	接口组件
JTAG-accessible Extensions	在系统调试组件
Memory Compiler	存储器编译器：FIFO Partitioner、RAM 和 ROM 宏功能模块
Storage	存储组件：包括存储器、移位寄存器宏模块和 LPM 存储器函数

8.2　宏功能模块定制管理器

8.2.1　宏功能模块定制管理器的使用

宏功能模块定制管理器 MegaWizard Plug–In Manager 可以帮助用户建立或修改包含自定义宏功能模块变量的设计文件，而且可以在设计文件中对这些文件进行实例化。这些自定义宏功能模块变量基于 Altrea 提供的宏功能模块，包括 LPM、MegaCore 和 AMPP 函数。MegaWizard Plug-In Manager 运行一个向导，帮助用户轻松地为自定义宏功能模块变量指定选项。该向导用于为参数和可选端口设置数值。也可以从 Tools 菜单或从原理图设计文件中打开 MegaWizard Plug-In Manager，还可以将它作为独立实用程序来运行。宏功能模块定制管理器可以通过 Tools→MegaWizard Plu–In Manager 命令打开，或者在原理图设计文件的 Symbol 对话框中打开，如图 8-1 所示。MegaWizard Plug–In Manager 运行一个宏功能模块定制向导，用户可以轻松地为自定义宏功能模块变量指定选项。同时，该向导还可以为参数和可选端口设置数值。

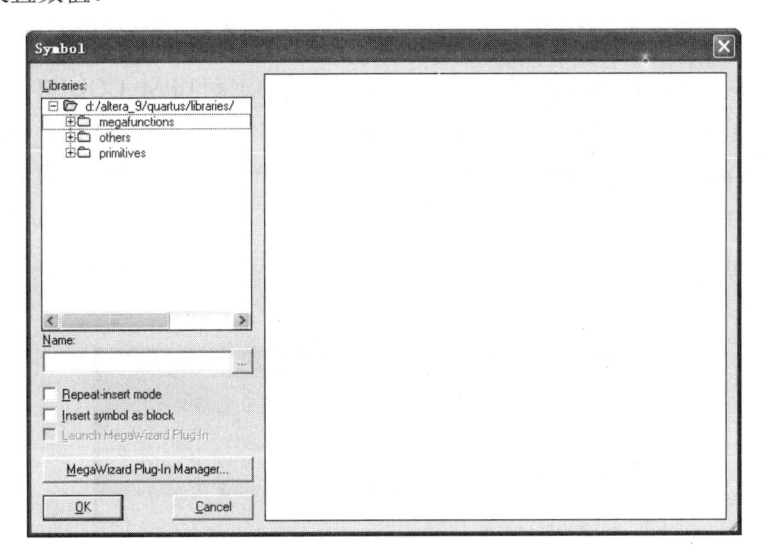

图 8-1　Symbol 对话框

8.2.2　8 位加法计数器的定制

操作步骤如下。

(1) 建立一个名为 counter 的工程，在工程中新建一个名为 counter.bdf 的原理图文件。

(2) 双击原理图编辑窗口，在弹出的元件选择窗口中，单击 MegaWizard Plug–In Manager 按钮，弹出宏功能模块定制管理器，如图 8-2 所示。选择 Create a new custom megafunction variation 单选按钮(如果要修改一个已编辑的 LPM 模块，则选择 Edit an existing custom

megafunction variation 单选按钮)，即定制一个新的模块。

单击 Next 按钮后，打开如图 8-3 所示的对话框，在左栏选择 Arithemtic 项下的 LPM_COUNTER，再选择 Stratix II 器件和 VHDL 语言方式；最后输入文件存放的路径和文件名。

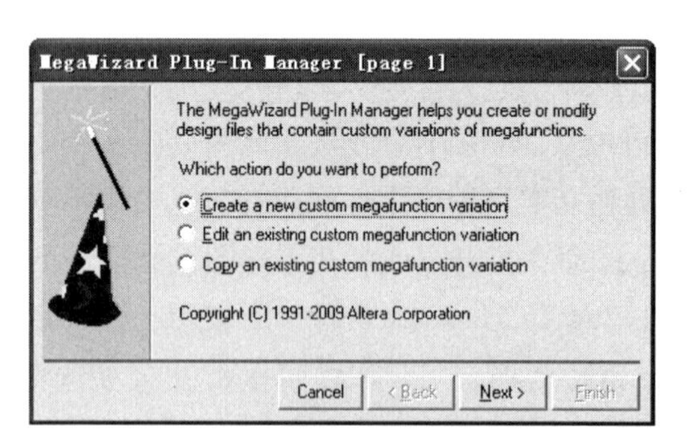

图 8-2　定制新的宏功能模块

MegaWizard Plug-In Manager [page 2a]
Which megafunction would you like to customize?
Select a megafunction from the list below
ALTACCUMULATE
ALTECC
ALTFP_ABS
ALTFP_ADD_SUB
ALTFP_COMPARE
ALTFP_CONVERT
ALTFP_DIV
ALTFP_EXP
ALTFP_INV
ALTFP_INV_SQRT
ALTFP_LOG
ALTFP_MATRIX_INV
ALTFP_MATRIX_MULT
ALTFP_MULT
ALTFP_SQRT
ALTMEMMULT
ALTMULT_ACCUM (MAC)
ALTMULT_ADD
ALTMULT_COMPLEX
ALTSQRT
LPM_ABS
LPM_ADD_SUB
LPM_COMPARE
LPM_COUNTER
LPM_DIVIDE
Which device family will you be using?
Stratix II
Which type of output file do you want to create?
AHDL
VHDL
Verilog HDL
What name do you want for the output file?
Browse...
C:\Documents and Settings\Administrator\桌面\counter\counter.v
Return to this page for another create operation
Note: To compile a project successfully in the Quartus II software, your design files must be in the project directory, in the global user libraries specified in the Options dialog box (Tools menu), or a user library specified in the User Libraries page of the Settings dialog box (Assignments menu).
Your current user library directories are:
Cancel
< Back
Next >
Finish

图 8-3　LPM 宏功能块设定

(3)　在图 8-3 中单击 Next 按钮，弹出如图 8-4 所示的定制 LPM_COUNTER 元件对话框。在“How wide should the ‘q’ output bus be？”下拉列表框中输入定制 LPM_COUNTER 的输出位数；在“What should the counter direction be？”选项组中可以选择计数器时钟的有效边沿， Up only 为上升沿有效，Down only 为下降沿有效，Create an ‘updown’ input port to allow me to do both 为创建一个 updown 端口为双边沿有效。此处输入 8，即 8 位计数器，并选择 Up only 单选按钮。

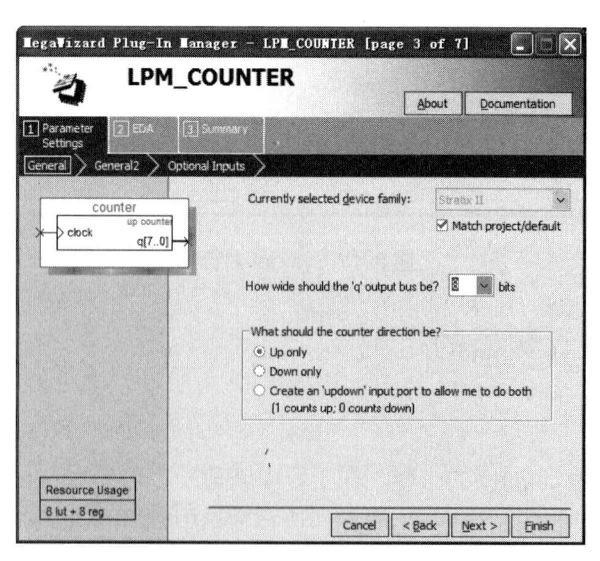

图 8-4　定制 LPM_COUNTER 元件对话框(1)

(4) 在图 8-4 中单击 Next 按钮，弹出如图 8-5 所示的定制 LPM_COUNTER 元件对话框。在此对话框中，可以选择计数器的类型 Plain binary(二进制)或 Modulus(任意模制)；同时在“Do you want any optional additional ports？”中为定制的 LPM_COUNTER 选择增加一些输入/输出端口，如 Clock Enable(时钟使能)、Carry-in(进位输入)、Count Enable(计数器使能)和 Carry-out(进位输出)。假设在此处选择计数器为 Plain binary，添加 Clock Enable 端口。

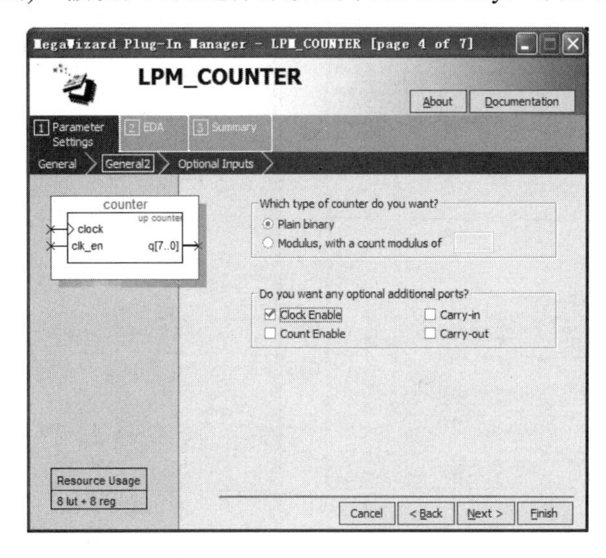

图 8-5　定制 LPM_COUNTER 元件对话框(2)

(5) 在图 8-5 中单击 Next 按钮，弹出如图 8-6 所示的定制 LPM_COUNTER 元件对话框。在此对话框中，为计数器添加同步或者异步输入控制端口，如 Clear(清除)、Load(加载)和 Set(置位)。此处，不添加任何端口。

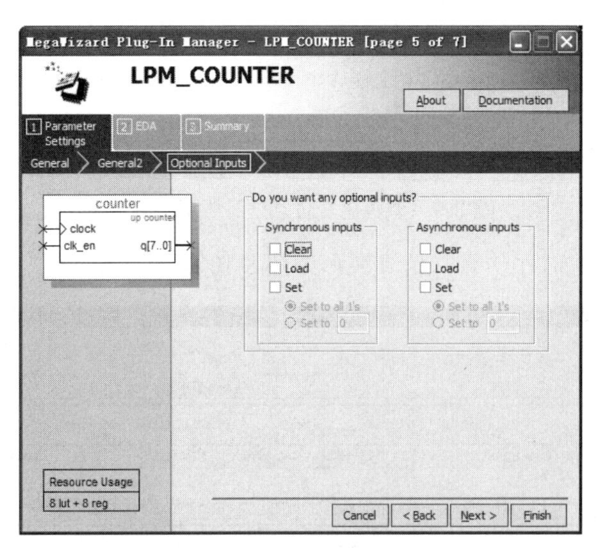

图 8-6　定制 LPM_COUNTER 元件对话框(3)

(6) 在图 8-7 所示的对话框中，给出了 LPM_COUNTER 元件的仿真库的基本信息。单击 Next 按钮，打开定制 LPM_COUNTER 元件参数设置的最后一个界面，该对话框可以为计数器选则输出文件，如 VHDL 文本文件 counter.vhd、VHDL 元件声明文件 counter.cmp 和图形符号文件 counter.bsf 等，如图 8-8 所示。

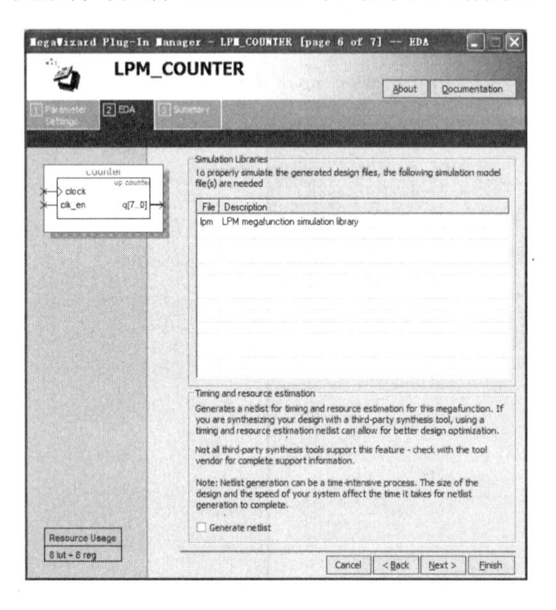

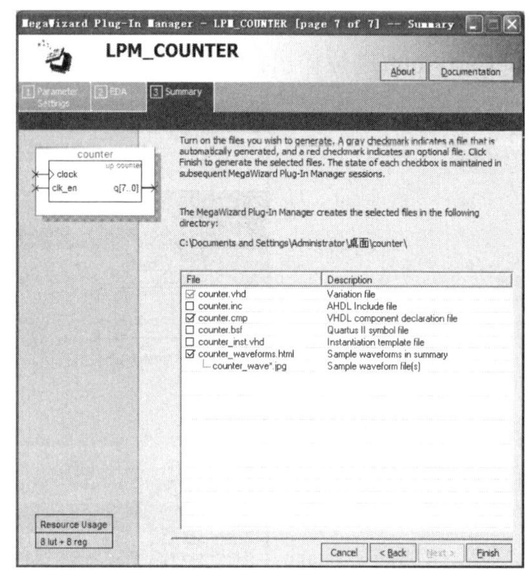

图 8-7　LPM_COUNTER 元件的仿真库的基本信息　　图 8-8　LPM_COUNTER 元件的输出文件选择

(7) 在图 8-8 所示的对话框中单击 Finish 按钮，结束 LPM_COUNTER 元件的定制。则原理图编辑窗口中出现了刚才定制的计数器的图形，将此计数器放在合适的位置，并添加输入/输出端口，如图 8-9 所示。

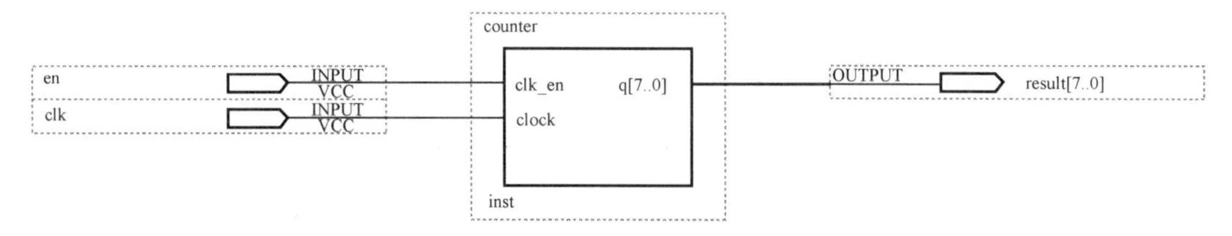

图 8-9　参数化 8 位加法计数器原理图

(8) 存盘、编译、时序仿真，仿真波形如图 8-10 所示。

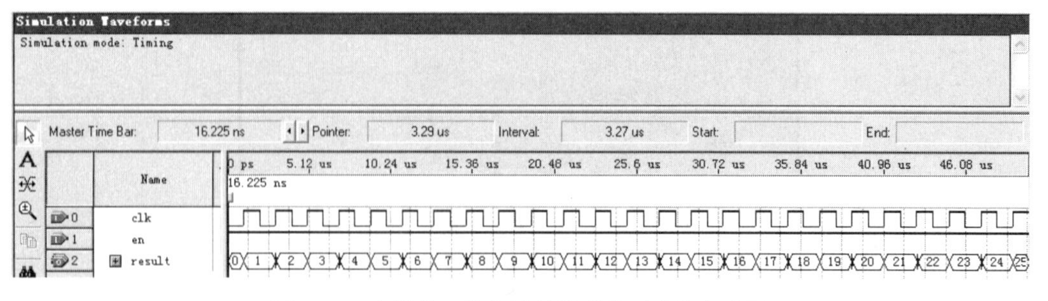

图 8-10　参数化 8 位加法计数器的时序仿真波形

8.2.3 宏功能模块定制管理器文件

用户利用 MegaWizard Plug–In Manager 自定义宏功能模块，对模块变量可生成不同的文件类型，表 8-2 列出了 MegaWizard Plug–In Manager 可以生成的文件类型。

表 8-2　MegaWizard Plug–In Manager 可以生成的文件类型

文件名称	描　述
<输出文件>.bsf	Block-Editor 中使用的宏功能模块符号(元件)
<输出文件>.cmp	组件申明文件
<输出文件>.inc	宏功能模块包装文件中模块的 AHDL 包含文件
<输出文件>.tdf	要在 AHDL 设计中实例化的宏功能模块包装文件
<输出文件>.vhd	要在 VHDL 设计中实例化的宏功能模块包装文件
<输出文件>.v	要在 Verilog HDL 设计中实例化的宏功能模块包装文件
<输出文件>_bb.v	Verilog HDL 设计所用宏功能模块包装文件中模块的空体或 block-box 申明，用于在使用 EDA 综合工具时指定端口方向
<输出文件>_inst.tdf	宏功能模块包装文件中子设计的 AHDL 例化示例
<输出文件>.vhd	宏功能模块包装文件中实体的 VHDL 例化示例
<输出文件>_inst.v	宏功能模块包装文件中模块的 Verilog HDL 例化示例

注意：由于在使用宏功能模块定制管理器定制可参数化宏功能模块和 LPM 函数时，会创建不同的输出文件类型(VHDL、Verilog HDL 和 AHDL)，从而最后的生成文件可能是表 8-2 中的部分文件。

8.3 宏功能模块的应用

8.3.1 Arithmetic 宏功能模块

下面利用 LPM_ADD_SUB 构造一个 8 位加减法器，以此说明 Arithmetic 宏功能模块的使用方法。对于 Arithmetic 宏功能模块中其他器件的定制，可参考相关文本资料自行学习。

(1) 建立工程，工程名为 add_sub_8.bdf 的原理图文件。

(2) 找到 LPM_ADD_SUB 模块，利用 MegaWizard Plug–In Manager 打开 LPM_ADD_SUB 模块定制对话框，如图 8-11 所示。

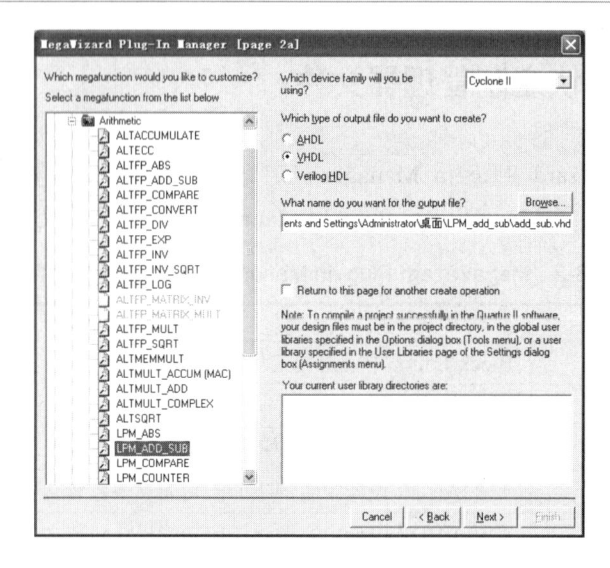

图 8-11　选择 LPM_ADD_SUB 模块

(3) 在如图 8-12 所示的 LPM_ADD_SUB 定制对话框中，设置加减法器的被加数(被减数)dataa 和加数(减数)datab，以及 LPM_ADD_SUB 的工作模式。此处设置 dataa 和 datab 的数据位为 8，LPM_ADD_SUB 的工作模式为 Create an ‘add_sub’ input port to allow me to do both，即创建一个加、减法输入选择端口。Addition only 为仅加法模式， Subtraction only 为仅减法模式。

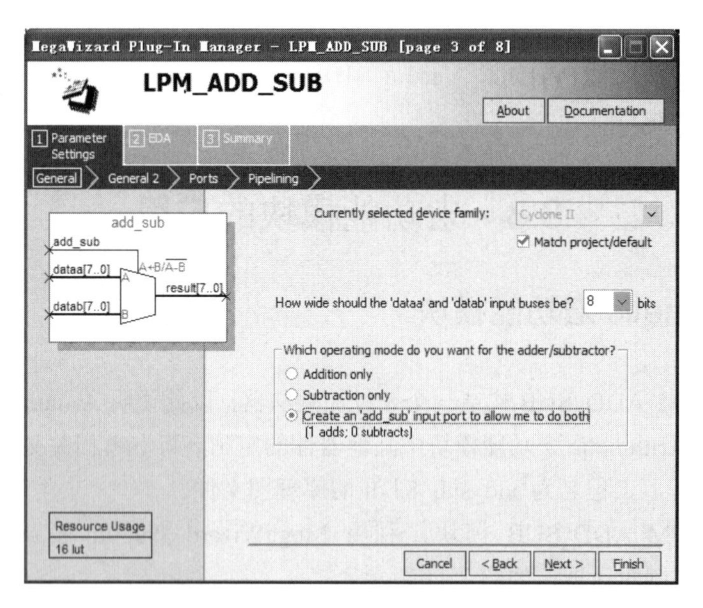

图 8-12　加减法器位数和工作模式选择

(4) 如图 8-13 所示的 LPM_ADD_SUB 定制对话框，用于设置加减法器的被加数(被减数)dataa 和加数(减数)datab 是否为常量和加减法器的数据类型。本例中不进行常量设置，加减法器的输入数据类型为无符号数 Unsigned。

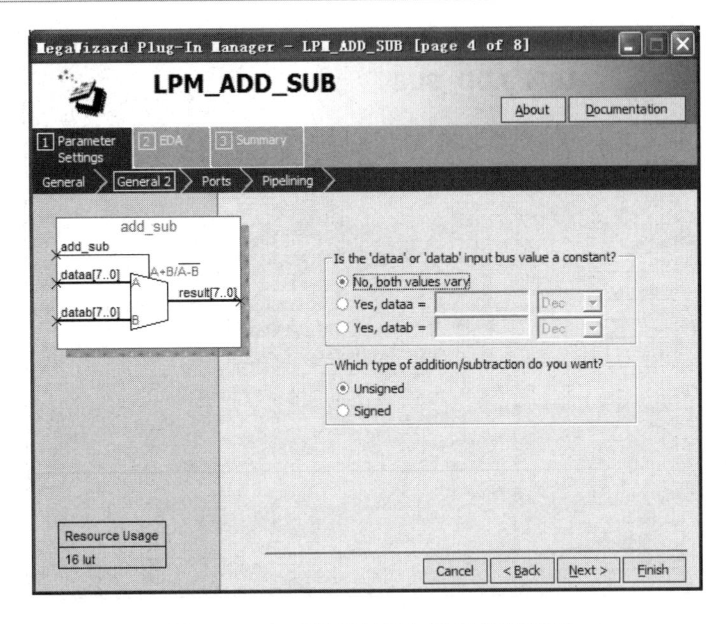

图 8-13　加减法器的输入数据类型选择

(5) 如图 8-14 所示的 LPM_ADD_SUB 定制对话框，用于设置是否创建建议的输入/输出端口。输入端口为：创建一个进位\借位输入端口(Create a carry/borrow-out input)；输出端口为：创建一个进位\借位输出端口(Create a carry/borrow-in output)和创建一个溢出输出端口(Create an overflow output)。本例中添加所有建议端口。

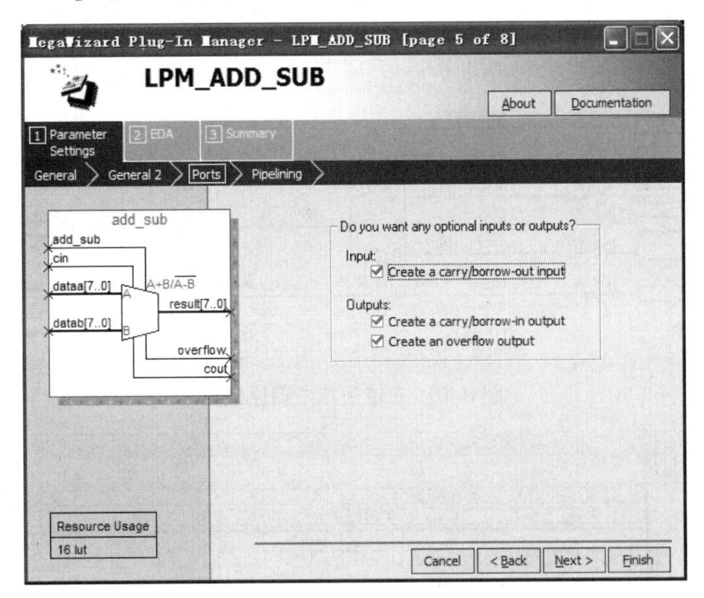

图 8-14　建议添加输入/输出端口选择

(6) 如图 8-15 所示的 LPM_ADD_SUB 定制对话框，用于设置加减法器的流水线阶数以及控制输入端。此处设置流水线阶数为 1，并定制时钟使能输入端。

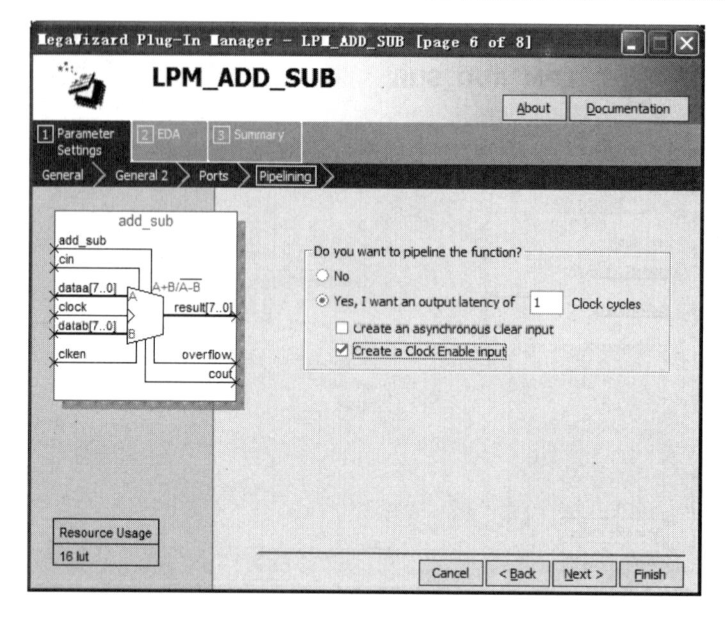

图 8-15　流水线阶数设置

(7)　单击 Finish 按钮，完成 LPM_ADD_SUB 的定制，就可以将符合设计要求的 8 位加减法器绘制到 add_sub_8.bdf 文件中，并给此元件添加输入/输出引脚，进行连接，如图 8-16 所示。

(8)　存盘、编译、绘制仿真波形文件，进行时序仿真，仿真结果如图 8-17 所示。当使能端为 1 时，clk 为上升沿时，若 chose_add_sub 为 1，做加法；若为 0，做减法。

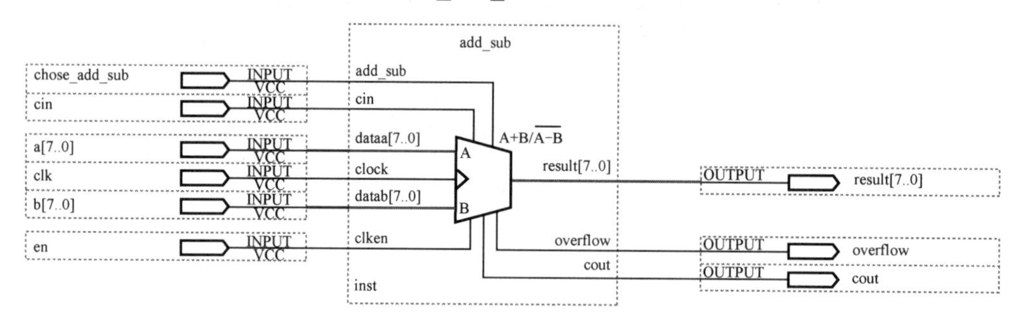

图 8-16　8 位加减法器原理图

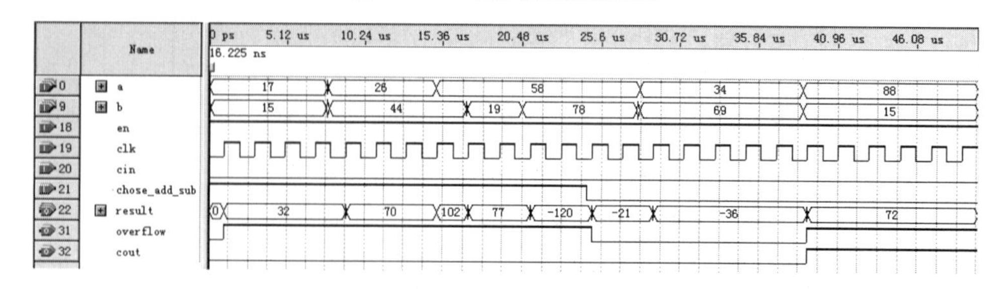

图 8-17　8 位加减法器时序仿真波形

21世纪高等院校自动化类实用规划教材

8.3.2　Gates 宏功能模块

下面以利用 LPM_DECODE 构造 2 线-4 线译码器为例，说明 Gates 宏功能模块的使用方法。

(1) 建立工程，命名为 decode2_4.bdf 的原理图文件。

(2) 找到 LPM_DECODE 模块，利用 MegaWizard Plug–In Manager 打开 LPM_DECODE 模块的定制对话框，如图 8-18 所示。

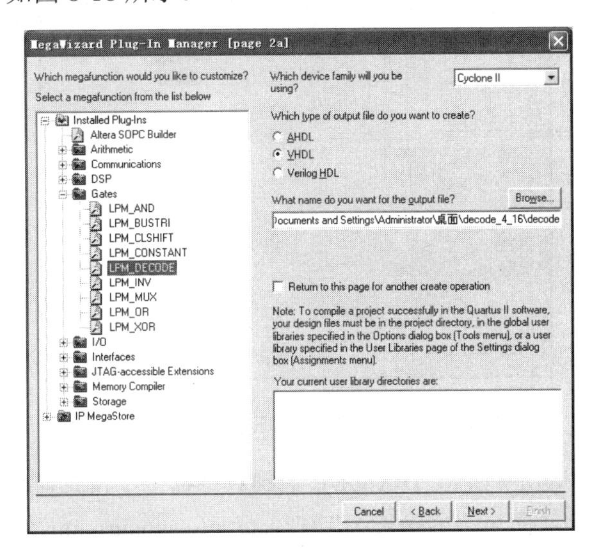

图 8-18　选择 LPM_DECODE 模块

(3) 如图 8-19 所示的 LPM_DECODE 定制对话框，用于设置译码器的输入端数据位数(How wide should the ‘data’ input bus be？)和创建一个使能输入端(Create an Enable input)。此处设置译码器的输入端数据位数为 2。

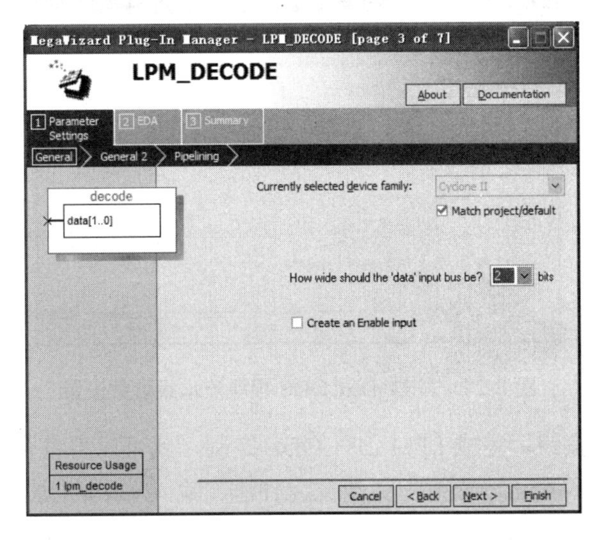

图 8-19　LPM_DECODE 模块输入端数据位数设置

(4) 在如图 8-20 所示的 LPM_DECODE 定制对话框中，设置译码器的输出端 eq，可以选择一个或者多个输出端，同时还可以设置输出端为“十进制数”(Decimal)或者“十六进制数”(Hex)。此处设置译码器的 4 个输出端 eq0、eq1、eq2、eq3，选择 eq 为十进制数。

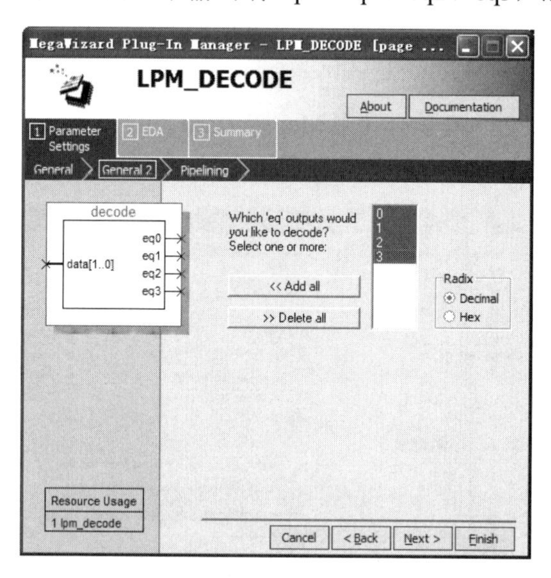

图 8-20 LPM_DECODE 模块输出端设置

(5) 在如图 8-21 所示的 LPM_DECODE 定制对话框中，设置译码器的流水线阶数，同时还可以为译码器定制“同步清零输入端”(Create an asynchronous Clear input)和“时钟使能输入端”(Creat a Clock Enable input)。此处采用默认设置 No。

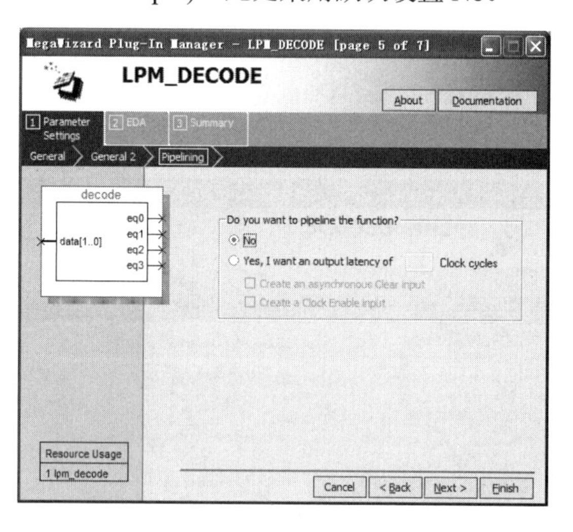

图 8-21 LPM_DECODE 模块流水线阶数设置

(6) 单击 Finish 按钮，完成 LPM_DECODE 定制，就可以将符合设计要求的 2 线-4 线译码器绘制到 decode2_4.bdf 文件中，并给此元件添加输入/输出引脚，进行连接，如图 8-22 所示。

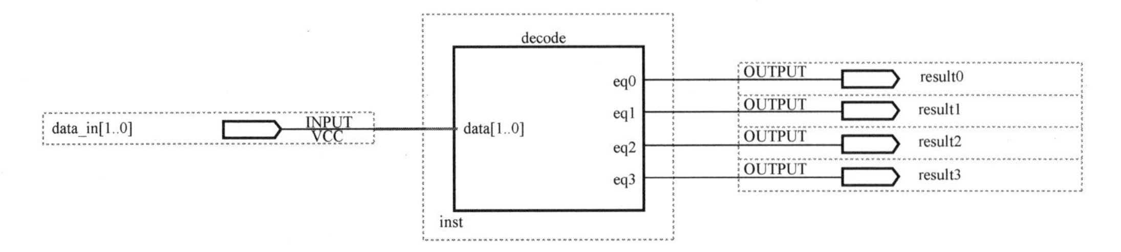

图 8-22　2 线-4 线译码器原理图

(7) 存盘、编译、绘制仿真波形文件，进行时序仿真，仿真结果如图 8-23 所示。

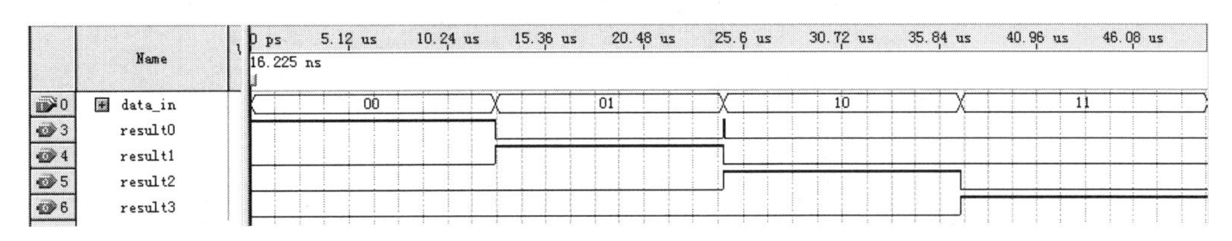

图 8-23　2 线-4 线译码器时序仿真波形

8.3.3　I/O 宏功能模块

Quartus II 中的锁相环(PLL)宏功能模块也称为嵌入式锁相环，在 Cyclone 和 Stratix 等系列的 FPGA 中含有嵌入式锁相环。锁相环在输入同步时钟信号下，可以输出一个或多个同步倍频或分频的时钟信号。基于 SOPC 技术的 FPGA 片内包含嵌入式锁相环，其产生的同步时钟比外部时钟的延迟时间少，波形畸变小，受外部干扰也少。下面将利用 ALTPLL 来构造一个锁相环，以此说明 I/O 宏功能模块的使用方法。

(1) 建立工程，命名为 pll_example.bdf 的原理图文件。

(2) 找到 ALTPLL 模块，利用 MegaWizard Plug–In Manager 打开 ALTPLL 模块的定制对话框，如图 8-24 所示。

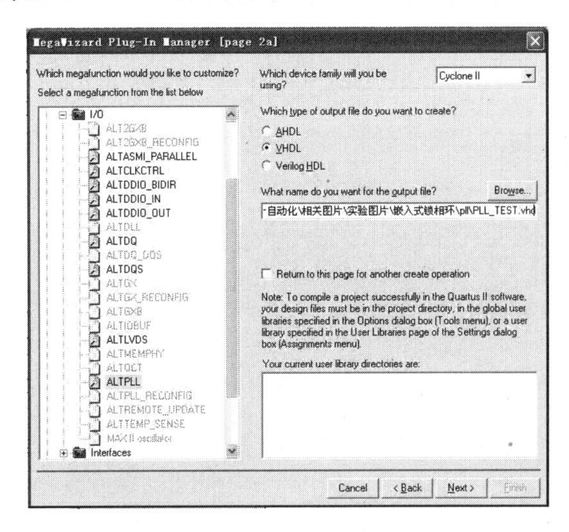

图 8-24　ALTPLL 模块的定制对话框

(3) 在如图 8-25 所示的 ALTPLL 定制对话框中，设置外部时钟输入端 inclk0 的工作频率，此频率需要根据所选择的目标芯片来适度决定，对于 Cyclone II 系列芯片，输入的时钟频率可以选择为 50MHz。PLL 的类型可选择为 Select the PLL type automatically，PLL 的工作模式可选择为 In Normal Mode。

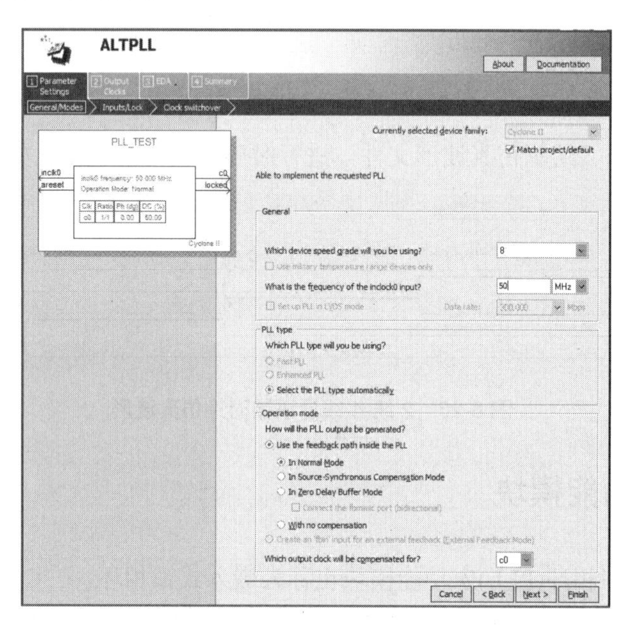

图 8-25　设置外部时钟输入端 inclk0 的工作频率

(4) 单击 Next 按钮，在如图 8-26 所示的 ALTPLL 定制对话框中，为锁相环添加使能控制端输入端 pllena、复位输入端 areset 及相位锁定输出端 locked。

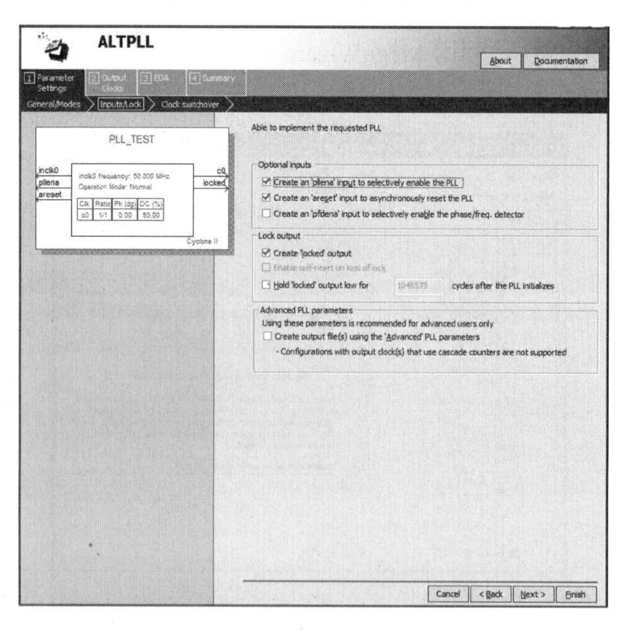

图 8-26　添加锁相环控制端口

(5) 单击 Next 按钮，在如图 8-27 所示的 ALTPLL 定制对话框中，设置输出时钟 c0 的倍频数、分频数和占空比等相关参数。首先选中 Use this clock 复选框，表示选择了该输出时钟 c0，然后在 Clock multiplication factor 微调框中输入倍频因子，这里输入为 1，时钟相移和占空比不变，保持默认数据。

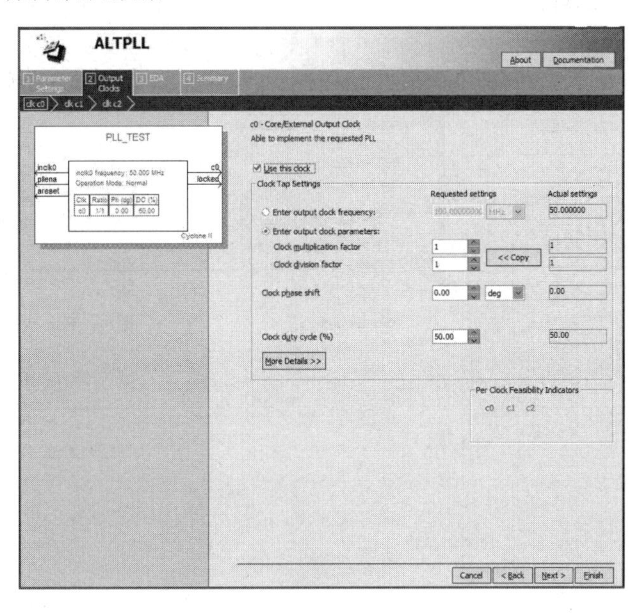

图 8-27　输出时钟 c0 设置

(6) 单击 Next 按钮，在如图 8-28 所示的 ALTPLL 定制对话框中，设置输出时钟 c1 的倍频数、分频数和占空比等相关参数。分频因子 Clock division factor 设置为 5，占空比 Clock duty cyde 设置为 70%，其他数据保持默认。

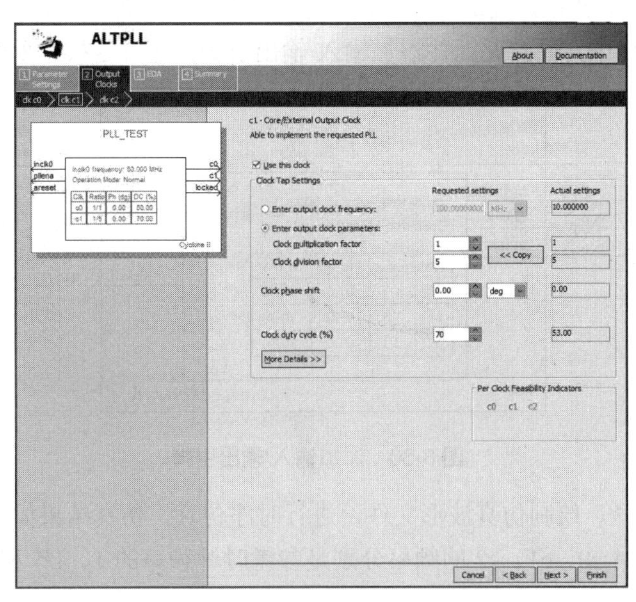

图 8-28　输出时钟 c1 设置

(7) 单击 Next 按钮，在如图 8-29 所示的 ALTPLL 定制对话框中，设置输出时钟 c2 的倍频数、分频数和占空比等相关参数。倍频因子 Clock multiplication factor 设置为 2，占空比 Clock duty cyde 为 30%，其他数据保持默认。

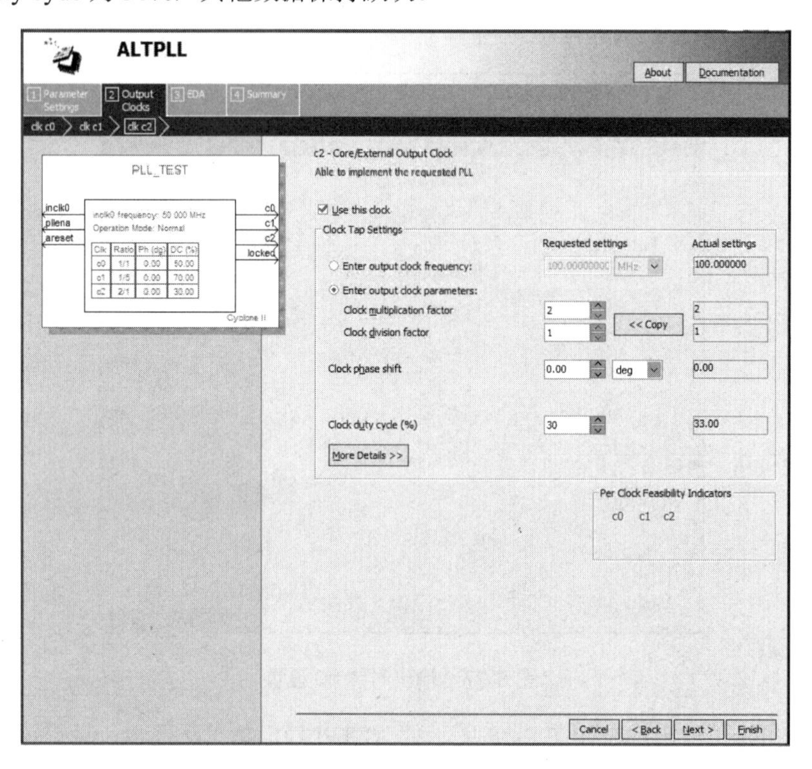

图 8-29　输出时钟 c2 设置

(8) 单击 Finish 按钮，完成 ALTPLL 定制，就可以将符合设计要求的锁相环绘制到 pll_example.bdf 文件中，并给此元件添加输入/输出引脚，进行连接，如图 8-30 所示。

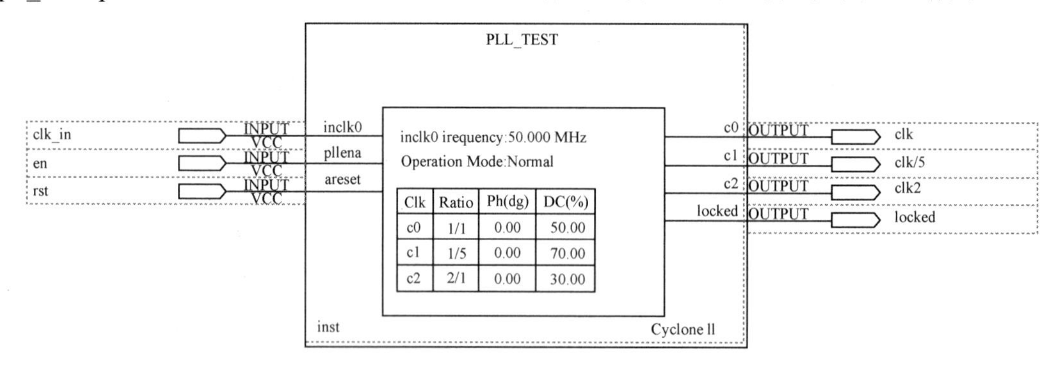

图 8-30　添加输入/输出引脚

(9) 在盘、编译、绘制仿真波形文件，进行时序仿真，仿真结果如图 8-31 所示。观察波形可知，输出时钟 c0、c1、c2 的频率分别是参考时钟频率的 1、1/5 和 2 倍，占空比也符合设计要求。

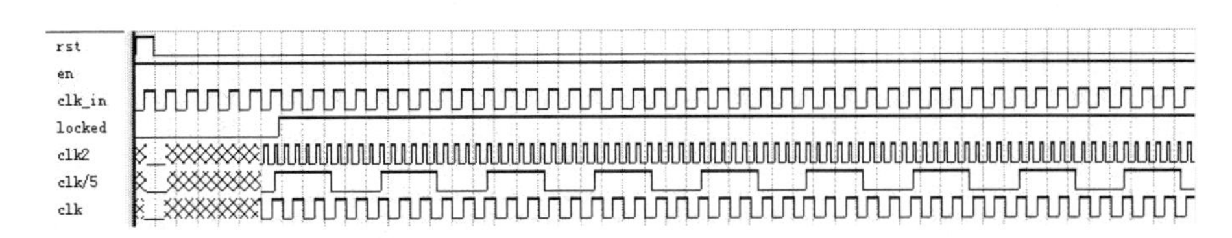

图 8-31　仿真波形

注意：

(1) 在图 8-26 中单击 Next 按钮之后，会继续进行外部时钟输入端添加工作，本例只使用一个外部时钟输入，读者可以自己尝试添加多个外部时钟输入端，以实现多时钟信号输入。

(2) 在仿真时，应保持仿真输入时钟频率与 PLL 设置中(图 8-25)设置的时钟频率相同，本例中为 50MHz，否则可能无法观察仿真结果。

8.3.4　Memory Compiler 宏功能模块

存储器的设计是 EDA 技术中的一项重要技术，在很多电子系统中都有存储器的应用。下面将分别介绍利用 Memory Compiler 宏功能模块定制 ROM 和 FIFO 的方法。由于 RAM 的设计方法与 ROM 和 FIFO 的方法基本相同，本书不再做介绍。

1．ROM 的设计

1) 建立.mif 格式文件

创建 ROM 前，首先需要建立 ROM 内的数据文件，ROM 内的数据可以提前进行设计或利用其他工具软件生成。在 Quartus II 中能接受的初始化数据文件有两种：Memory Initialization File(.mif)格式和 Hexadecimal(Intel-Format)File(.hex)格式。下面以建立.mif 格式的文件为例，介绍数据文件的建立和使用。

(1) 在 Quartus II 9.1 主界面下选择 File→New 命令，并在 New 对话框中选择 Memory Files→Memory Initialization File，如图 8-32 所示。

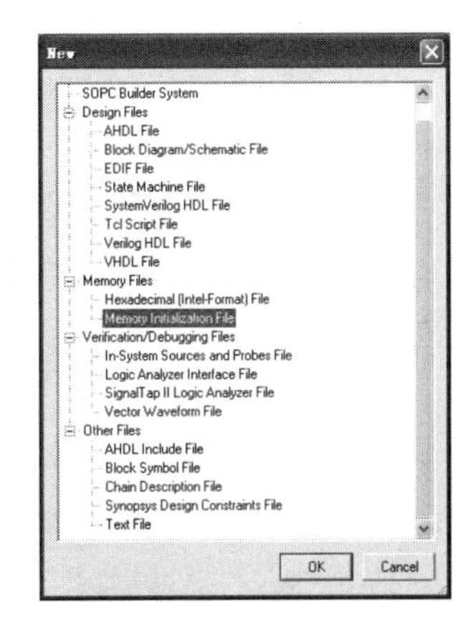

图 8-32　选择数据文件

(2) 单击 OK 按钮，弹出如图 8-33 所示的对话框，设定 ROM 为 64×8b 的数据，在 Number of words 文本框中填入 ROM 中的数据单元数，此处设置为 64；在 Word size 中填入数据宽度，此处设置为 8。

(3) 单击图 8-33 所示对话框中的 OK 按钮后，出现空的 mif 数据表格。填入数据后如图 8-34 所示。由于设置的数据宽度为 8 位，所以可填入十进制数的范围为 0~255。完成数据输入，保存文件并命名为 rom_int.mif。

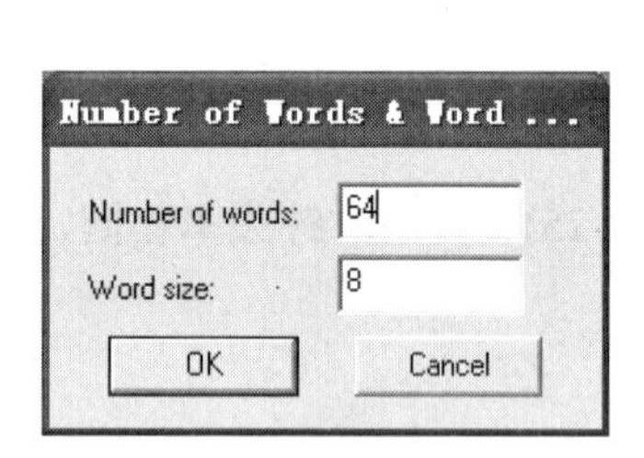

图 8-33　设置 ROM 容量

rom_int.mif

Addr	+0	+1	+2	+3	+4	+5	+6	+7
0	255	254	252	249	245	239	233	225
8	217	207	197	186	174	162	150	137
16	124	112	99	87	75	64	53	43
24	34	26	19	13	8	4	1	0
32	0	1	4	8	13	19	26	34
40	43	53	64	75	87	99	112	124
48	137	150	162	174	186	197	207	217
56	225	233	239	245	249	252	254	255

图 8-34　填入数据的 mif 数据表格

2) 定制 ROM 模块

(1) 建立工程，命名为 rom_example.bdf 的原理图文件。

(2) 找到 Memory Compiler 模块，利用 MegaWizard Plug–In Manager 打开 ROM: 1- PORT 模块的定制对话框，如图 8-35 所示。选择器件为 Cyclone Ⅱ，语言方式为 VHDL，最后输入 ROM 文件存放的路径和文件名(rom.vhd)。

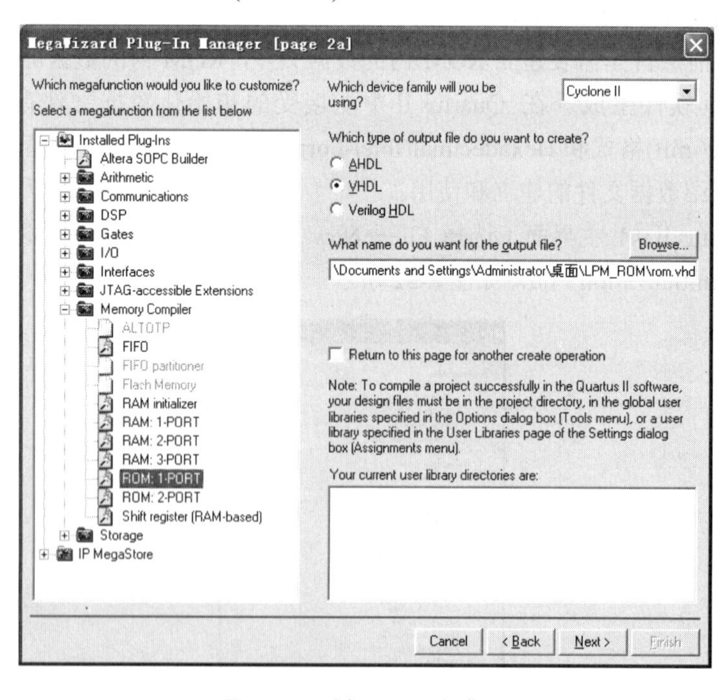

图 8-35　选择 ROM 宏模块

(3) 单击 Next 按钮，弹出如图 8-36 所示的对话框，从中设置地址线位宽和数据位宽，在数据位宽和数据数微调框中分别选择 8 和 64；在“What should the memory block type be?”选项组中选择默认的 Auto 单选按钮。

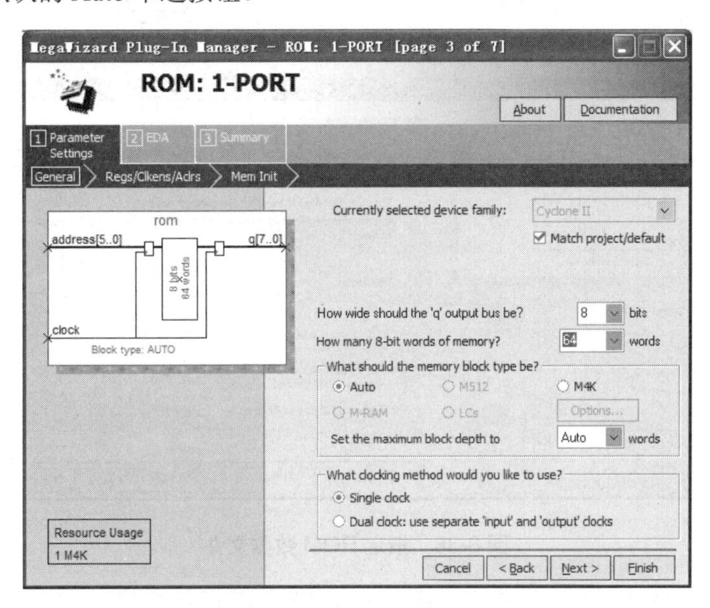

图 8-36　设置 ROM 的地址线位宽和数据线线宽

(4) 单击 Next 按钮，弹出如图 8-37 所示的对话框，在该对话框中设置寄存器和使能信号等，这里选择默认设置。

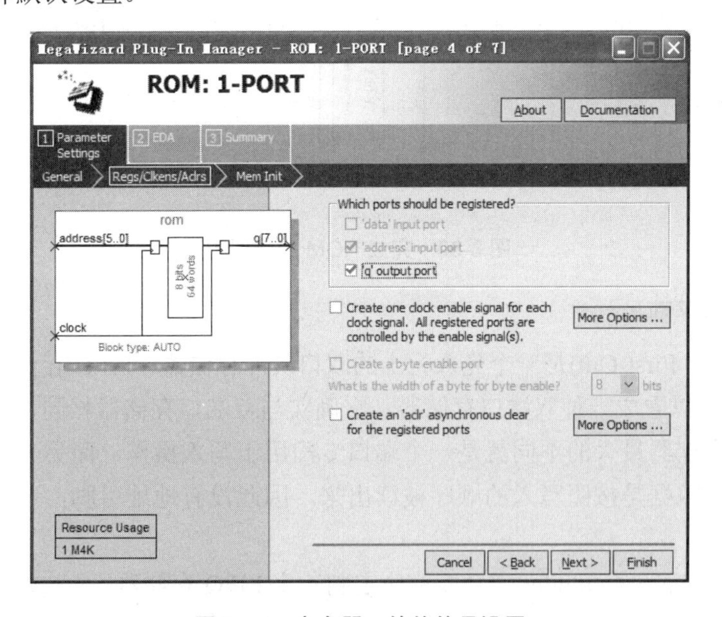

图 8-37　寄存器、使能信号设置

(5) 单击 Next 按钮，弹出如图 8-38 所示的对话框，从中进行数据文件的指定，在“Do you want to……”选项组中选择“Yes，use this file for the memory content data”单选按钮并

单击 Browse 按钮选择待指定的文件 rom_int.mif。

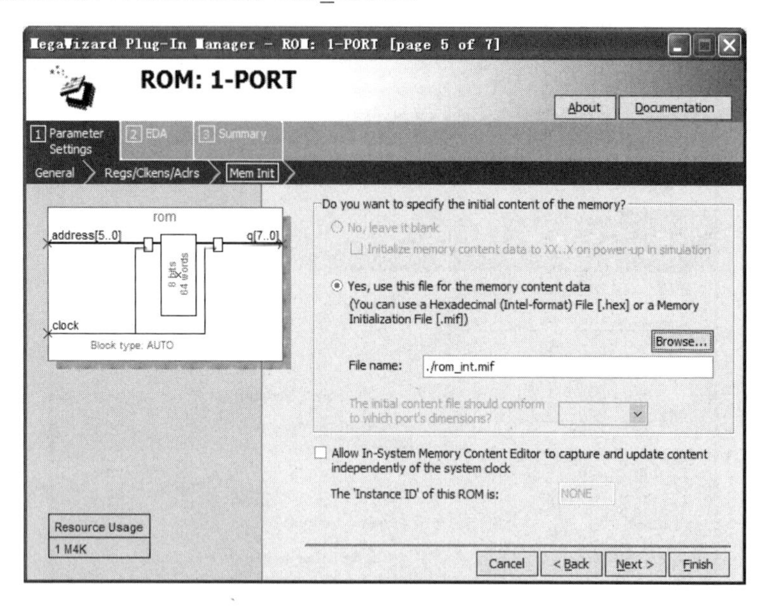

图 8-38　指定 ROM 数据文件

(6) 单击 Finish 按钮，完成 ROM 定制，就可以将符合设计要求的 ROM 绘制到 rom_example.bdf 文件中，并给此元件添加输入/输出引脚，进行连接，如图 8-39 所示，并进行仿真即可。

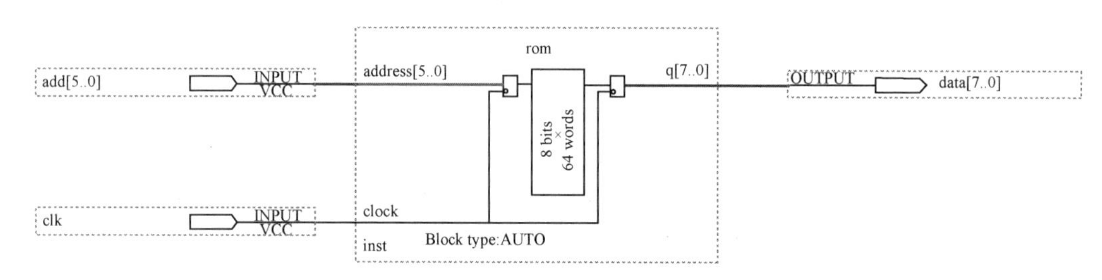

图 8-39　完成 ROM 的原理图

2. FIFO 的设计

FIFO(First-In First-Out)是一个先入先出的双口缓冲存储器，FIFO 存储器可以独立进行输入/输出，也可以看成一种双端口存储器，它确实与双端口存储器相同，具有两个端口，但它与双端口存储器最大的不同就是一个端口专门用于写入操作，而另一个端口专门用于读取操作。而且数据是按照写入的顺序被读出来，因此没有地址引脚，这也是与双端口存储器的不同之处。

下面利用 Memory Compiler 宏功能模块定制一个 FIFO 存储器。

(1) 建立工程，命名为 fifo_example.bdf 的原理图文件。

(2) 找到 Memory Compiler 模块，利用 MegaWizard Plug–In Manager 打开 FIFO 模块的定制对话框，如图 8-40 所示。

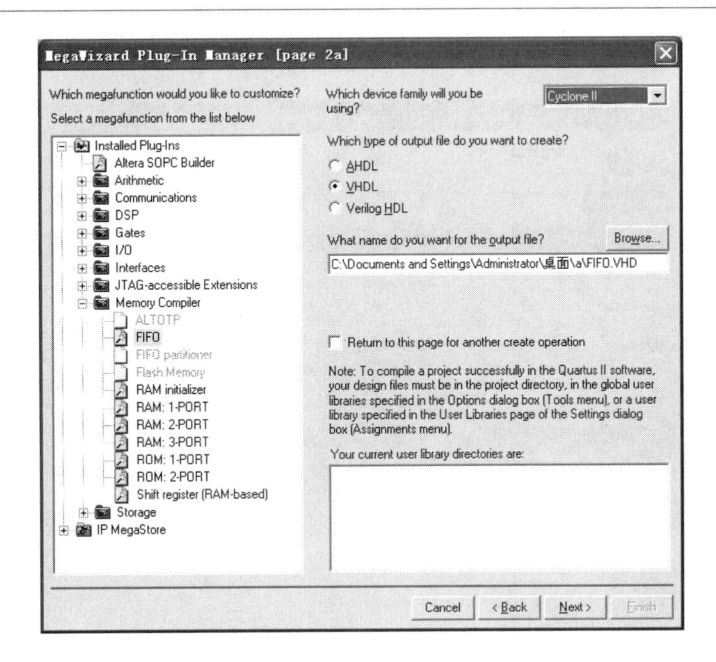

图 8-40　选择 FIFO 宏模块

(3) 单击 Next 按钮，出现如图 8-41 所示的对话框，设置 FIFO 存储器的宽度、深度和读/写时钟等参数，此处将 FIFO 存储器的宽度设置为 8、将深度设置为 256，将读/写时钟设置为同步时钟。

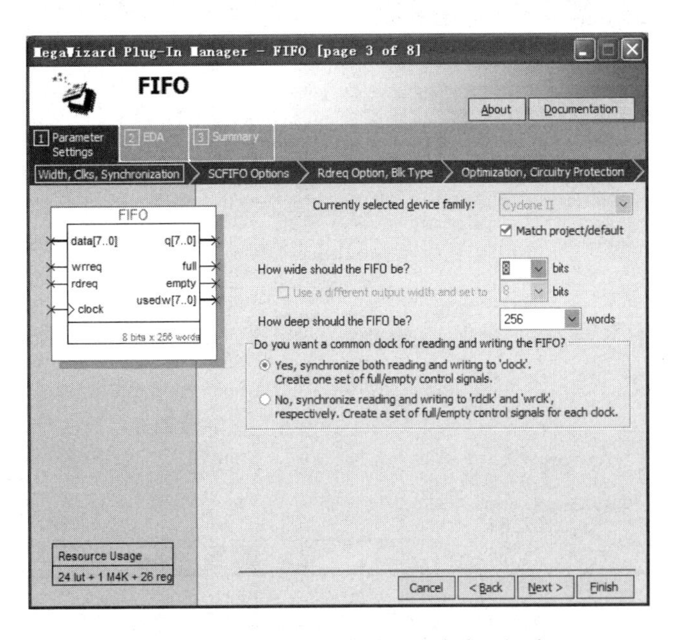

图 8-41　设置 FIFO 存储器的宽度和深度

(4) 单击 Next 按钮，出现如图 8-42 所示的对话框，设置 FIFO 的输出控制信号，如存储数据溢出指示信号 full、FIFO 空指示信号 empty、当前已使用地址数指示 usedw 和异步清零 aclr 等。

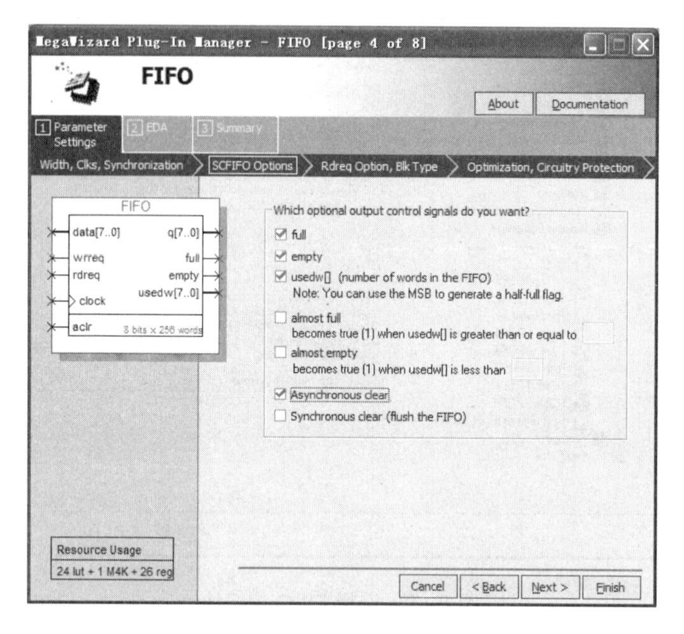

图 8-42　设置 FIFO 的输出控制信号

(5) 单击 Next 按钮，出现如图 8-43 所示的对话框，设置 FIFO 的数据读出请求信号 rdreq 的类型，选择 Normal synchronous FIFO mode 单选按钮，数据在 rdreq 声明后有效。

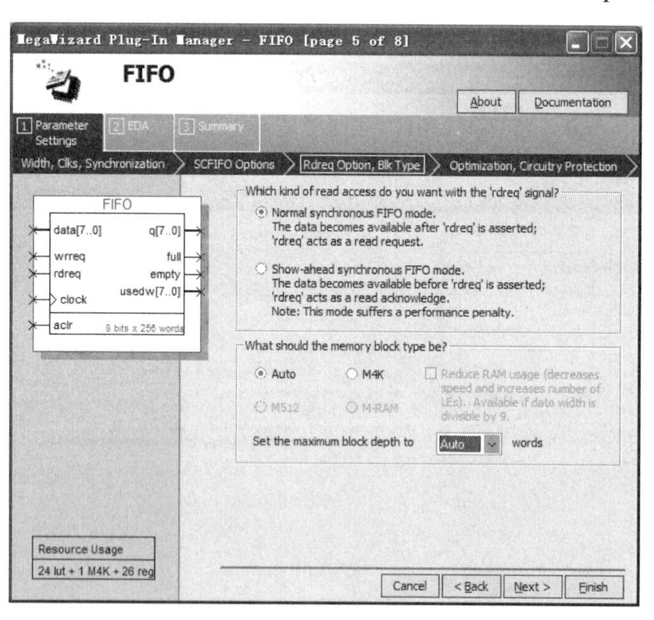

图 8-43　设置 FIFO 的数据读出请求信号

(6) 单击 Next 按钮，出现如图 8-44 所示的对话框，设置 FIFO 的优化方式，可选择为 Yes(best speed)，速度优先。

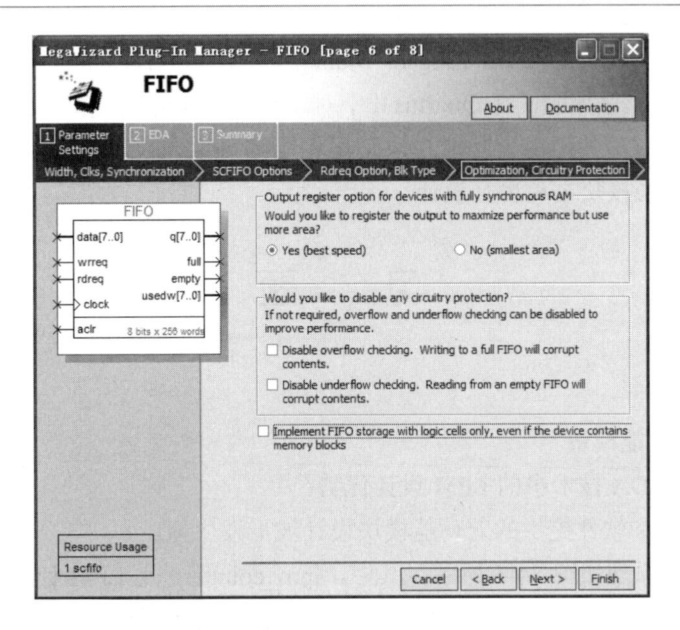

图 8-44　优化方式设置

(7) 单击 Finish 按钮，完成 FIFO 定制，就可以将符合设计要求的 FIFO 绘制到 fifo_example.bdf 文件中，并给此元件添加输入/输出引脚，进行连接，如图 8-45 所示，并进行仿真即可。

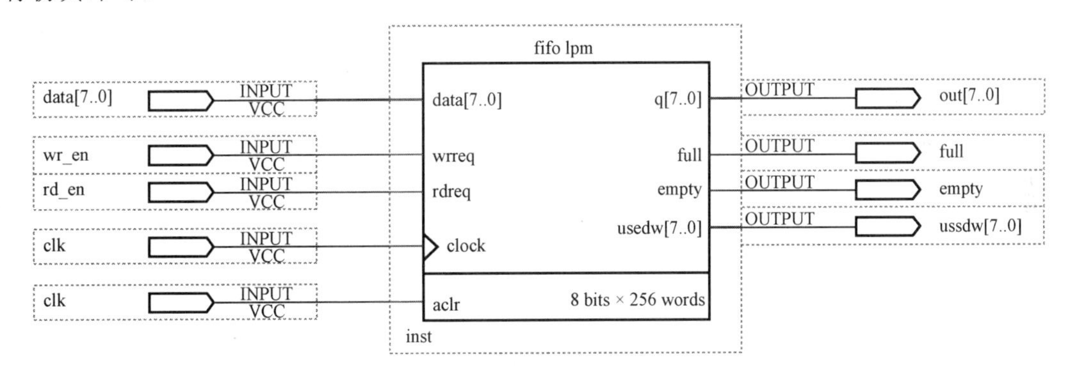

图 8-45　完成 FIFO 的原理图

本 章 小 结

宏功能模块 LPM 使基于 EDA 技术的电子设计的效率和可靠性有了很大提高。设计者可以根据实际电路的设计需要，选择 LPM 库中的适当模块，并设置适当的参数，就能满足设计需求。

Quartus II 提供的 LPM 中有多种可供使用的宏功能模块，如 LPM-ROM、LPM-FF、LPM-MUX 等，它们都可以在 Quartus II 的 megafunctions 库中看到。对宏功能模块调用的途径有多种，可以在 Block Editor 中直接调用。在 VHDL 代码中使用元件例化(通过端口和参数定义调用，或使用 MegaWizard Plug-In Manager 对宏功能模块进行参数化并建立包装文件)，也可以通过图形化界面，在 QuartusⅡ中对 Altera 宏功能模块和 LPM 函数进行调用。

注意：不同器件可使用的宏功能模块是不相同的，设计人员在使用前应仔细了解目标器件可实现的宏功能模块之后再行设计。

习　　题

简答题

1．什么是宏功能模块。

2．试分析在 EDA 技术中的 LPM 设计优势。

3．利用 Quartus 软件提供的宏功能模块设计波形发生器。

波形发生器的原理如图 8-46 所示。其中，lpm_counter0 是 LPM 计数器，lpm_rom0 是 LPM 只读存储器。ROM 中保存的是某种波形信号的数据，本题采用正弦波，存储单元大小为 256×8b，其地址由计数器 lpm_counter0 提供。lpm_counter0 是一个 8 位加法计数器，在时钟的控制下，计数器输出端输出地址在 00000000~11111111 循环变化，使 ROM 输出周期性的波形信号数据。

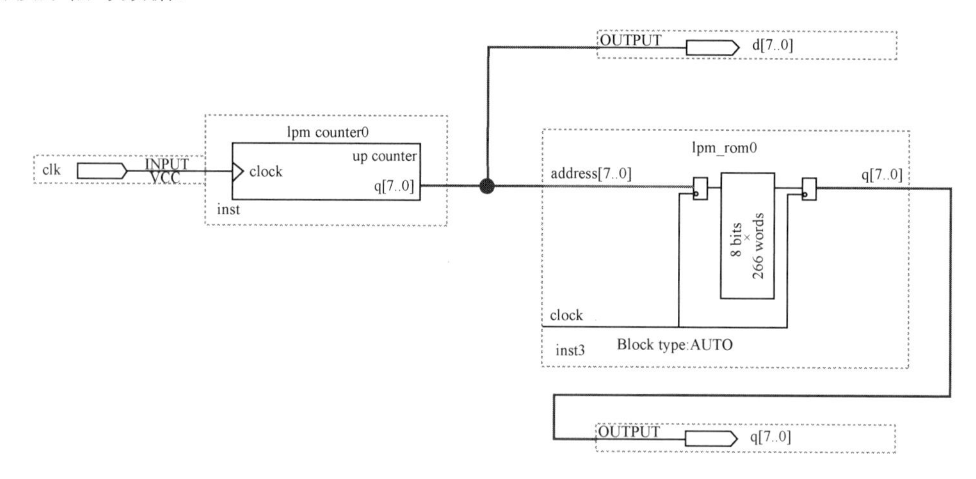

图 8-46　波形发生器的原理

第 9 章

VHDL 基本逻辑电路设计

教学目标

通过本章知识的学习，掌握常用组合逻辑和时序逻辑数字模块的VHDL 的设计方法，掌握使用 VHDL 进行数字基本模块设计的方法，掌握分频器的设计方法。

组合逻辑电路的输出只与当前的输入信号有关，而与历史信息无关，即组合逻辑电路中没有记忆元件，它是数字系统设计的入门。

9.1 基本组合逻辑电路设计

9.1.1 门电路设计

门电路是数字系统设计的基本组合逻辑元件，也是 VHDL 设计的基础入门元件，希望读者在掌握下述逻辑门设计方法后，熟悉各种逻辑门器件的设计方法。

1. 与非门电路

1) 设计要求

设计一个二输入与非门。

2) 算法设计

分别使用逻辑操作符和 CASE 语句实现二输入与非门。与非门真值表如表 9-1 所示。

表 9-1 二输入与非门真值表

输 入		输 出
a	b	y
0	0	1
0	1	1
1	0	1
1	1	0

3) VHDL 源程序

(1) 逻辑操作符实现：

```
LIBRARY IEEE;
USE IEEE.STD_LOGIC_1164.ALL;
ENTITY nand_2 IS
PORT(a,b:IN STD_LOGIC;
    y:OUT STD_LOGIC);
END nand_2;
ARCHITECTURE example_logic OF nand_2 IS
BEGIN
y<=a NAND b;          --并行信号赋值
END;
```

(2) CASE 语句实现：

```
LIBRARY IEEE;
```

```
USE IEEE.STD_LOGIC_1164.ALL;
ENTITY nand_2 IS
PORT(a,b:IN STD_LOGIC;
    y:OUT STD_LOGIC);
END nand_2;
ARCHITECTURE example_logic OF nand_2 IS
SIGNAL ab:STD_LOGIC_VECTOR(1 DOWNTO 0);
BEGIN
ab<=a&b;    --连接符“&”连接输入端 a 和 b，a 信号给 ab 的高位，b 信号给 ab 的低位
PROCESS(ab)    --进程启动信号为 ab，ab 发生变化，进程开始执行
BEGIN
  CASE ab IS          --CASE 语句为顺序语句，必须放入进程
    WHEN "00" => y<='1';
    WHEN "01" => y<='1';
    WHEN "10" => y<='1';
    WHEN "11" => y<='0';
    WHEN OTHERS => y<='Z';
  END CASE;
END PROCESS;
END;
```

4)　仿真结果

与非门电路仿真结果如图 9-1 所示。观察仿真波形可知，输入为 a 与 b，输出为 y，且其逻辑关系满足二输入与非门真值表的要求。

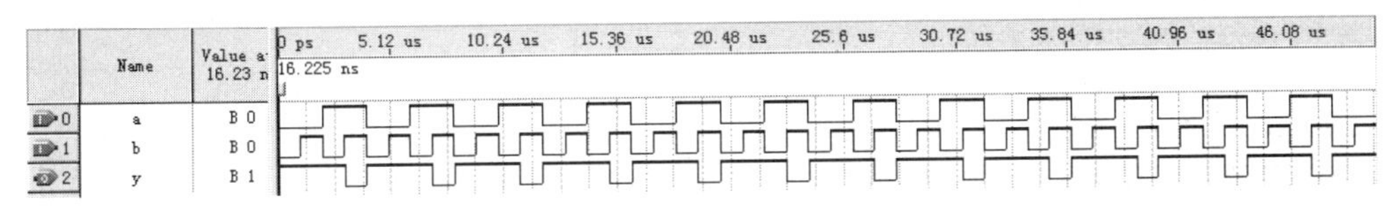

图 9-1　二输入与非门仿真波形

5)　RTL 电路

图 9-2 和图 9-3 所示为 RTL 电路。

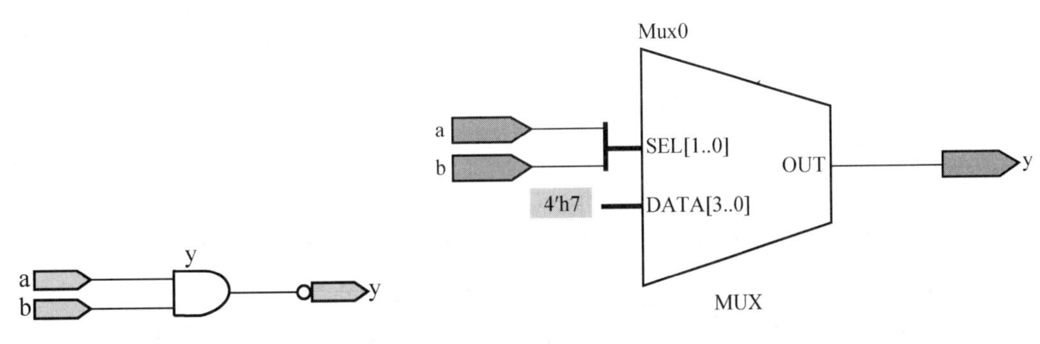

图 9-2　采用基本逻辑操作符描述　　　　图 9-3　采用 CASE 语句描述

6)　程序说明

(1)　上述两种设计方法均可实现二输入与非门的逻辑功能，但由于结构体采用不同的

描述方法，其对应 RTL 电路图也不相同。如采用基本逻辑操作符完成的 RTL 电路图，如图 9-2 所示，清楚、简单地表示了其内部逻辑关系，同时综合效率高。而采用 CASE 语句描述的 RTL 电路图，如图 9-3 所示，则是采用一个多路选择器实现内部逻辑关系。

(2) 条件句中的“=>”不是操作符，相当于 IF 语句中的 THEN，只是一种符号表示。

(3) “&”是并置操作符或将数组合并起来作为新的数组。如 a=“0100”，b=“1001”，那么 a&b=“01001001”，b&a=“10010100”，请读者注意使用并置操作符后数据的位置关系。

2. 基本逻辑门设计

基本逻辑门电路还有或门、非门、与非门、异或门和同或门等，用 VHDL 来描述将十分简单，可以直接使用逻辑操作符实现(综合效率高)，也可以使用顺序语句的 CASE 和 IF 语句实现，并行语句的条件信号赋值语句和选择信号赋值语句实现。

1) 设计要求

用 VHDL 设计基本的逻辑门。

2) 算法设计

用 VHDL 的逻辑操作符来描述。

3) VHDL 源程序

```
LIBRARY IEEE;
USE IEEE.STD_LOGIC_1164.ALL;
ENTITY basic_gates IS
PORT(a,b:IN STD_LOGIC;
    y1,y2,y3,y4,y5,y6:OUT STD_LOGIC);
END basic_gates;
ARCHITECTURE bhv OF basic_gates IS
BEGIN
y1<=a AND b;  --与门
y2<=a OR b;   --或门
y3<=NOT a;    --非门
y4<=a NAND b; --与非门
y5<=a XOR b;  --异或门
y6<=a XNOR b; --同或门
END;
```

4) 仿真结果

基本逻辑门电路仿真结果如图 9-4 所示。

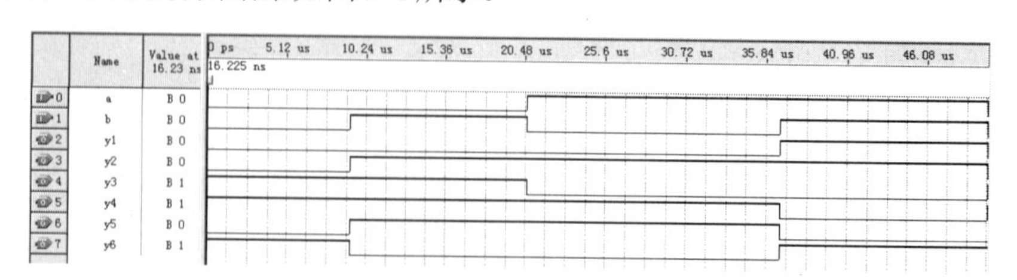

图 9-4 基本逻辑门设计仿真波形

5)　RTL 电路

基本逻辑门电路 RTL 电路图如图 9-5 所示。

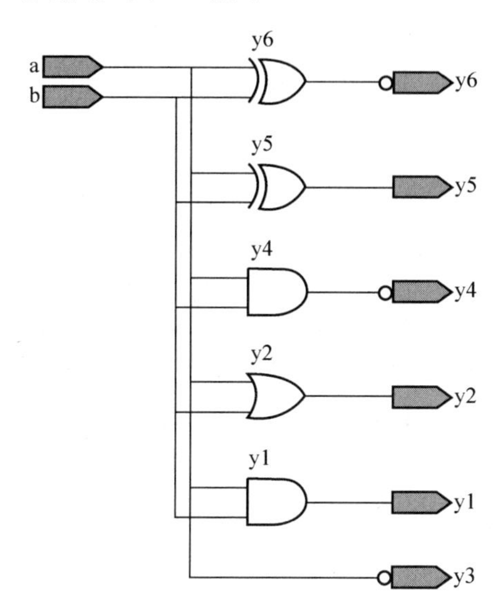

图 9-5　基本逻辑门设计 RTL 电路

6)　程序说明

(1)　注意 VHDL 的各种逻辑操作符对操作数的要求。

(2)　由基本的逻辑门可实现任意逻辑函数的功能。

(3)　注意赋值语句的正确使用方法，赋值对象只能是信号或变量，不能是常数。

(4)　请读者设计异或非门。

(5)　请读者使用 IF 语句、CASE 语句描述该实体并进行仿真和下载。

9.1.2　编码器设计

在数字系统中，用一组二进制代码按一定规则表示给定字母、数字、符号等信息的方法称为编码，能够实现这种编码功能的逻辑电路称为编码器。具体来说，编码器的功能就是把 2^n 个输入转化为 n 位编码输出。本节将分别使用 CASE 语句设计普通编码器和使用 IF 语句设计优先编码器，深化对 IF 语句和 CASE 语句的了解。

1. 普通 8 线-3 线编码器

普通编码器对于某一给定时刻，只能对一个确定的输入信号编码，在它的输入端不能同一时刻出现两个或两个以上的输入信号，否则编码器的输出将发生混乱。同时，只能针对特定的八组输入进行编码，其他状态视为异常情况。

1)　设计要求

设计一个 8 线-3 线编码器，其真值表如表 9-2 所示。

表 9-2　普通 8 线-3 线编码器真值表

d7	d6	d5	d4	d3	d2	d1	d0	q2	q1	q0
1	0	0	0	0	0	0	0	1	1	1
0	1	0	0	0	0	0	0	1	1	0
0	0	1	0	0	0	0	0	1	0	1
0	0	0	1	0	0	0	0	1	0	0
0	0	0	0	1	0	0	0	0	1	1
0	0	0	0	0	1	0	0	0	1	0
0	0	0	0	0	0	1	0	0	0	1
0	0	0	0	0	0	0	1	0	0	0

2)　算法设计

由于普通 8 线-3 线编码器输入输出之间存在一一对应的关系，采用 CASE 语句容易实现。

3)　VHDL 源程序

```
LIBRARY IEEE;
USE IEEE.STD_LOGIC_1164.ALL;
ENTITY nomal_decoder8_3 IS
    PORT(d: IN STD_LOGIC_VECTOR(7 DOWNTO 0);
         q: OUT STD_LOGIC_VECTOR(2 DOWNTO 0));
END nomal_decoder8_3;
ARCHITECTURE bhv OF nomal_decoder8_3 IS
BEGIN
PROCESS(d)
BEGIN
CASE d IS
   WHEN "10000000"=>q<="111";
   WHEN "01000000"=>q<="110";
   WHEN "00100000"=>q<="101";
   WHEN "00010000"=>q<="100";
   WHEN "00001000"=>q<="011";
   WHEN "00000100"=>q<="010";
   WHEN "00000010"=>q<="001";
   WHEN "00000001"=>q<="000";
   WHEN OTHERS=>q<="000";
END CASE;
END PROCESS;
END;
```

4)　仿真结果

普通 8 线-3 线编码器仿真波形如图 9-6 所示，8 个输入信号中，某一时刻只有一个有效的输入信号，能将信号进行编码；如多个信号同时有效，只能输出“000”。

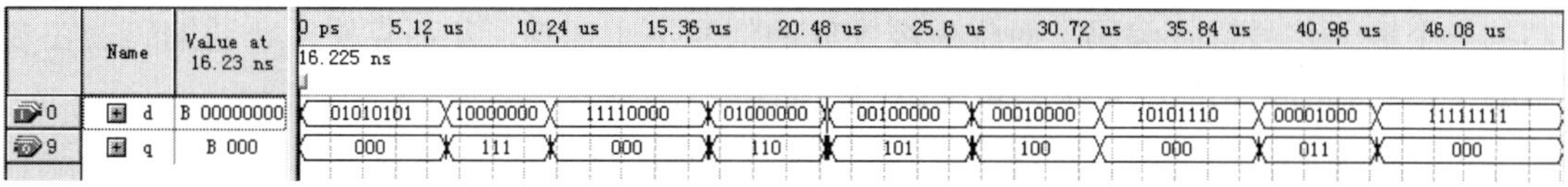

图 9-6　普通 8 线-3 线编码器仿真波形

5)　RTL 电路图

使用 CASE 语句完成编码器内部逻辑结构设计，其 RTL 电路图如图 9-7 所示。

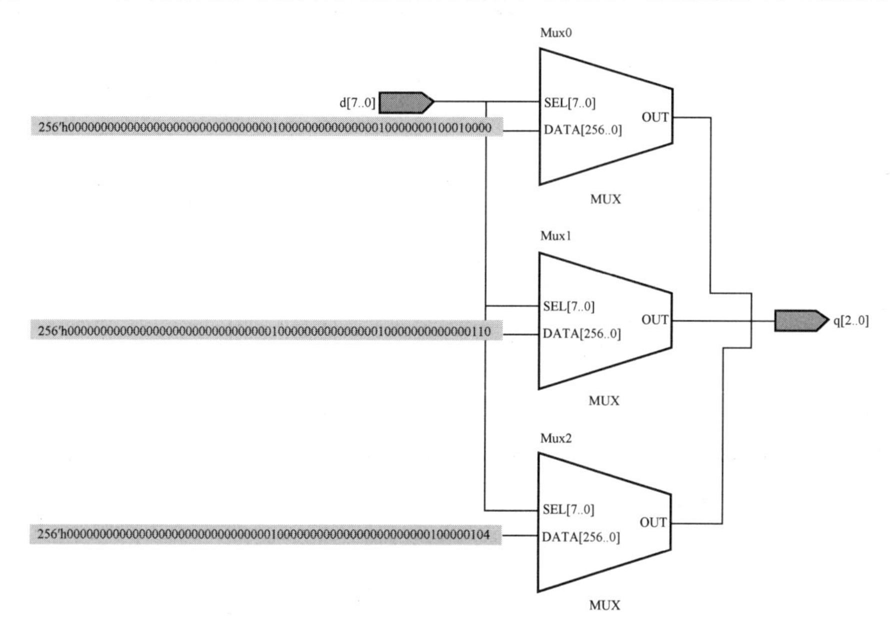

图 9-7　普通编码器的 RTL 电路图

6)　程序说明

(1)　程序中，使用了 CASE 语句对输入的 8 位 d 信号进行编码，d 的输入组合有 256 种，而只对其中的 8 种情况进行编码，剩余的情况用“WHEN OTHERS=>q<="000";”语句处理，即当输入信号不在 8 种情况之内，编码器输出均为“000”。这是普通编码器的缺点，也体现了 VHDL 中如何使用 WHEN OTHERS 语句实现异常情况处理。

(2)　实体部分定义的输入端口 d，采用 STD_LOGIC_VECTOR 数据类型，该数据类型定义在 IEEE 库的 STD_LOGIC_1164 程序包中，在使用前需打开相关库和程序包。

(3)　d: IN STD_LOGIC_VECTOR(7 DOWNTO 0)语句定义了 d 为 8 位宽度的输入信号，7 DOWNTO 0 表示高位数据在左端，低位数据在右端。

(4)　请读者使用并行语句的选择信号赋值语句 WITH　SELECT 设计实现普通 8 线-3 线编码器，并仿真和下载。

2. 优先 8 线-3 线编码器

与普通编码器不同，优先编码器允许多个输入信号同时出现。因为它在设计时已经将所有的输入信号按优先顺序排队，因此当多个输入信号同时出现时，只对其中优先级别最高的一个输入信号进行编码，对优先级别低的信号不予理睬，从而克服了普通编码器在多个输入信号同时作用时会出现输出编码混乱的缺点。

1) 设计要求

用 VHDL 描述一个优先编码器。该电路有 8 个输入端，3 个输出端。其真值表如表 9-3 所示。

表 9-3 8 线-3 线优先编码器真值表

输入								输出		
din7	din 6	din 5	din 4	din 3	din 2	din 1	din 0	output2	output1	output0
0	×	×	×	×	×	×	×	0	0	0
1	0	×	×	×	×	×	×	0	0	1
1	1	0	×	×	×	×	×	0	1	0
1	1	1	0	×	×	×	×	0	1	1
1	1	1	1	0	×	×	×	1	0	0
1	1	1	1	1	0	×	×	1	0	1
1	1	1	1	1	1	0	×	1	1	0
1	1	1	1	1	1	1	0	1	1	1

2) 算法设计

利用顺序语句中的 IF 语句或并行语句中的条件信号赋值语句来描述。因为这两类语句条件判断顺序本身具有优先性。本例采用 IF 语句描述。

3) VHDL 源程序

```
LIBRARY IEEE;
USE IEEE.STD_LOGIC_1164.ALL;
ENTITY coder8_3 IS
PORT(din: IN STD_LOGIC_VECTOR(0 TO 7);
    output: OUT STD_LOGIC_VECTOR(0 TO 2));
END coder;
ARCHITECTURE bhv OF coder8_3 IS
BEGIN
PROCESS(din)
BEGIN
IF    (din(7)='0') THEN  output <= "000" ;
ELSIF (din(6)='0') THEN  output <= "100" ;
ELSIF (din(5)='0') THEN  output <= "010" ;
ELSIF (din(4)='0') THEN  output <= "110" ;
```

```
ELSIF (din(3)='0') THEN  output <= "001" ;
ELSIF (din(2)='0') THEN  output <= "101" ;
ELSIF (din(1)='0') THEN  output <= "011" ;
ELSE   output <= "111" ;
END IF;
END PROCESS;
END;
```

4)　仿真结果

优先 8 线-3 线编码器仿真波形如图 9-8 所示，即使多个信号同时有效，也能进行唯一编码转换。

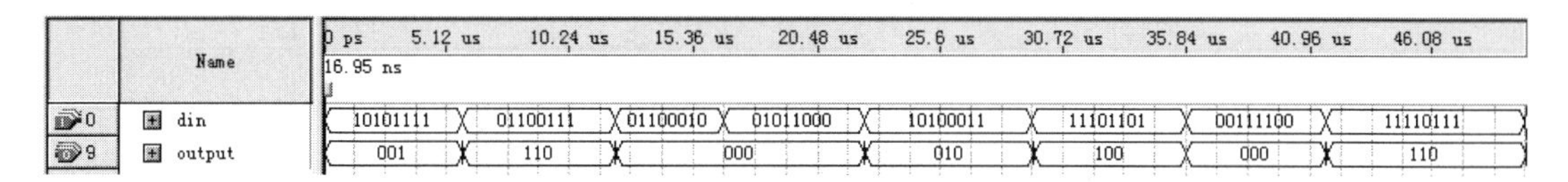

图 9-8　优先 8 线-3 线编码器

5)　RTL 电路

优先 8 线-3 线编码器 RTL 电路图如图 9-9 所示。

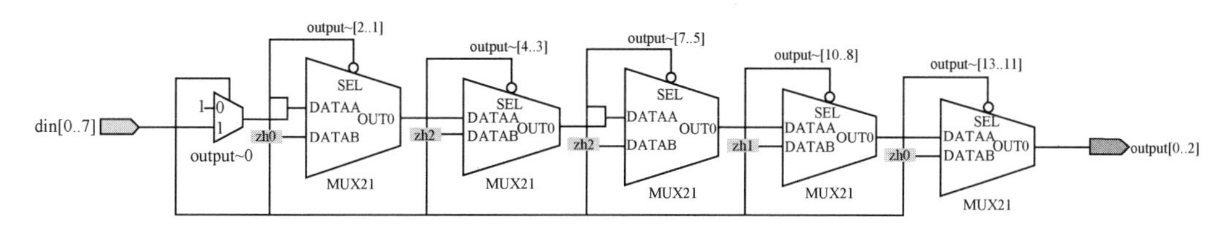

图 9-9　优先 8 线-3 线编码器 RTL 电路

6)　程序说明

(1)　本例中，输入端 d7 的优先级最高，只要 d7=“0”，无论其他输入端为何值，编码器的结果都由 d7=“0”决定；d0 的优先级最低，只有当其他输入端信号无效时，才对 d0=“0”进行编码。

(2)　请读者使用并行语句的条件信号赋值语句 WHEN ELSE 设计实现优先 8 线-3 线编码器，并仿真和下载。

9.1.3　译码器设计

译码是编码的逆过程，它的功能是将具有特定含义的二进制码进行辨别，并转换成控制信号。具有译码功能的逻辑电路称为译码器，译码器分为两种类型，一种是将一系列代码转换成与之一一对应的有效信号，这种译码器可称为唯一地址译码器，通常用于计算机中存储单元的地址译码；另一种是将一种代码转换成另一种代码，也称为代码变换器。本节将分别介绍 3 线-8 线译码器、数码管显示译码器和二-十进制 BCD 译码器。

1. 3 线-8 线译码器

1) 设计要求

用 VHDL 描述一个 3 线-8 线译码器(74LS138)。该电路有 3 个数据输入段，3 个控制输入端，8 个数据输出端。其真值表如表 9-4 所示。

表 9-4 3 线-8 线译码器(74LS138)真值表

输 入			输 出
g1	g2a+ g2b	a2、a1、a0	y[0..7]
0	×	×××	11111111
×	1	×××	11111111
1	0	000	01111111
1	0	001	10111111
1	0	010	11011111
1	0	011	11101111
1	0	100	11110111
1	0	101	11111011
1	0	110	11111101
1	0	111	11111110

2) 算法设计

利用 IF 语句判断控制条件是否成立，利用 CASE 语句描述译码设计，可以很容易写出程序。

3) VHDL 源程序

```
LIBRARY IEEE;
USE IEEE.STD_LOGIC_1164.ALL;
ENTITY decoder3_8 IS
PORT(a,b,c,g1,g2a,g2b: IN STD_LOGIC;
    y: OUT STD_LOGIC_VECTOR(7 DOWNTO 0));
END decoder3_8;
ARCHITECTURE bhv OF decoder3_8 IS
SIGNAL dz:STD_LOGIC_VECTOR(2 DOWNTO 0);
BEGIN
   dz<=c&b&a;
PROCESS (dz,g1,g2a,g2b)
BEGIN
IF(g1='1' AND g2a='0' AND g2b='0') THEN
  CASE dz IS
     WHEN "000"=> y<="11111110";
```

```
        WHEN "001"=> y<="11111101";
        WHEN "010"=> y<="11111011";
        WHEN "011"=> y<="11110111";
        WHEN "100"=> y<="11101111";
        WHEN "101"=> y<="11011111";
        WHEN "110"=> y<="10111111";
        WHEN "111"=> y<="01111111";
        WHEN others=>y<="ZZZZZZZZ";
      END CASE;
   ELSE
       y<="11111111";
   END IF;
   END PROCESS;
   END;
```

4)　仿真结果

3 线-8 线译码器(74LS138)仿真波形如图 9-10 所示。

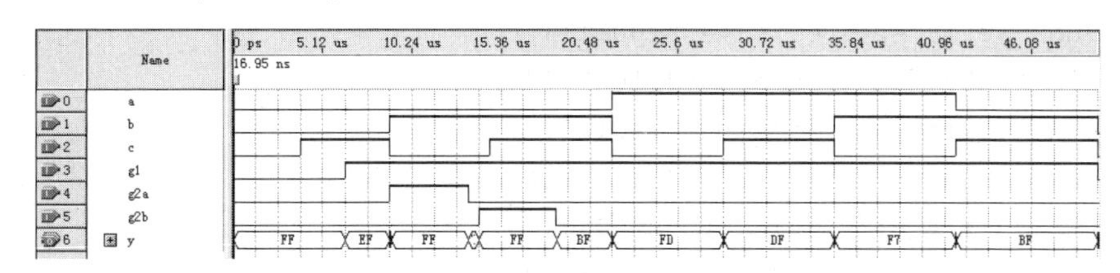

图 9-10　3 线-8 线译码器仿真波形

5)　程序说明

(1)　由于输入端 a2、a1、a0 在任意时刻的取值是唯一的，即所有的取值之间都处于同一优先级，故利用顺序语句的 CASE 语句和并行语句的选择信号赋值语句设计实现。

(2)　从仿真图中可见，对每一个确定的输入，都有一个唯一的输出端对应(低电平有效)。

(3)　请读者尝试使用 IF 语句和 WHEN ELSE 语句实现上述 3 线-8 线译码器，并分析两种语言设计之间的不同之处。

2．数码管显示译码器

显示译码器是用来驱动显示元件，以显示数字或字符的 MSI 部件，显示译码器随显示器件的类型而异。

1)　设计要求

设计一个共阴极七段数码管显示译码器，用于驱动共阴极数码管。该电路的四位二进制输入端为 a，译码后的七段输出为 led7s[6..0]，从 led7s(0)到 led7s(6)分别连接数码管的 a～g 端。

2)　算法设计

用顺序语句的 CASE 语句描述电路。

3) VHDL 源程序

(1) 用 CASE 语句描述。

```
LIBRARY IEEE;
USE IEEE.STD_LOGIC_1164.ALL;
ENTITY decl7 IS
PORT (a:IN STD_LOGIC_VECTOR(3 DOWNTO 0);
     led7s:OUT STD_LOGIC_VECTOR(6 DOWNTO 0));
END decl7;
ARCHITECTURE bhv_1 OF decl7 IS
BEGIN
PROCESS(a)
BEGIN
CASE a IS
   WHEN "0000" => led7s <= "0111111" ;
   WHEN "0001" => led7s <= "0000110" ;
   WHEN "0010" => led7s <= "1011011" ;
   WHEN "0011" => led7s <= "1001111" ;
   WHEN "0100" => led7s <= "1100110" ;
   WHEN "0101" => led7s <= "1101101" ;
   WHEN "0110" => led7s <= "1111101" ;
   WHEN "0111" => led7s <= "0000111" ;
   WHEN "1000" => led7s <= "1111111" ;
   WHEN "1001" => led7s <= "1101111" ;
   WHEN OTHERS => NULL;
END CASE;
END PROCESS;
END;
```

(2) 用 IF 语句描述。

```
LIBRARY IEEE;
USE IEEE.STD_LOGIC_1164.ALL;
ENTITY decl7 IS
PORT (a:IN STD_LOGIC_VECTOR(3 DOWNTO 0);
     led7s:OUT STD_LOGIC_VECTOR(6 DOWNTO 0));
END decl7;
ARCHITECTURE bhv_2 OF decl7 IS
BEGIN
PROCESS(a)
BEGIN
IF a="0000" THEN led7s <= "0111111" ;
ELSIF a="0001"  THEN  led7s <= "0000110";
```

```
ELSIF a="0010"  THEN  led7s <= "1011011";
ELSIF a="0011"  THEN  led7s <= "1001111";
ELSIF a="0100"  THEN  led7s <= "1100110";
ELSIF a="0101"  THEN  led7s <= "1101101";
ELSIF a="0110"  THEN  led7s <= "1111101";
ELSIF a="0111"  THEN  led7s <= "0000111";
ELSIF a="1000"  THEN  led7s <= "1111111";
ELSIF a="1001"  THEN  led7s <= "1101111";
ELSE  led7s<="0000000";
END IF;
END PROCESS;
END;
```

(3) 用条件信号赋值语句实现。

```
LIBRARY IEEE;
USE IEEE.STD_LOGIC_1164.ALL;
ENTITY decl7 IS
PORT (a:IN STD_LOGIC_VECTOR(3 DOWNTO 0);
     led7s:OUT STD_LOGIC_VECTOR(6 DOWNTO 0));
END decl7;
ARCHITECTURE bhv_3 OF decl7 IS
BEGIN
led7s<="0111111" WHEN a="0000" ELSE
       "0000110" WHEN a="0001" ELSE
       "1011011" WHEN a="0010" ELSE
       "1001111" WHEN a="0011" ELSE
       "1100110" WHEN a="0100" ELSE
       "1101101" WHEN a="0101" ELSE
       "1111101" WHEN a="0110" ELSE
       "0000111" WHEN a="0111" ELSE
       "1111111" WHEN a="1000" ELSE
       "1101111" WHEN a="1001";
END;
```

(4) 用选择信号赋值语句实现。

```
LIBRARY IEEE;
USE IEEE.STD_LOGIC_1164.ALL;
ENTITY decl7 IS
PORT (a:IN STD_LOGIC_VECTOR(3 DOWNTO 0);
     led7s:OUT STD_LOGIC_VECTOR(6 DOWNTO 0));
END decl7;
ARCHITECTURE bhv_4 OF decl7 IS
```

```
BEGIN
WITH a SELECT
led7s<="0111111" WHEN "0000",
       "0000110" WHEN "0001",
       "1011011" WHEN "0010",
       "1001111" WHEN "0011",
       "1100110" WHEN "0100",
       "1101101" WHEN "0101",
       "1111101" WHEN "0110",
       "0000111" WHEN "0111",
       "1111111" WHEN "1000",
       "1101111" WHEN "1001",
       "0000000" WHEN OTHERS;
END;
```

4) 仿真结果

数码管显示译码器仿真波形如图 9-11 所示。

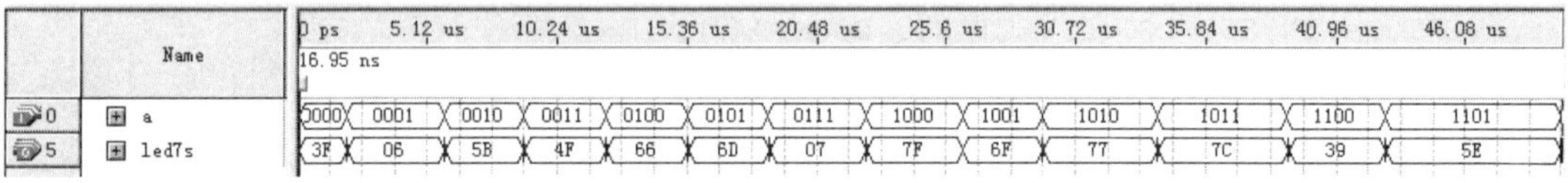

图 9-11 数码管显示译码器仿真波形

5) 程序说明

(1) 设计的输出 led7s(0)～led7s(6)和数码管的 a～g 端对应。在编写程序时，根据需要显示的内容来给 led7s 赋值。

(2) 输入的 BCD 码为 0～9 时，输出字符 0～9 的七段码，点亮相应字段，显示出 0～9；当为非法字符 A～F 时，输出为全 0，不点亮任何字段，数码管不亮。

(3) 将七段显示译码器修改为八段显示译码器，上述源程序应如何修改?望读者尝试修改。

(4) 请读者对比四种设计方法的 RTL 电路图，分析总结四种设计方法的区别。

3. 二-十进制 BCD 译码器

1) 设计要求

设计一个二-十进制 BCD 译码器。译码器的输入端为 4 位二进制数 din，输出为以 8421BCD 码表示的两个十进制数 a(个位)和 b(十位)。

2) 算法设计

如果输入 din 小于 10 时，说明输入的数只有个位而无十位，且二进制表示和 8421BCD 表示相同，所以 a=din，b=0；如果 din 大于 10，说明需要两组 8421BCD 来表示两个十进制数，则 a=din-10，同时向十位进位输出，b=1。因此，利用顺序语句的 IF 语句编写程序较方便，先判断是否小于 10，再判断是否大于等于 10。

3)　VHDL 源程序

```
LIBRARY IEEE;
USE IEEE.STD_LOGIC_1164.ALL;
USE IEEE.STD_LOGIC_SIGNED;
ENTITY bcd_ymq IS
PORT(din:IN INTEGER RANGE 15 DOWNTO 0;
    a,b:OUT INTEGER RANGE 9 DOWNTO 0);
END bcd_ymq;
ARCHITECTURE bhv OF bcd_ymq IS
BEGIN
PROCESS(din)
BEGIN
IF din<10 THEN
   a<=din;
   b<=0;
ELSE
   a<=din-10;
   b<=1;
END IF;
END PROCESS;
END;
```

4)　仿真结果

二-十进制 BCD 译码器仿真波形如图 9-12 所示。

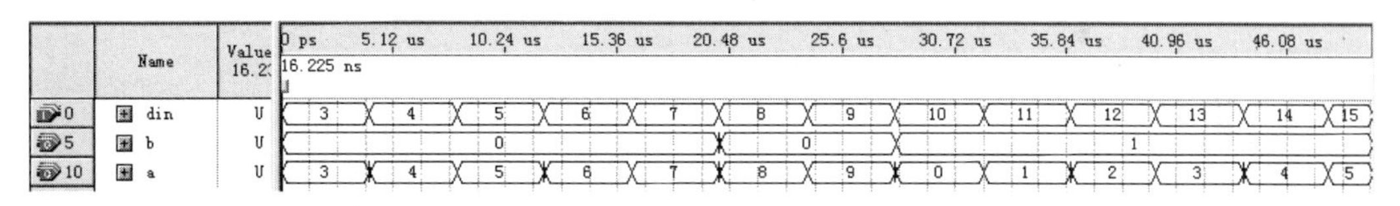

图 9-12　二-十进制 BCD 译码器仿真波形

5)　RTL 电路

二-十进制 BCD 译码器的 RTL 电路图如图 9-13 所示。

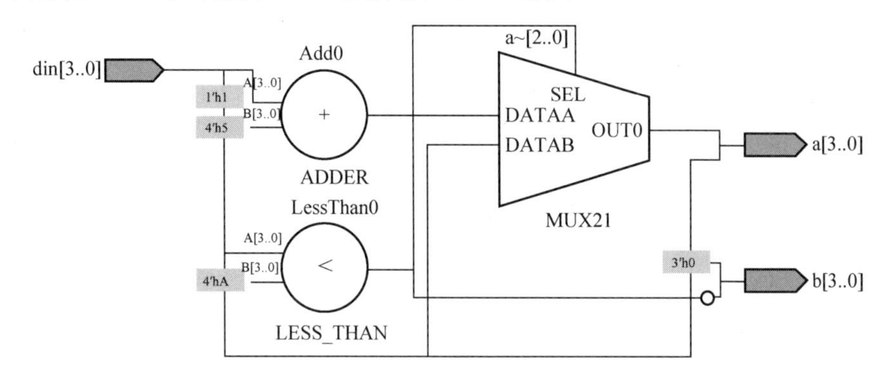

图 9-13　二-十进制 BCD 译码器的 RTL 电路图

6) 程序说明

(1) 本例使用了整数数据类型，定义这种数据类型，要使用关键字 INTEGER RANGE<数值范围>。

(2) 本例输入的是四位二进制数，范围为 0～15，如果输入的是五位二进制数，范围应该为 0～31，输出还是两位十进制数，程序稍作修改即可。

(3) 本例题读者应该关注的不是设计的实现问题，即使用什么语句实现的问题，而是算法设计在 VHDL 设计中的重要性，读者有第二种算法可以实现二-十进制 BCD 译码器吗？

9.1.4 加、减法器设计

1. 四位二进制全加器

1) 设计要求

设计一个四位二进制数全加器，即要求考虑进位输入(低位向本次加法的进位)和进位输出(本次加法向高位加法的进位)。

2) 算法设计

加法运算可直接使用算数操作符设计实现。a 为加数，b 为被加数，cin 为进位输入，s 为加法运算结果，cout 为进位输出。

3) VHDL 源程序分析

```
LIBRARY IEEE;
USE IEEE.STD_LOGIC_1164.ALL;
USE IEEE.STD_LOGIC_UNSIGNED.ALL;
ENTITY adder4b IS
PORT(cin : IN STD_LOGIC;
    a,b:IN STD_LOGIC_VECTOR(3 DOWNTO 0);
    s:OUT STD_LOGIC_VECTOR(3 DOWNTO 0);
    cout:OUT STD_LOGIC);
END adder4b;
ARCHITECTURE bhv OF adder4b IS
SIGNAL sint:STD_LOGIC_VECTOR(4 DOWNTO 0);
SIGNAL aa,bb:STD_LOGIC_VECTOR(4 DOWNTO 0);
BEGIN
   aa<='0'&a;
   bb<='0'&b;
   sint<=aa+bb+cin;
   s<=sint(3 DOWNTO 0);
   cout<=sint(4);
END;
```

4)　仿真结果

四位二进制全加器的仿真结果如图 9-14 所示。

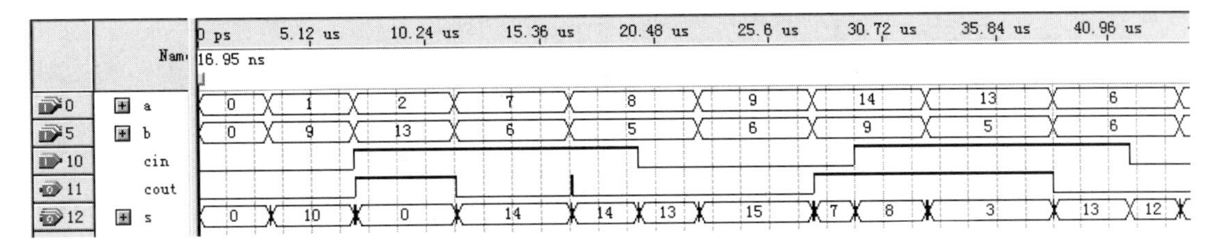

图 9-14　四位二进制全加器的仿真波形

5)　RTL 电路

四位二进制全加器的 RTL 电路图如图 9-15 所示。

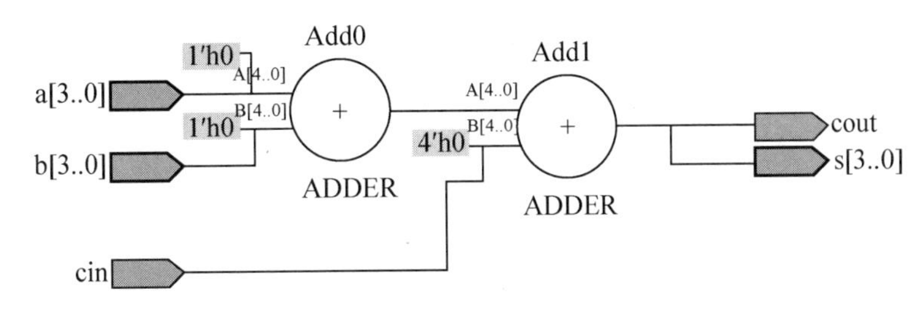

图 9-15　四位二进制全加器 RTL 电路

6)　程序说明

(1)　程序中的加数和被加数为四位二进制数，但运算结果可能为五位二进制数，所以定义信号 sint 为五位二进制数，保存加法运算结果，但赋值符号“<=”要求赋值数据位数和数据类型均相同，所以将加数和被加数均在最高位并置一个‘0’，并赋值给 aa 和 bb，满足赋值要求。

(2)　sint 中的五位数据即为运算结果，将低四位从 s 端口以运算结果数据输出，而最高位则为进位输出，赋值给 cout。

(3)　请读者使用另一种方法设计八位二进制全加器。

2．四位二进制全减器

1)　设计要求

设计一个四位二进制数全减器，即要求考虑借位输入(低位向本次减法的借位)和借位输出(本次减法向高位减法的借位)。

2)　算法设计

减法运算可直接使用算数操作符设计实现。a 为加数，b 为被加数，c0 为借位输入，d 为减法运算结果，c1 为借位输出。

3)　VHDL 源程序

```
LIBRARY IEEE;
USE IEEE.STD_LOGIC_1164.ALL;
USE IEEE.STD_LOGIC_SIGNED.ALL;
```

```
ENTITY jianfaqi_4 IS
PORT(a,b :IN STD_LOGIC_VECTOR(0 TO 3);
    c0:IN STD_LOGIC;
    c1:OUT STD_LOGIC;
    d :OUT STD_LOGIC_VECTOR(0 TO 3));
END;
ARCHITECTURE a OF jianfaqi_4 IS
SIGNAL d_temp:STD_LOGIC_VECTOR(0 TO 4);
BEGIN
PROCESS(a,b,c0)
BEGIN
IF (a>b+c0) THEN  d_temp<=a&'0'-(b+c0);c1<='0';
ELSE  c1<='1';d_temp<=("10000")-(b+c0-a);
END IF;
END PROCESS;
  d<=d_temp(0 TO 3);
END;
```

4) 仿真结果

四位二进制全减器的仿真结果如图 9-16 所示。

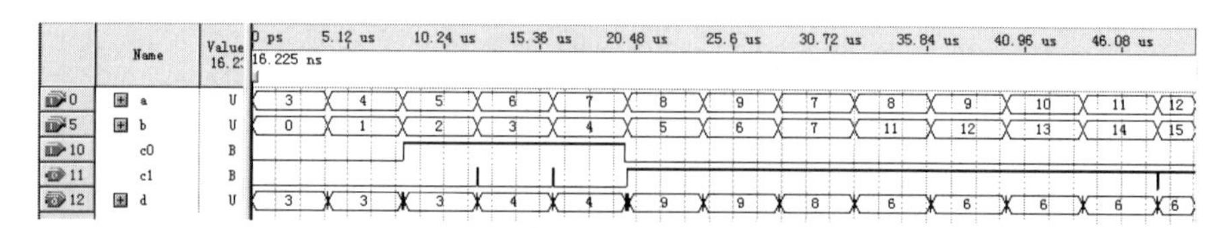

图 9-16 四位二进制全减器的仿真波形

5) RTL 电路

四位二进制全减器的 RTL 电路图如图 9-17 所示。

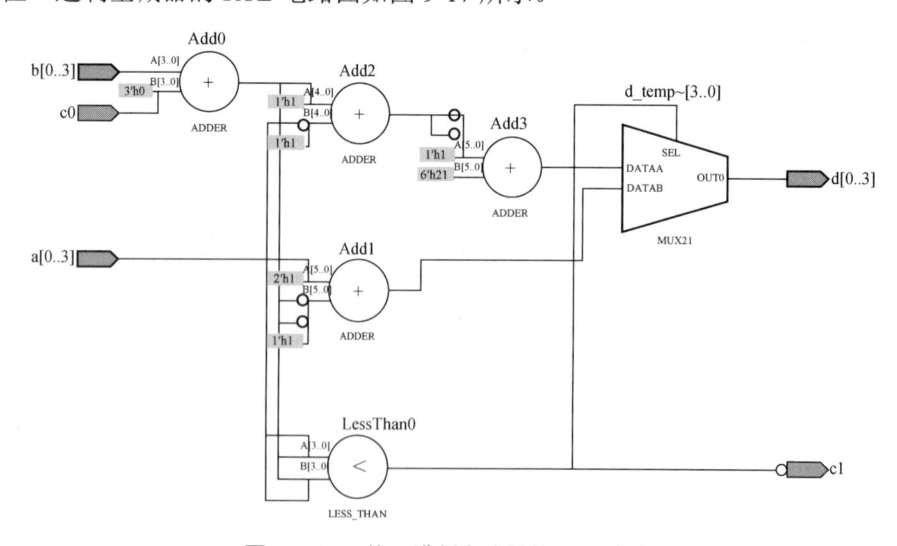

图 9-17 四位二进制全减器的 RTL 电路

6)　程序说明

(1)　该例利用行为描述模式描述全减器。两个数够减(大数减小数)，向高位借位值为 0，且直接相减即可；两个数不够减(小数减大数)，需要向高位借一位，由于有借位，所以差值是大于或等于 0 的数。

(2)　请读者根据全加器和全减器的设计方法，设计一个可控的四位二进制数加减法器。

9.1.5　双向电路和三态控制电路设计

三态门有许多实际用途，如 CPU 设计中的数据总线和地址总线、RAM 或堆栈的数据端口的设计等。利用 VHDL 可以容易地设计三态门，只要在设计中用 std_logic 数据类型的‘Z’对一个变量赋值，就会引入三态门，并在控制下使其输出呈高阻态，这等效于使三态门禁止输出。

1．三态门设计

三态门，是指逻辑门的输出除有高、低电平两种状态外，还有第三种状态——高阻态的门电路，高阻态相当于隔断状态。三态门都有一个控制使能端，来控制门电路的通断。

1)　设计要求

设计一个 8 位三态门。

2)　算法设计

VHDL 设计中，如果用 STD_LOGIC 数据类型的‘Z’对一个变量赋值，就会自动引入三态门，并在使能信号的控制下使其输出呈高阻态，这等效于三态门禁止输出。

3)　VHDL 源程序

```
LIBRARY IEEE;
USE IEEE.STD_LOGIC_1164.ALL;
ENTITY  tri_s IS
PORT(enable:IN STD_LOGIC;
    datain: IN STD_LOGIC_VECTOR(7 DOWNTO 0);
    dataout: OUT STD_LOGIC_VECTOR(7 DOWNTO 0));
END tri_s;
ARCHITECTURE bhv OF tri_s IS
BEGIN
PROCESS(enable,datain)
BEGIN
IF enable='1' THEN dataout<=datain;
ELSE  dataout<="ZZZZZZZZ";
END IF;
END PROCESS;
END;
```

4) 仿真结果

三态门的仿真结果如图 9-18 所示。

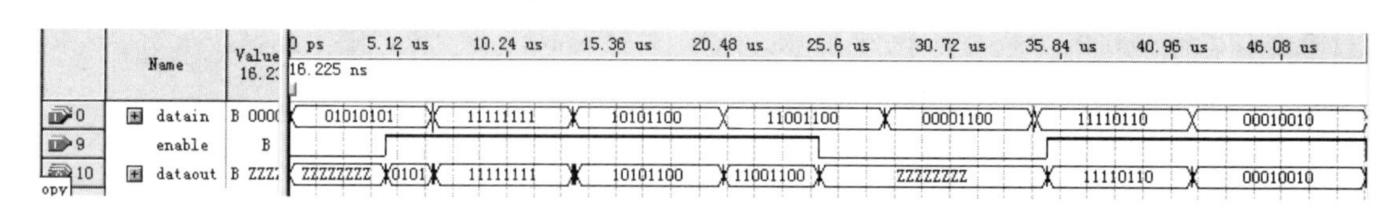

图 9-18 三态门的仿真波形

5) RTL 电路

三态门的 RTL 电路图如图 9-19 所示。

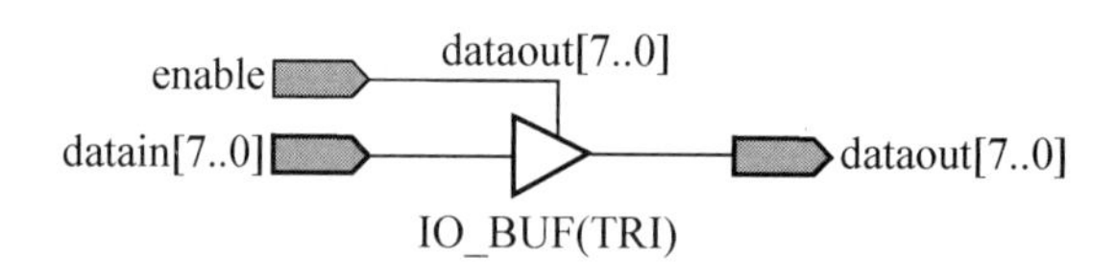

图 9-19 三态门的 RTL 电路

6) 程序说明

(1) 高阻态‘Z’必须为大写，请读者注意。

(2) 高阻态‘Z’的个数应与赋值对象位数相同。

2. 双向总线缓冲器

双向总线缓冲器用于对数据总线的驱动和缓冲。

1) 设计要求

设计一个双向总线缓冲器。两个双向端口 a 和 b，使能端 en，方向控制端 dr。其真值表如表 9-5 所示。

表 9-5 双向总线缓冲器真值表

en	dr	功 能
0	0	a=b(将 b 赋值给 a)
0	1	b=a(将 a 赋值给 b)
1	×	高阻

2) 算法设计

本程序采用双进程设计，p1 进程完成将 a 赋值给 b，而 p2 进程完成将 b 赋值给 a，由于方向控制端 dr 的取值不同，两个进程内的 IF 语句不可能同时执行。

3) VHDL 源程序

```
LIBRARY IEEE;
USE IEEE.STD_LOGIC_1164.ALL;
ENTITY dub_gate IS
PORT(a,b:INOUT STD_LOGIC_VECTOR(7 DOWNTO 0);
```

```
    en:IN STD_LOGIC;
    dr:INOUT STD_LOGIC);
END dub_gate;
ARCHITECTURE bhv OF dub_gate IS
SIGNAL abuf,bbuf:STD_LOGIC_VECTOR(7 DOWNTO 0);
BEGIN
p1:PROCESS(a,dr,en)
BEGIN
IF (en='0' AND dr='1') THEN bbuf<=a;
ELSE bbuf<="ZZZZZZZZ";
END IF;
b<=bbuf;
END PROCESS;
p2:PROCESS(b,dr,en)
BEGIN
IF (en='0' AND dr='0') THEN abuf<=b;
ELSE abuf<="ZZZZZZZZ";
END IF;
a<=abuf;
END PROCESS;
END;
```

4)　RTL 电路

双向总线缓冲器的 RTL 电路图如图 9-20 所示。

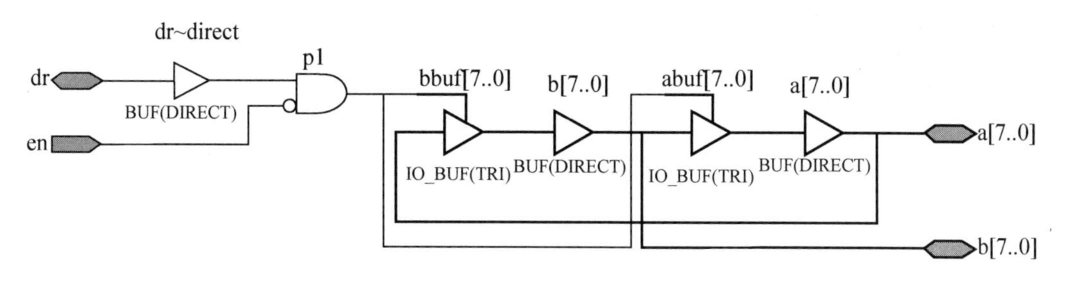

图 9-20　双向总线缓冲器的 RTL 电路

5)　程序说明

(1)　在利用双向总线缓冲器时，要特别注意的一点是，如果当前时刻是利用该总线进行数据输入时，一定要保证其输出为高阻态。

(2)　双向总线缓冲器采用双进程设计，两个进程的执行是互斥的。

9.1.6　ROM 设计

在数字系统中，按照结构特点分类，只读存储器(ROM)属于组合逻辑电路。在使用时，ROM 中的数据只能读出而不能写入，但掉电后数据不会丢失，因此常用于存放固化的程序和数据。

1) 设计要求

设计一个只读存储器，该存储器内存 8 组数据，每组数据 8 位，地址信号为 addr[2..0]，使能信号为 ena(低电平有效)。地址和所存数据的关系如表 9-6 所示。

表 9-6 只读存储器的地址和数据关系

输 入		输 出	输 入		输 出
en	addr[2..0]	q[7..0]	en	addr[2..0]	q[7..0]
0	000	01000001	0	100	01001000
0	001	01000010	0	101	01001001
0	010	01000110	0	110	01001011
0	011	01000111	0	111	01001110

2) 算法设计

根据表 9-6 利用条件信号赋值语句、IF 语句和 CASE 语句均可进行设计。本例采用 CASE 语句实现。

3) VHDL 源程序

```
LIBRARY IEEE;--8*8 ROM
USE IEEE.STD_LOGIC_1164.ALL;
ENTITY rom_example IS
PORT(addr:IN INTEGER RANGE 0 TO 7;
    ena:IN STD_LOGIC;
    q:OUT STD_LOGIC_VECTOR(7 DOWNTO 0));
END;
ARCHITECTURE bhv OF rom_example IS
BEGIN
PROCESS(ena,addr)
BEGIN
IF ena='1' THEN q<="ZZZZZZZZ";
ELSE  CASE addr IS
        WHEN 0 =>q<="01000001";
        WHEN 1 =>q<="01000010";
        WHEN 2 =>q<="01000110";
        WHEN 3 =>q<="01000111";
        WHEN 4 =>q<="01001000";
        WHEN 5 =>q<="01001001";
        WHEN 6 =>q<="01001011";
        WHEN 7 =>q<="01001110";
        WHEN OTHERS =>q<="00000000";
      END CASE;
```

```
END IF;
END PROCESS;
END;
```

4)　仿真结果

ROM 的仿真波形如图 9-21 所示。

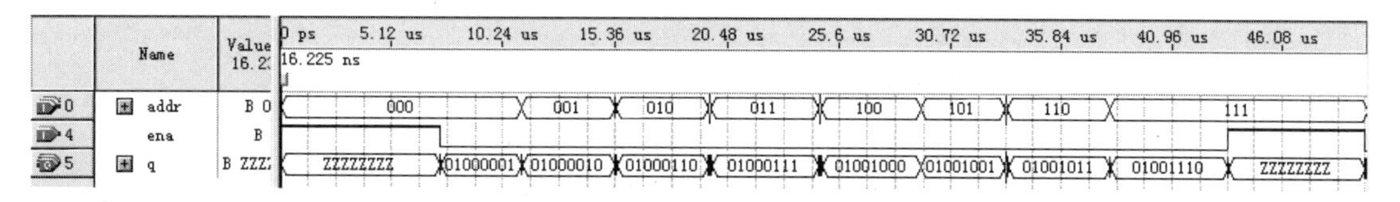

图 9-21　ROM 的仿真波形

5)　程序说明

(1)　ROM 中的数据读出的条件是 en 有效，同时地址数据也有效。

(2)　本程序设计的 ROM，实际上是一个带有使能的 3 线-8 线译码器电路。

(3)　应注意本设计电路在高频工作时会出现冒险。

(4)　读者可自行尝试设计 RAM、FIFO 和栈。

注意：原则上能用并行语句描述的组合电路尽量使用并行语句描述，子程序中描述组合电路必须使用顺序语句来描述。

9.1.7　乘法器设计

1)　设计要求

设计一个三位二进制数的乘法器。

2)　算法设计

VHDL 的算数运算符中有乘法运算符，但在参与运算位数较多的情况下，直接使用乘法运算符综合后所对应的硬件电路将耗费巨大的硬件资源。实际上，当硬件资源有限而又必须进行乘法操作时，通常用加法的形式实现，这样可节约硬件资源。其运算原理如下：

			1	1	1	被乘数
		×	1	1	0	乘数
			0	0	0	temp1
		1	1	1	0	temp2
+	1	1	1	0	0	temp3
1	0	1	0	1	0	积

3)　VHDL 源程序

```
LIBRARY IEEE;
USE IEEE.STD_LOGIC_1164.ALL;
USE IEEE.STD_LOGIC_UNSIGNED.ALL;
ENTITY mul3 IS
    PORT(a,b:IN STD_LOGIC_VECTOR(2 DOWNTO 0);
```

```
        y:OUT STD_LOGIC_VECTOR(5 DOWNTO 0));
END;
ARCHITECTURE bhv OF mul3 IS
SIGNAL temp1:STD_LOGIC_VECTOR(2 DOWNTO 0);
SIGNAL temp2:STD_LOGIC_VECTOR(3 DOWNTO 0);
SIGNAL temp3:STD_LOGIC_VECTOR(4 DOWNTO 0);
BEGIN
temp1<=a WHEN b(0)='1' ELSE "000";
temp2<=(a & '0') WHEN b(1)='1' ELSE "0000";
temp3<=(a & "00") WHEN b(2)='1' ELSE "00000";
y<=temp1+temp2+('0' & temp3);
END;
```

4) 仿真结果

乘法器的仿真波形如图 9-22 所示。

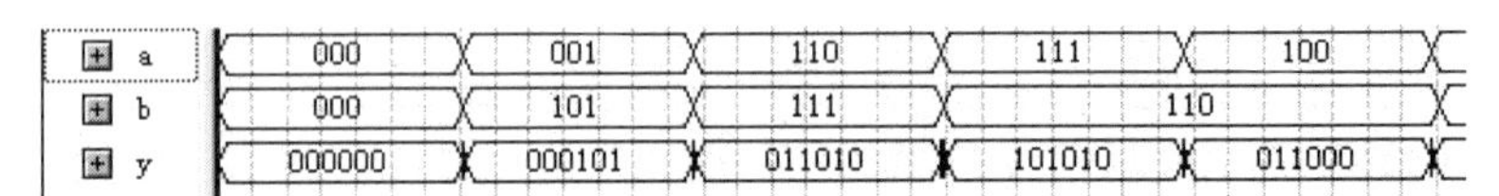

图 9-22　乘法器的仿真波形

5) RTL 电路

乘法器的 RTL 电路图如图 9-23 所示。

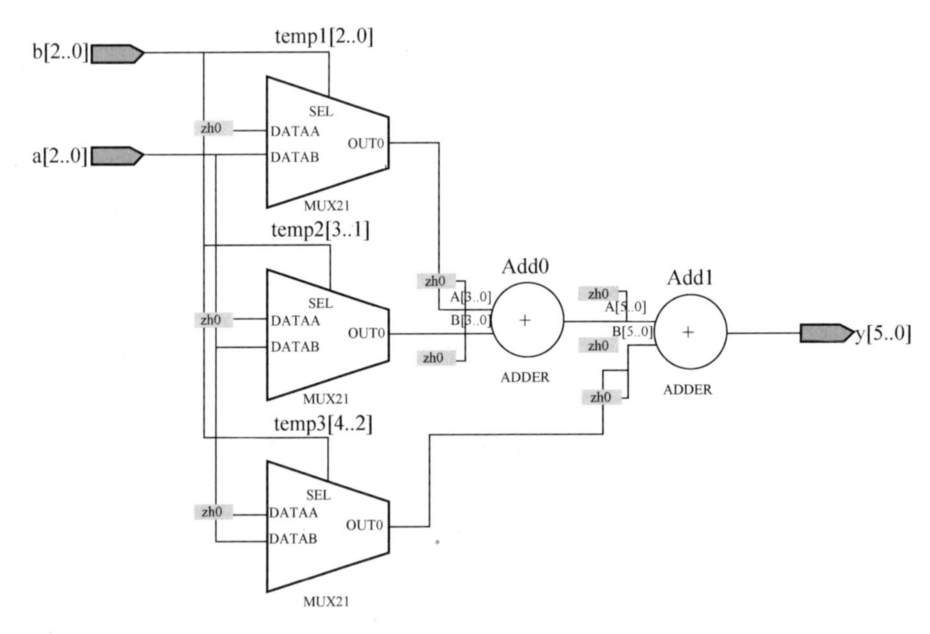

图 9-23　乘法器的 RTL 电路

6) 程序说明

(1) 本设计利用并行信号赋值语句完成乘法运算。

(2) 赋值符“<=”两边的数据类型和位数必须一致。当数据位数不相等而又必须进行运算时可用并置运算符“&”来扩展，并置运算符只能出现在赋值运算符“<=”的右边。

9.2　基本时序逻辑电路设计

1. 时序逻辑电路与进程的关系

时序电路的结构和行为特征决定了只能用进程中的顺序语句进行描述。进程内部通过rising_edge 和 falling_edge 等来描述时钟信号上升沿或下降沿，完成以触发器为主要逻辑结构之一的功能模块。用于描述时序电路的进程具有以下两个特点。

(1) 信号敏感列表中只需要时钟信号(异步复位时需要再加上复位信号)，这是因为同步时序电路中所有的变化都是在时钟信号的上升沿或下降沿。

(2) 进程内部使用相关语句提取出时钟信号的边沿，电路的所有行为都在该时钟沿的控制下完成。

2. 同步时序电路与异步时序电路

触发器是构成时序逻辑电路的基本器件，根据电路中各级触发器时钟端的连接方式，可以将时序电路分为同步时序电路和异步时序电路。同步时序电路中各触发器的时钟端全部连接到同一个时钟源上，各级触发器的状态变化是同时的。而异步时序电路中，各级触发器的时钟端不是连接在同一个时钟源，触发器的状态变化可能不在同一时刻进行。

同步时序电路在目前数字电子系统中占有绝对的优势，和异步时序电路相比具有以下优点。

(1) 同步时序逻辑电路可以减少工作环境对设计的影响。

(2) 同步时序逻辑电路可以有效避免毛刺的影响，提高设计的可靠性。

(3) 同步时序逻辑电路可以简化时序分析过程。时序分析是高速数字电路设计的重要方面，同步时序电路的时序分析相对较简单。

同步时序逻辑电路的优点是很明显的，因而在实际应用中被广泛采用。另一方面，同步时序逻辑电路也存在一些缺点。

(1) 同步时序逻辑电路中时钟信号必须分布到电路上的每个触发器时钟端。即使某些触发器没有任何工作，高频率的时钟翻转仍然会导致该部分电路功耗和热量的产生。

(2) 时序电路都有一个工作频率的上限值，由于同步时序电路中全局只使用同一个时钟，可能导致最高时钟频率被最慢的逻辑路径限制，FPGA 设计中这种路径叫做关键路径。

9.2.1　触发器设计

触发器是时序逻辑电路的基本电路。在时序电路中，是以时钟信号作为驱动信号的，也就是说时序电路是在时钟信号的边沿到来时，它的状态才会发生变化。因此，在时序电

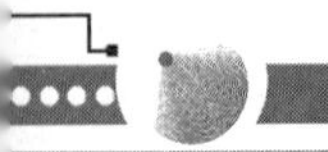

路中时钟信号是非常重要的，它是时序电路的执行和同步信号。常用的触发器包括 RS 触发器、D 触发器、JK 触发器和 T 触发器。

1. 基本 RS 触发器

1) 设计要求

设计一个基本 RS 触发器。

2) 算法设计

RS 触发器真值表如表 9-7 所示。

表 9-7　RS 触发器真值表

时　钟	r	s	q
上升沿	0	0	保持
上升沿	0	1	置“1”
上升沿	1	0	置“0”
上升沿	1	1	约束状态

3) VHDL 源程序

```
LIBRARY IEEE;
USE IEEE.STD_LOGIC_1164.ALL;
ENTITY rsff IS
PORT(r,s,clk:IN STD_LOGIC;
          q:OUT STD_LOGIC);
END;
ARCHITECTURE rsff_bhv OF rsff is
SIGNAL q_temp:STD_LOGIC;
BEGIN
p1:PROCESS
BEGIN
WAIT UNTIL(clk='1');
  q_temp<=s OR ((NOT r) AND q_temp);
END PROCESS;
 q<=q_temp;
END;
```

4) 仿真结果

基本 RS 触发器仿真结果如图 9-24 所示。

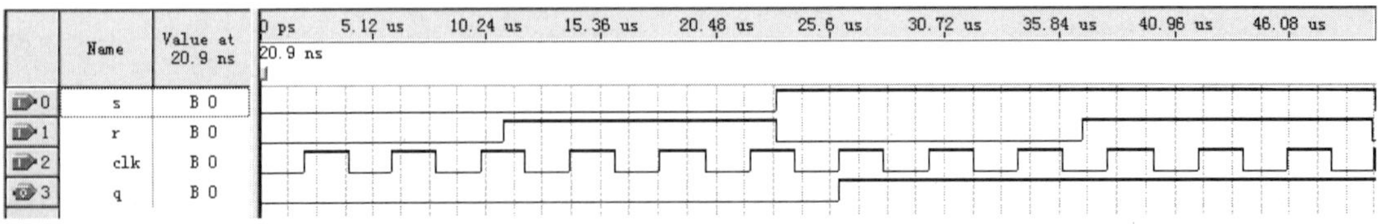

图 9-24　基本 RS 触发器仿真波形

5)　RTL 电路

基本 RS 触发器的 RTL 电路图如图 9-25 所示。

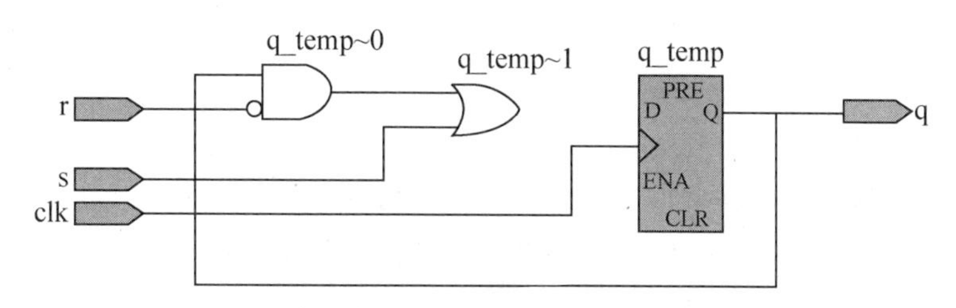

图 9-25　基本 RS 触发器的 RTL 电路

6)　程序说明

(1)　程序使用 WAIT 语句检测时钟上升沿，所以进程语句关键字后没有敏感信号列表。

(2)　此 RS 触发器使用了触发器的状态方程来实现，其他触发器也可采用此种方法来实现。

(3)　请读者使用 IF 语句实现 RS 触发器。

2. 异步复位/置位的 JK 触发器

1)　设计要求

设计一个基本的 JK 触发器。其功能如表 9-8 所示。

表 9-8　JK 触发器真值表

时　钟	set	reset	j	k	q	qb
上升沿	0	1	×	×	1	0
上升沿	1	0	×	×	0	1
上升沿	×	×	0	0	保持	
上升沿	×	×	0	1	0	1
上升沿	×	×	1	0	1	0
上升沿	×	×	1	1	翻转	

2)　算法设计

根据表 9-8，利用其行为方式(IF 语句)进行描述。本设计也可利用数据流的方式来描述，即根据 JK 触发器的特性方程($q = j\overline{q} + \overline{k}q$)进行描述。

3)　VHDL 源程序

```
LIBRARY IEEE;
USE IEEE.STD_LOGIC_1164.ALL;
USE IEEE.STD_LOGIC_SIGNED;
ENTITY asyn_jkff IS
PORT(j,k,clk,set,reset:IN STD_LOGIC;
    q,qb:OUT STD_LOGIC);
```

```
END asyn_jkff;
ARCHITECTURE jkff_bhv OF asyn_jkff IS
SIGNAL q_s,qb_s:STD_LOGIC;
BEGIN
PROCESS(clk,set,reset)
BEGIN
IF(set='0' AND reset='1') THEN  q_s<='1'; qb_s<='0';
ELSIF (set='1' AND reset='0') THEN  q_s<='0';qb_s<='1';
ELSIF (clk'EVENT AND clk='0') THEN
IF(j='0' AND k='1') THEN  q_s<='0';qb_s<='1';
ELSIF (j='1' AND k='0') THEN  q_s<='1';qb_s<='0';
ELSIF (j='1' AND k='1') THEN  q_s<=NOT q_s;qb_s<=NOT qb_s;
END IF;
END IF;
   q<= q_s;
   qb<= qb_s;
END PROCESS;
END;
```

4) 仿真结果

异步复位/置位的 JK 触发器仿真结果如图 9-26 所示。

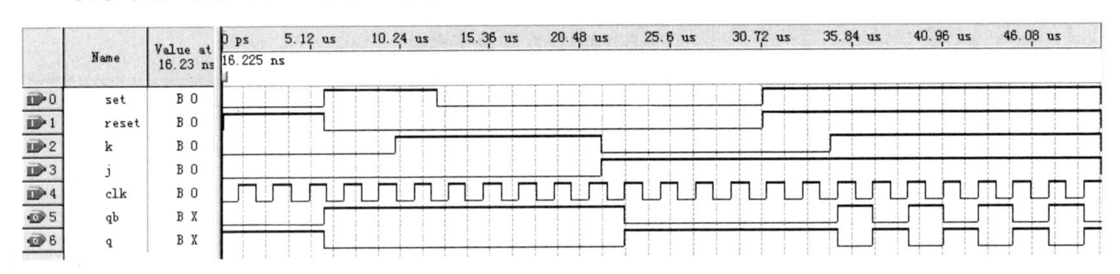

图 9-26 异步复位/置位的 JK 触发器仿真波形

5) 程序说明

(1) 在利用 VHDL 进行数字电路描述时，若已知电路的逻辑方程，也可以用数据流的方式进行描述，这样的程序更加简洁。

(2) 时序逻辑电路的初始状态通常由复位/置位信号来设置。复位/置位方式可以分为同步复位/置位和异步复位/置位。同步复位/置位是指当复位/置位信号有效且在给定的时钟边沿到来时，电路才被复位/置位。异步复位/置位是指一旦复位/置位信号有效，电路就被复位/置位。

(3) 请读者注意 IF 语句的嵌套。

3. 普通 T 触发器

T 触发器又称为翻转触发器。

1) 设计要求

设计一个 T 触发器，真值表如表 9-9 所示。

表 9-9　T 触发器真值表

时　钟	t	q
上升沿	0	保持(q)
上升沿	1	翻转($\overline{q}$)

2)　算法设计

根据状态方程来实现 T 触发器。

3)　VHDL 源程序

```
LIBRARY IEEE;
USE IEEE.STD_LOGIC_1164.ALL;
ENTITY t IS
PORT(t,clk:IN STD_LOGIC;
    q:OUT STD_LOGIC);
END;
ARCHITECTURE t_bhv OF t IS
SIGNAL q_temp:STD_LOGIC;
BEGIN
p1:PROCESS
BEGIN
WAIT UNTIL (clk='1');
   q_temp<=(t AND (NOT q_temp )) OR  (NOT t AND q_temp);
END PROCESS;
   q<=q_temp;
END;
```

4)　仿真结果

普通 T 触发器仿真结果如图 9-27 所示。

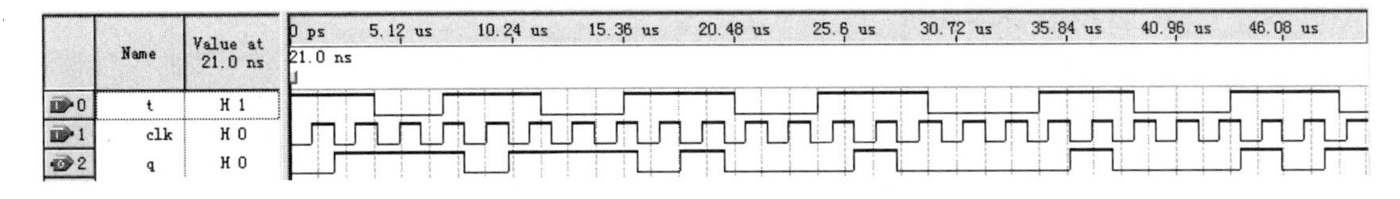

图 9-27　普通 T 触发器仿真波形

5)　RTL 电路

普通 T 触发器的 RTL 电路图如图 9-28 所示。

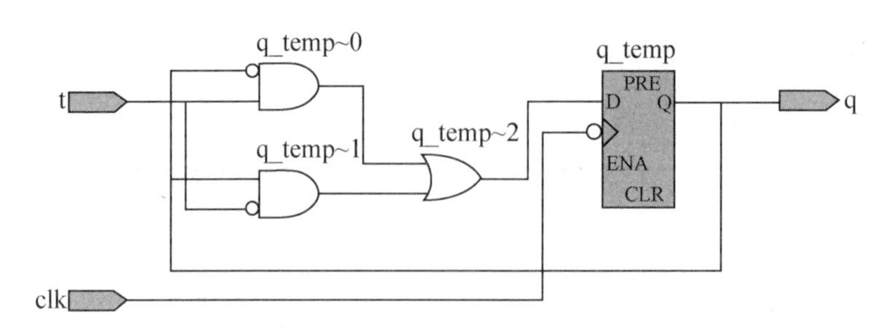

图 9-28　普通 T 触发器的 RTL 电路

6)　程序说明

(1)　状态方程的书写涉及逻辑运算符的书写，请读者注意括号的灵活应用，否则可能会产生错误的逻辑表达式。

(2)　上述 T 触发器采用状态方程实现，请读者思考使用其他实现方式。

9.2.2　移位寄存器设计

移位寄存器除了具有存储数码的功能以外，还具有移位功能。移位是指寄存器中的数据能在时钟脉冲的作用下，依次向左移或向右移，通常由多个 D 触发器连接组成。能使数据向左移的寄存器称为左移移位寄存器，能使数据向右移的寄存器称为右移移位寄存器，能使数据向左移也能向右移的寄存器称为双向移位寄存器。根据移位寄存器存取信息的方式不同分为串入串出、串入并出、并入串出和并入并出四种形式。

下面以 8 位右移移位寄存器和带模式控制的移位寄存器，介绍移位寄存器的设计方法。

1. 8 位右移移位寄存器

1)　设计要求

设计一个 8 位右移并入串出移位寄存器。

2)　算法设计

当 clk 上升沿到来时，如果 load 为高电平，读入欲移位数据；否则，将数据的高七位赋值给低七位，完成右移操作。

3)　VHDL 源程序

```
LIBRARY IEEE;
USE IEEE.STD_LOGIC_1164.ALL;
ENTITY shfrt IS
PORT(clk,load:IN STD_LOGIC;
    din:IN STD_LOGIC_VECTOR(7 DOWNTO 0);
    qb:OUT STD_LOGIC);
END shfrt;
ARCHITECTURE bhv OF shfrt IS
BEGIN
```

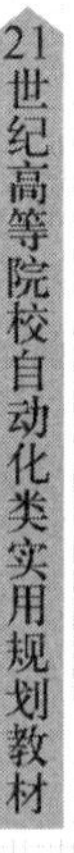

```
PROCESS(clk,load)
VARIABLE reg8:STD_LOGIC_VECTOR(7 DOWNTO 0);
BEGIN
IF clk'EVENT AND clk='1' THEN
  IF load='1' THEN reg8:=din;
    ELSE reg8(6 DOWNTO 0):=reg8(7 DOWNTO 1);
  END IF;
END IF;
qb<=reg8(0);
END PROCESS;
END;
```

4)　仿真结果

8 位右移移位寄存器仿真结果如图 9-29 所示。

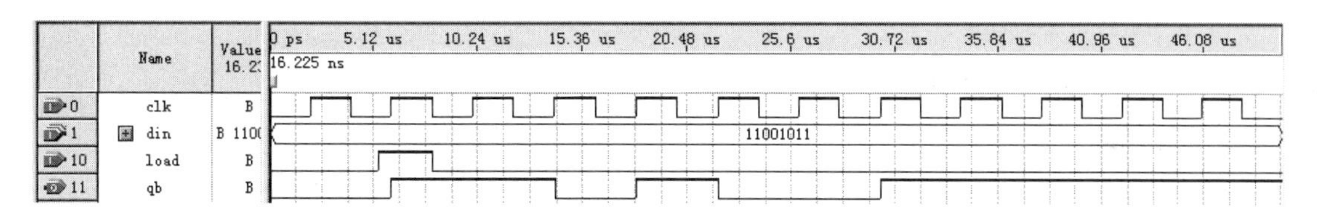

图 9-29　8 位右移移位寄存器仿真波形

5)　RTL 电路

8 位右移并入串出移位寄存器的 RTL 电路图如图 9-30 所示。

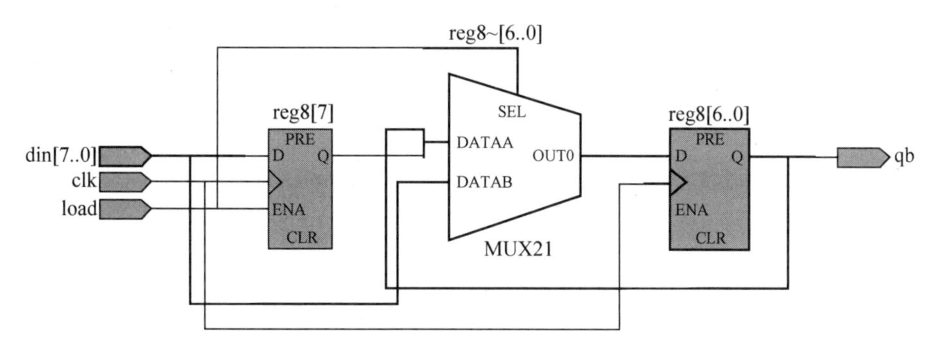

图 9-30　8 位右移并入串出移位寄存器的 RTL 电路

6)　程序说明

(1)　当 load 为‘1’时，读入待移位数据；load 为‘0’时，数据右移，数据输出 qb。

(2)　设计采用 IF 语句和数组赋值语句描述移位寄存器的移位操作，可以简化设计方法。

(3)　在移位寄存器设计时，读者应仔细考虑移位是数据在数组中的替换过程，才能设计出正确的移位寄存器。

2．带模式控制的移位寄存器

1)　设计要求

设计一个模式可控制的移位寄存器，实现带进位循环左移、自循环右移和带进位循环右移功能。

2) 算法设计

使用 CASE 语句和 IF 语句完成设计。

3) VHDL 源程序

```
LIBRARY IEEE;
USE IEEE.STD_LOGIC_1164.ALL;
ENTITY shift_choose IS
PORT(clk,c0: IN STD_LOGIC;                        --时钟和进位输入
    md:IN STD_LOGIC_VECTOR(2 DOWNTO 0);           --移位模式控制字
    d: IN STD_LOGIC_VECTOR(7 DOWNTO 0);           --待加载移位的数据
    qb:OUT STD_LOGIC_VECTOR(7 DOWNTO 0);          --移位数据输出
    cn:OUT STD_LOGIC);                            --进位输出
END shift_choose;
ARCHITECTURE bhv OF shift_choose IS
SIGNAL reg: STD_LOGIC_VECTOR(7 DOWNTO 0);
SIGNAL cy: STD_LOGIC;
BEGIN
PROCESS(clk,md,c0)
BEGIN
IF (clk'EVENT AND clk='1')THEN
    CASE md IS
      WHEN "001" => reg (0) <= c0 ;
                   reg (7 DOWNTO 1) <= reg (6 DOWNTO 0);
                   cy <= reg (7);          --带进位循环左移
      WHEN "010" => reg (0) <= reg (7);
      WHEN "011" => reg (7) <= reg (0);  --自循环右移
                   reg (6 DOWNTO 0) <= reg (7 DOWNTO 1);
      WHEN "100" => reg (7) <= C0 ;        --带进位循环右移
                   reg (6 DOWNTO 0) <= reg (7 DOWNTO 1);
                   cy <= reg (0);
      WHEN "101" => reg (7 DOWNTO 0) <= d(7 DOWNTO 0); --加载待移数
      WHEN OTHERS => reg<= reg ; cy<= cy ;             --保持
END CASE;
END IF;
END PROCESS;
  qb(7 DOWNTO 0) <= reg (7 DOWNTO 0); cn <= cy;      --移位后输出
END;
```

4) 仿真结果

带模式控制的移位寄存器仿真结果如图 9-31 所示。

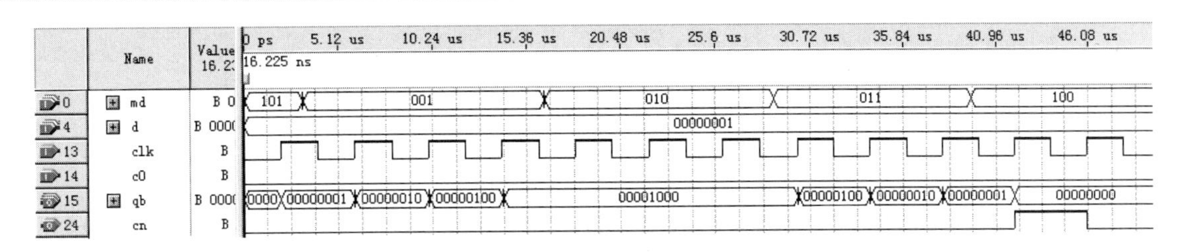

图 9-31　带模式控制的移位寄存器仿真波形

5)　程序说明

(1)　IF 语句完成上升沿检测。

(2)　模式控制输入 md 用于控制移位寄存器的移位方式。

(3)　CASE 语句完成移位模式的选择和实现。

(4)　注意带进位移位寄存器设计。

9.2.3　计数器设计

在数字系统中，计数器可以统计输入脉冲的个数，实现计时、计数、分频、定时、产生节拍脉冲和序列脉冲。常用的计数器包括二进制计数器、十进制计数器、加法计数器、减法计数器和加减计数器。下面介绍普通四位二进制加法计数器、十六进制减法计数器和模值可变加法计数器电路的设计。

1．普通四位二进制加法计数器

1)　设计要求

设计一个四位二进制加法计数器。

2)　算法设计

使用 IF 语句描述该计数器。

3)　VHDL 源程序

```
LIBRARY IEEE;
USE IEEE.STD_LOGIC_1164.ALL;
USE IEEE.STD_LOGIC_UNSIGNED.ALL;
ENTITY cnt4 IS
PORT( clk: IN  STD_LOGIC;
      q:OUT  STD_LOGIC_VECTOR(3 DOWNTO 0));
END cnt4;
ARCHITECTURE  behave  OF  cnt4  IS
SIGNAL q1:STD_LOGIC_VECTOR(3 DOWNTO 0);
BEGIN
PROCESS(clk)
BEGIN
IF (clk'EVENT AND clk = '1') THEN q1<=q1+1;
END IF;
```

```
END PROCESS;
q<=q1;
END;
```

4) 仿真结果

普通四位二进制加法计数器仿真结果如图 9-32 所示。

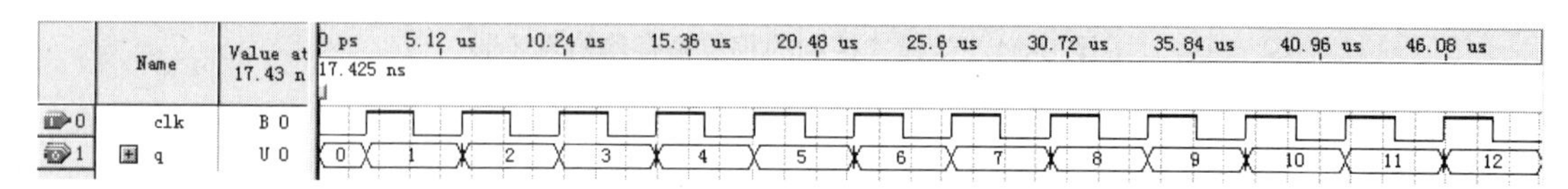

图 9-32 普通四位二进制加法计数器仿真波形

5) RTL 电路

普通四位二进制加法计数器的 RTL 电路图如图 9-33 所示。

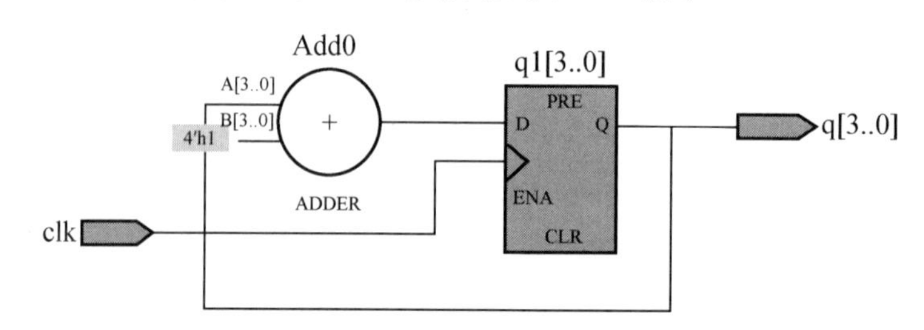

图 9-33 普通四位二进制加法计数器的 RTL 电路

6) 程序说明

(1) 仔细阅读该程序，读者可能会发现程序中有设计问题，问题在 q1<=q1+1 语句中，q1 数据类型为标准逻辑矢量类型，而所加的 1 为整型数据，VHDL 为强类型语言，要求运算符两边数据类型和位数必须相同，所以此句错误。但由于本程序使用了 IEEE 库中的 STD_LOGIC_UNSIGNED 程序包，可以允许标准逻辑量和整形数据直接相加减。

(2) 程序中使用不完整的 IF 语句来实现计数器的设计。

2. 异步复位四位二进制减法计数器

1) 设计要求

设计一个带异步复位、同步使能的四位二进制减法计数器。

2) 算法设计

使用 IF 语句实现异步复位四位二进制减法计数器。

3) VHDL 源程序

```
LIBRARY IEEE;
USE IEEE.STD_LOGIC_1164.ALL;
USE IEEE.STD_LOGIC_UNSIGNED.ALL;
ENTITY cnt_16 IS
PORT(clk,rst,en:IN STD_LOGIC;
    cq:OUT STD_LOGIC_VECTOR(3 DOWNTO 0));
```

```
END cnt_16;
ARCHITECTURE bhv OF cnt_16 IS
BEGIN
PROCESS(clk,rst,en)
VARIABLE cqi:STD_LOGIC_VECTOR(3 DOWNTO 0);
BEGIN
IF rst='1' THEN cqi:="1111";
ELSIF clk'EVENT AND CLK='1' THEN
   IF en='1' THEN
      IF cqi>0 THEN cqi:=cqi-1;
      ELSE cqi:="1111";
      END IF;
   END IF;
END IF;
cq<=cqi;
END PROCESS;
END;
```

4)　仿真结果

异步复位四位二进制减法计数器仿真结果如图 9-34 所示。

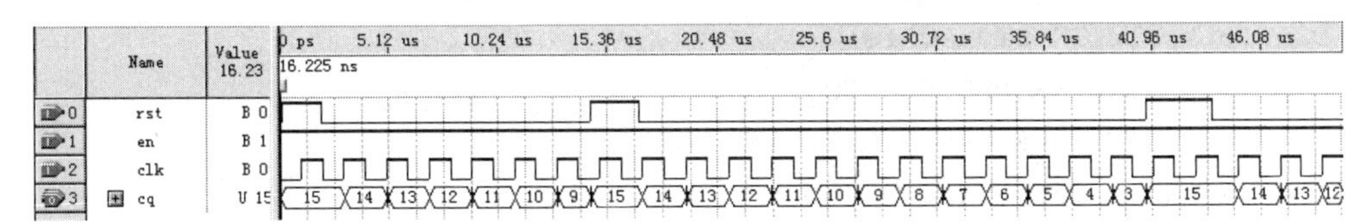

图 9-34　异步复位四位二进制减法计数器仿真波形

5)　RTL 电路

异步复位四位二进制减法计数器的 RTL 电路图如图 9-35 所示。

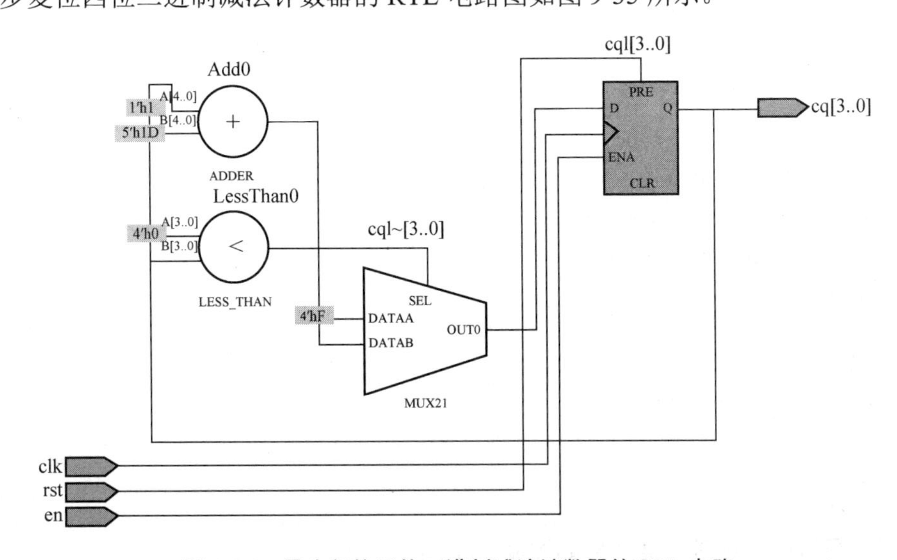

图 9-35　异步复位四位二进制减法计数器的 RTL 电路

6) 程序说明

(1) 注意程序中异步复位和同步使能的实现方法。

(2) cqi:=cqi-1 语句同前例，由于 cqi 定义为变量，所以赋值符号使用“: =”。

(3) 观察 RTL 电路图，由于加入异步复位、同步使能功能，所以 RTL 电路图相对比较复杂。

3. 模值可变加法计数器

1) 设计要求

设计一个模值可变的计数器，其模值的变化范围为 2～15。模值通过输入端口 i 输入，计数值从 y 端口输出。

2) 算法设计

用顺序语句的 IF 语句描述该计数器。

3) VHDL 源程序

```
LIBRARY IEEE;
USE IEEE.STD_LOGIC_1164.ALL;
USE IEEE.STD_LOGIC_UNSIGNED.ALL;
ENTITY variable_add_jsq IS
PORT(clk,clr:IN STD_LOGIC;
    i:IN INTEGER RANGE 0 TO 15;
    y:OUT INTEGER RANGE 0 TO 15);
END variable_add_jsq;
ARCHITECTURE bhv OF variable_add_jsq IS
SIGNAL fpq:INTEGER RANGE 0 TO 15;
SIGNAL m:INTEGER RANGE 1 TO 14;
BEGIN
PROCESS(clk)
BEGIN
m<=i-1;
IF clr='0' THEN fpq<=0;
ELSIF clk'EVENT AND clk='1' THEN
    IF fpq=m THEN fpq<=0;
    ELSE  fpq<=fpq+1;
    END IF;
END IF;
y<=fpq;
END PROCESS;
END;
```

4) 仿真结果

模值可变加法计数器仿真结果如图 9-36 所示。

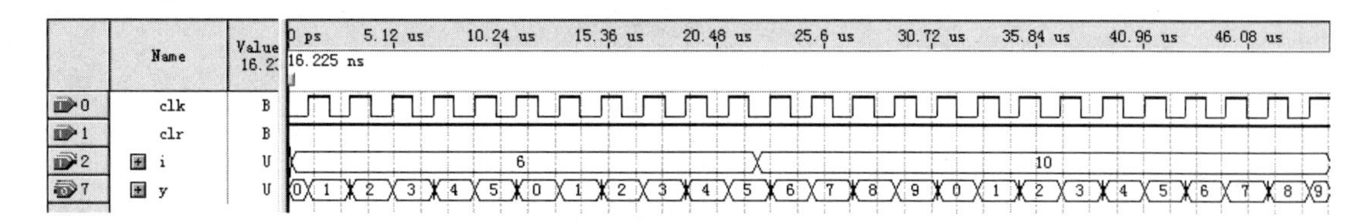

图 9-36　模值可变加法计数器仿真波形

5)　程序说明

(1)　本程序设计的关键是计数最大值的描述，只要写出“fpq=m”，并找出 m 的来源，设计即可完成。本程序中的 m 由人工输入。

(2)　用此类电路组成可变分频系数的分频器，可得到一系列频率信号。

4．扭环型计数器

1)　设计要求

设计一个 4 位移存器型扭环计数器。4 位移存器型扭环计数器用 4 个触发器组成，4 个触发器可以组成一个八进制移存器型扭环计数器。八进制移存器型扭环计数器的编码方案有两组。按移存顺序排列，一组是 15、14、12、8、0、1、3、7，这 8 个数码按顺序形成格雷码(也称循环码)；另一组是 13、10、4、9、2、5、11、6，这 8 个数码按顺序形成非格雷码。由于格雷码的相邻代码之间只有一位发生变化，用其作为计数器的状态编码可靠性好，因此，设计扭环计数器时应采用格雷码编码，而把非格雷码作为非法状态码。

2)　算法设计

用 IF 语句描述 4 位移存器型扭环计数器。

3)　VHDL 源程序

```
ENTITY counter_shift IS
    PORT(clk,rst:IN BIT;
         q:OUT BIT_VECTOR(3 DOWNTO 0));
END;
ARCHITECTURE bhv OF counter_shift IS
SIGNAL tmp1:BIT_VECTOR(3 DOWNTO 0);
SIGNAL tmp2:BIT;
BEGIN
PROCESS(clk,rst)
BEGIN
    IF rst='1' THEN tmp1<="1111";
        ELSIF clk'EVENT AND clk='1' THEN
tmp1(0)<=tmp2;tmp1(3 DOWNTO 1)<=tmp1(2 DOWNTO 0);
    END IF;
    IF (tmp1="0010" OR tmp1="0100" OR tmp1="0110" OR tmp1="1001"
        OR tmp1="1011" OR tmp1="1101" ) THEN tmp2<=tmp1(3);
    ELSE
```

```
        tmp2<=NOT tmp1(3);
    END IF;
END PROCESS;
q<=tmp1;
END;
```

4) 仿真结果

扭环型计数器仿真结果如图 9-37 所示。

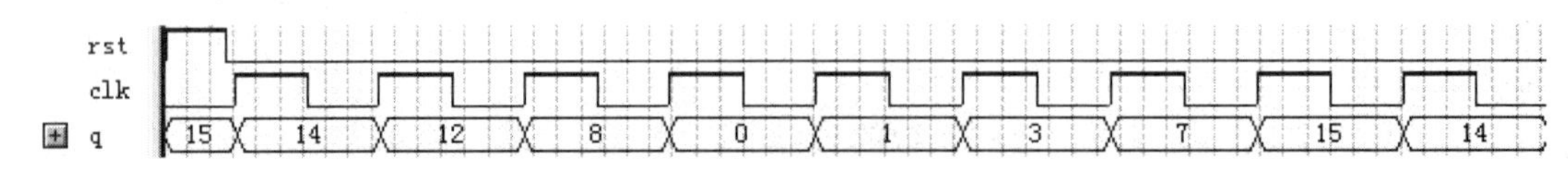

图 9-37 扭环型计数器仿真波形

5) 程序说明

(1) 设计移存器型扭环计数器的关键是描述出 tmp1(0)级的输入信号 tmp2。根据扭环定义，tmp2 来自最后一级的反相器，但是应当考虑自启动问题，即一旦电路进入非法状态，电路能够自动回到正常状态。本程序设计了电路自启动功能。

(2) 此计数器使用异步复位。

(3) 本程序分别使用两个独立的 IF 语句实现计数和非法状态码的排除。

9.2.4 分频器设计

在 FPGA/CPLD 的设计过程中，一个设计难点就是多种时钟频率的需求。我们经常需要在同一个设计项目中使用不同频率的时钟信号，因此往往需要对原始时钟信号进行分频，从而得到所需的时钟频率。根据对原始频率的分频数，可将分频电路分为偶数分频(如 1/8 分频)和奇数分频(如 1/5 分频)两种，这其中又可分为占空比非 50%和占空比 50%的分频器。

1. 偶数倍分频——占空比 50%

偶数分频的原理非常简单，如一个 8 分频的电路。其他偶数分频电路可以通过修改“*N*”的取值得到，确定“*N*”的取值后，电路的分频倍数就为 2(*N*+1)。例如 *N*=3 时，分频倍数就为 8。这是因为计数器从 0 到 3 计数，就有 4 个取值状态，因此输出信号每过 4 个上升沿翻转一次，故其频率就变为原时钟信号的 1/8(输出信号每翻转两次才形成一个完整的周期)。

1) 设计要求

试设计一个 6 分频、占空比 50%的分频电路。

2) 算法设计

使用 IF 语句实现。

3) VHDL 源程序

```
--偶数倍分频电路(6 分频)
LIBRARY IEEE;
```

```
USE IEEE.STD_LOGIC_1164.ALL;
ENTITY even_freqdivider IS
  PORT(clk:IN STD_LOGIC;
      reset:IN STD_LOGIC;
      clkout:OUT STD_LOGIC);
END even_freqdivider;
ARCHITECTURE behavioral OF even_freqdivider IS
SIGNAL c:STD_LOGIC;
CONSTANT N:INTEGER:=2;  --定义分频基数
BEGIN
  clkout<=c;
PROCESS(clk)
  VARIABLE cnt:INTEGER RANGE 0 TO n;
BEGIN
  IF(clk'EVENT AND clk='1') THEN
    IF(reset='1') THEN          --同步复位
      c<='0';
      cnt:=0;
    ELSIF  (cnt=N) THEN
      c<=NOT c;
      cnt:=0;
      ELSE
         cnt:=cnt+1;
    END IF;
END IF;
END PROCESS;
END behavioral;
```

4)　仿真结果

偶数倍分频——占空比 50%仿真结果如图 9-38 所示。

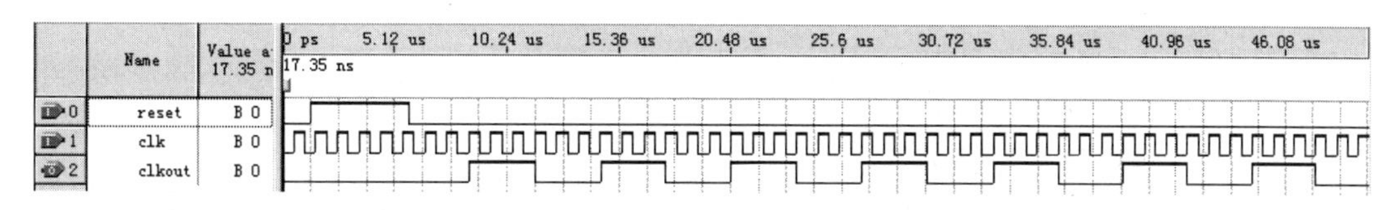

图 9-38　偶数倍分频——占空比 50%仿真波形

5)　RTL 电路

偶数倍分频——占空比 50%的 RTL 电路图如图 9-39 所示。

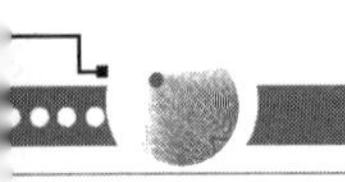

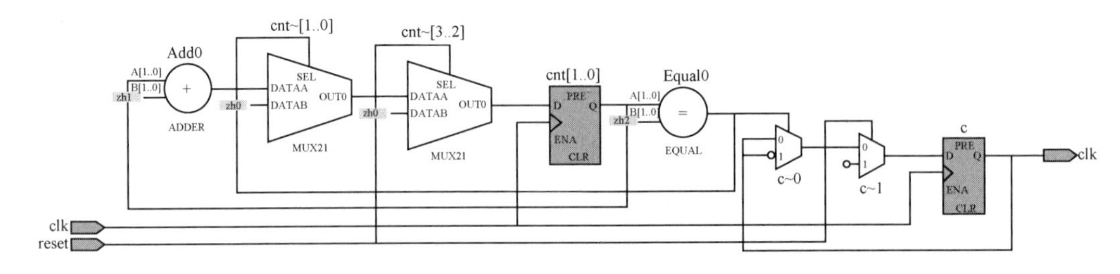

图 9-39 偶数倍分频——占空比 50%的 RTL 电路

6) 程序说明

(1) 此设计的重点在于 temp 中的分频系数，只需修改此分频系数即可修改为不同的分频器，而分频系数由希望分频的数除 2(占空比为 50%)减 1(从 0 开始计数)，然后转换成二进制，将值赋予 cnt 即可。由于占空比非 50%的分频器很简单，在此不做介绍。

(2) 程序使用同步复位。

2. 奇数倍分频

奇数分频电路也可以通过计数法得到，与偶数分频不同的是，由于分频倍数为奇数，不可能进行整除 2 操作，所以得不到占空比为 50%的分频器，需要设计者在设计之初根据需要决定分频基数，如 5 分频，可以 1-4 分频(1 个高电平，4 个低电平)，也可以 2-3 分频(2 个高电平，3 个低电平)。

1) 占空比非 50%

(1) 设计要求。

试设计一个 5 分频占空比非 50%的 3-2 分频电路(3 个高电平，2 个低电平)。

(2) 算法设计。

使用 IF 语句实现设计任务。

(3) VHDL 源程序。

```
--奇数倍分频电路(5 分频,占空比非 50%)
LIBRARY IEEE;
USE IEEE.STD_LOGIC_1164.ALL;
ENTITY odd_freqdivider IS
   PORT(clk:IN STD_LOGIC;
        reset:IN STD_LOGIC;
        clkout:OUT STD_LOGIC);
END odd_freqdivider;
ARCHITECTURE behavioral OF odd_freqdivider IS
CONSTANT n:INTEGER:=4;  --定义分频基数
SIGNAL cnt:INTEGER RANGE 0 TO n;
BEGIN
PROCESS(clk)
BEGIN
```

```
      IF(clk'EVENT AND clk='1') THEN
        IF(reset='1') THEN          --同步复位
          cnt<=0;
        ELSE IF (cnt=N) THEN
          cnt<=0;
            ELSE
              cnt<=cnt+1;
            END IF;
        IF (cnt<n/2) THEN
              clkout<='0';
        ELSE
              clkout<='1';
        END IF;
  END IF;
  END IF;
  END PROCESS;
  END behavioral;
```

(4) 仿真结果。

奇数倍分频——占空比非 50%仿真结果如图 9-40 所示。

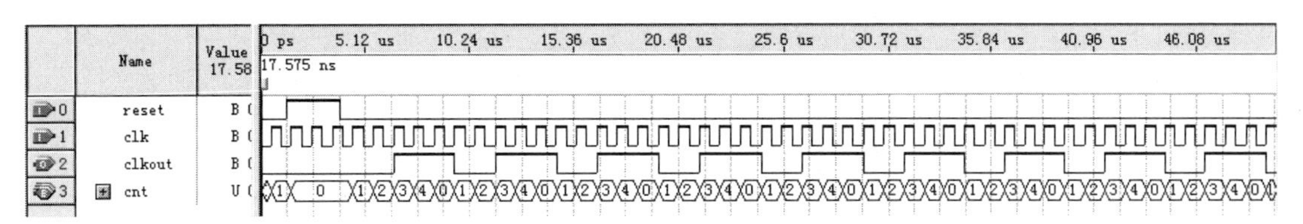

图 9-40　奇数倍分频——占空比非 50%仿真波形

(5) RTL 电路。

奇数倍分频——占空比非 50%的 RTL 电路图如图 9-41 所示。

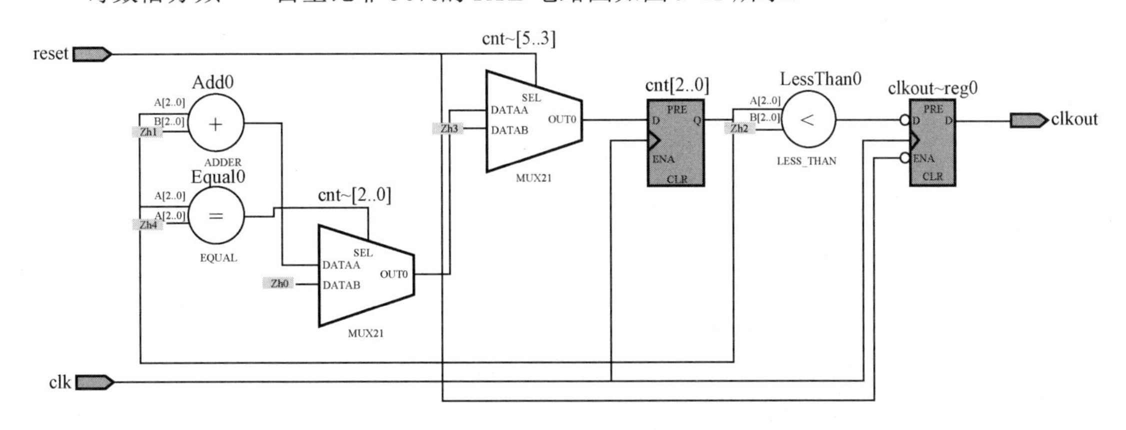

图 9-41　奇数倍分频——占空比非 50%的 RTL 电路

(6) 程序说明。

由于分频倍数是 5 分频，需要将原来时钟信号的 5 个周期变成 1 个周期输出，因此本程序无法实现占空比 50%的分频。

2) 占空比 50%

作为 VHDL 的初学者，可能会想到一个简单的解决办法，即可以对信号的上升沿和下降沿同时计数，以 1/5 分频为例，如上升沿计数到 1，而下降沿计数到 2，则可以输出反转，从而实现占空比 50%的 5 分频。但是，VHDL 设计过程中不建议在同一个进程中使用信号的两个沿，特别是在两个沿对同一信号进行赋值。当然也可将上升沿和下降沿的计数器分别在两个进程中实现，然后通过信号传递参数设计实现，此处不再设计实现。下面的分频器占空比 50%的奇数分频器采用计数法结合错位“异或”法设计实现。

(1) 设计要求。

试设计一个 5 分频占空比 50%的分频电路。

(2) 算法设计。

使用 IF 语句完成设计任务。

(3) VHDL 源程序。

```
--奇数倍分频电路(5 分频,占空比 50%)
LIBRARY IEEE;
USE IEEE.STD_LOGIC_1164.ALL;
ENTITY odd_freqdivider2 IS
   PORT(clk:IN STD_LOGIC;
        reset:IN STD_LOGIC;
        clkout:OUT STD_LOGIC);
END odd_freqdivider2;
ARCHITECTURE behavioral OF odd_freqdivider2 IS
SIGNAL cnt:INTEGER RANGE 0 TO 4; --定义分频基数
SIGNAL temp1,temp2:STD_LOGIC;
BEGIN
    clkout<=temp1 XOR temp2;   --异或输出
PROCESS(clk)
BEGIN
      IF(reset='1') THEN          --异步复位
        cnt<=0;
        temp1<='0';
        temp2<='0';
      ELSE IF (rising_edge(clk)) THEN
          IF (cnt=4) THEN  --上升沿，cnt 从 0 到 4 计数
             cnt<=0;
             temp1<=NOT temp1;
          ELSE
```

```
            cnt<=cnt+1;
          END IF;
          END IF;
      IF (falling_edge(clk)) THEN
      IF (cnt=2) THEN
          temp2<=NOT temp2;
      END IF;
      END IF;
END IF;
END PROCESS;
END behavioral;
```

(4)　仿真结果。

奇数倍分频——占空比 50%仿真结果如图 9-42 所示。

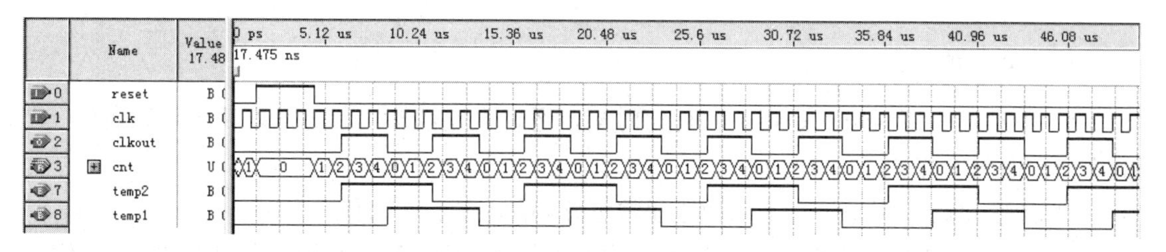

图 9-42　奇数倍分频——占空比 50%仿真波形

(5)　RTL 电路。

奇数倍分频——占空比 50%的 RTL 电路图如图 9-43 所示。

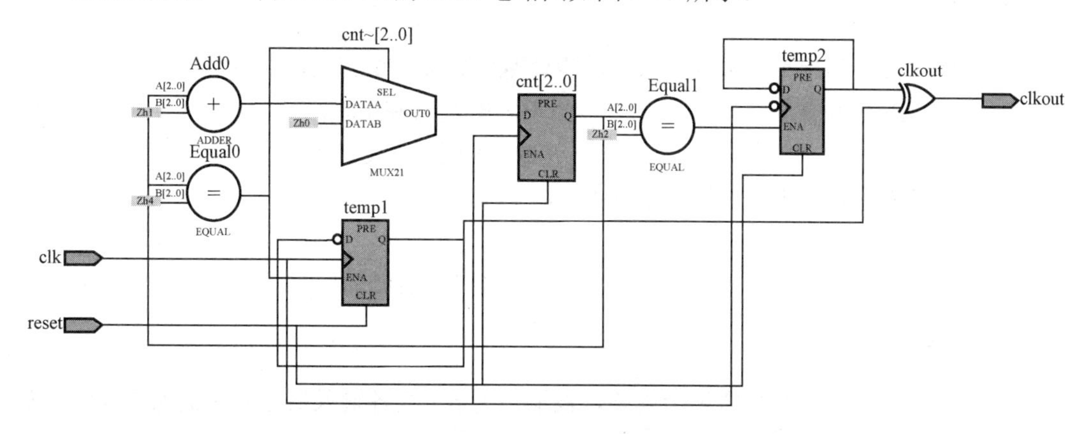

图 9-43　奇数倍分频——占空比 50%的 RTL 电路

(6)　程序说明。

该设计在 clk 信号的上升沿和下降沿处进行赋值的信号不相同(上升沿处是 cnt 和 temp1，下降沿处是 temp2)，因而可以通过综合。如果在两个沿处都对同一个信号进行赋值，则无法通过综合。一般不建议在同一个进程中使用信号的两个沿，如果在两个沿处都对同一信号进行赋值，则无法通过综合。对于多边沿触发问题读者应深入了解。

本 章 小 结

本章主要介绍了一些常用数字电路的 VHDL 描述，包括组合逻辑和时序逻辑电路，通过本章的学习，旨在进一步掌握 VHDL 的基础知识。这些基本典型电路的 VHDL 描述，往往是组成更复杂数字系统的模块，是 VHDL 进行数字系统设计的基础。

组合逻辑电路的 VHDL 描述有各种基本逻辑门电路、编码器、译码器、加减法器、乘法器、三态门和双向缓冲器等。

时序逻辑电路有触发器、计数器、移位寄存器和分频器等。

习　　题

一、填空题

1．所谓组合逻辑电路是指：在任何时刻，逻辑电路的输出状态只取决于电路各(　　)的组合，而与电路的(　　)无关。

2．数字电路按照是否有记忆功能通常可分为两类：(　　)和(　　)。

3．(　　)是组成寄存器和移位寄存器的基本单元电器，而一个触发器可存放(　　)位二进制代码，一个 *n* 位的数码寄存器和移位寄存器需由 *n* 个触发器组成。

4．常见的触发器有(　　)、(　　)、(　　)和(　　)。

二、选择题

1．同步计数器和异步计数器比较，同步计数器的显著优点是(　　)。

A．工作速度高　　B．触发器利用率高

C．电路简单　　D．不受时钟 CP 控制

2．下列逻辑电路中为时序逻辑电路的是(　　)。

A．变量译码器　　B．加法器

C．数码寄存器　　D．数据选择器

三、简答题

1．试设计一个 4 位并行奇校验电路，设输出为 p。当各输入信号同时输入的逻辑‘1’的个数的总和为奇数时，输出 p=1，否则 p=0。

2．设计一个 8 位二进制补码生成电路，设输入为 d[7..0]，输出为 p[7..0]。

3．试设计一个 4 位组合移位器，功能如表 9-10 所示，d[3..0]为输入，控制位为 kz[1..0]，输出为 f[3..0]。

表 9-10　4 位组合移位器功能表

控制位 kz[1..0]	输出 f[3..0]	功　能
00	d3d2d1d0	不移位
01	d2d1d0d3	循环左移 1 位
10	d1d0d3d2	循环左移 2 位
11	d0d3d2d1	循环左移 3 位

4．用 VHDL 设计 4 位同步二进制加法计数器，输入为时钟端 clk 和异步清除端 clr，进位输出端为 c。

5．用 VHDL 设计两位 BCD 数加法器。

6．设计 8D 锁存器，输入为 d、clk 和 oe，输出为 q。

7．设计一个一百二十八进制的同步复位加法计数器，时钟端为 clk，复位端为 rst，技术输出端为 q。

8．用 VHDL 设计 16 位全减器电路，要求首先设计一个 4 位全减器，然后用元件例化语句设计 16 位全减器。

9．用 VHDL 的生成语句和元件例化语句分别设计双四选一数据选择器。

第 10 章

接口电路设计

教学目标

通过本章知识的学习，掌握常见接口控制电路的 VHDL 设计方法；掌握数字系统示例的分析与设计方法；通过对示例程序的琢磨，形成自己的设计思路；掌握和巩固 Quartus 软件的设计流程，为继续深入学习做好准备。

10.1 LED 控制电路设计

发光二极管(light emitting diode，LED)是最基本、最简单的数字量输出设备，它仅有“亮”和“灭”两种状态，与数字电路的“0”和“1”两种状态可直接对应，便于数字系统去控制。本节将介绍使用可编程逻辑设备控制发光二极管的显示输出。

10.1.1 基础知识

发光二极管是半导体二极管的一种，可以把电能转化成光能，常简写为 LED。发光二极管与普通二极管一样是由一个 PN 结组成，也具有单向导电性。当给发光二极管加上正向电压后，从 P 区注入到 N 区的空穴和由 N 区注入到 P 区的电子，在 PN 结附近数微米内分别与 N 区的电子和 P 区的空穴复合，产生自发辐射的荧光。不同的半导体材料中电子和空穴所处的能量状态不同。当电子和空穴复合时释放出的能量越多，则发出的光的波长越短。常用的是发红光、绿光或黄光的二极管。

10.1.2 12 路彩灯控制器的设计

1. 设计任务

设计一个 12 路彩灯控制器，实现 12 个发光二极管从中间到两边以 1 秒钟为周期循环点亮。

2. 设计分析

设计由分频器模块和控制器模块构成，分频器负责将输入的时钟信号分频为本设计需要的 1Hz 的时钟信号，控制器实现发光二极管的移位和循环控制。其顶层设计原理图如图 10-1 所示。

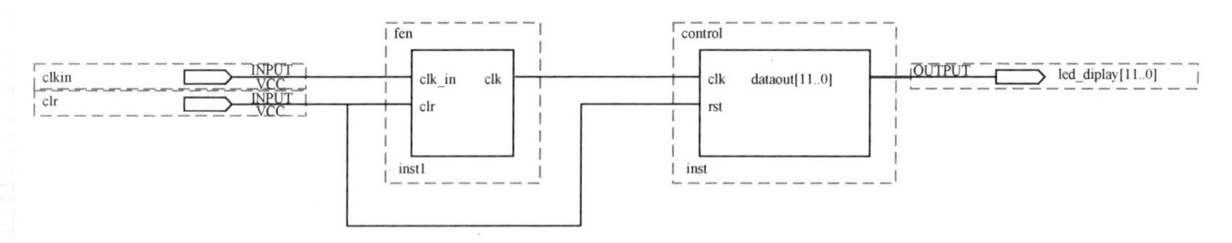

图 10-1 12 路彩灯控制器顶层原理图

3. 设计源程序

分频电路程序设计源程序：

```
LIBRARY IEEE;
```

```
USE IEEE.STD_LOGIC_UNSIGNED.ALL;
USE IEEE.STD_LOGIC_1164.ALL;
ENTITY fen IS
PORT(clk_in,clr:IN STD_LOGIC;
          clk:OUT STD_LOGIC);
END;
ARCHITECTURE bhv OF fen IS
SIGNAL cp:STD_LOGIC;
SIGNAL temp:STD_LOGIC_VECTOR(22 DOWNTO 0);
BEGIN
  PROCESS(clk_in,clr)
  BEGIN
  IF clr='0' THEN    --当clr=0时清零，否则正常工作
     cp<='0';temp<="00000000000000000000000";
  ELSIF clk_in'event AND clk_in='1'  THEN
        IF  temp="10101000101111111111111"  THEN
            temp<="00000000000000000000000";cp<=NOT cp;
        ELSE temp<= temp+'1';
        END IF;
END IF;
END PROCESS;
 clk<=cp;
END  bhv;
```

控制模块程序设计源程序：

```
LIBRARY IEEE;
USE IEEE.STD_LOGIC_1164.ALL;
USE IEEE.STD_LOGIC_ARITH.ALL;
USE IEEE.STD_LOGIC_UNSIGNED.ALL;
ENTITY control IS
   PORT (
      clk: IN STD_LOGIC;
      rst: IN STD_LOGIC;
      dataout: OUT STD_LOGIC_VECTOR (11 DOWNTO 0));
END;
ARCHITECTURE arch OF control IS
   SIGNAL dataout_tmp: STD_LOGIC_VECTOR (11 DOWNTO 0);
BEGIN
   dataout <= dataout_tmp;
   PROCESS(clk,rst)
   BEGIN
```

```
        IF ( rst = '1') THEN                  --共阳极发光二极管，低电平有效
          dataout_tmp <= "111110011111";   --为 0 的 bit 位代表要点亮的 LED 的位置
        ELSIF(clk'event and clk='1')THEN
            dataout_tmp(4 DOWNTO 0) <= dataout_tmp(5 DOWNTO 1);
            dataout_tmp(5) <= dataout_tmp(0);
            dataout_tmp(11 DOWNTO 7) <= dataout_tmp(10 DOWNTO 6);
            dataout_tmp(6) <= dataout_tmp(11);
          END IF;
      END PROCESS;
    END;
```

4. 仿真结果

对设计进行仿真，仿真结果如图 10-2 所示。

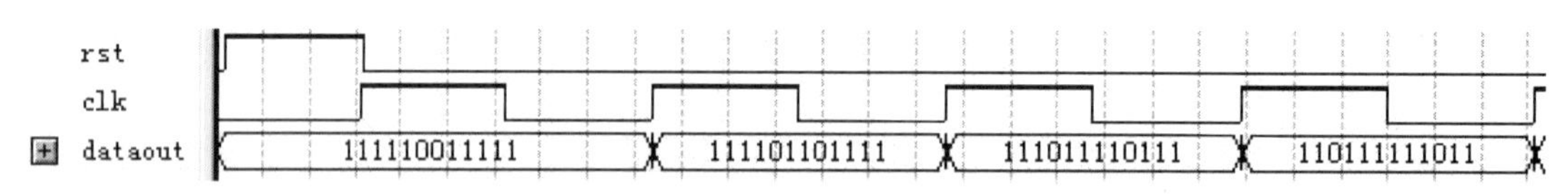

图 10-2　12 路彩灯控制器仿真结果

10.1.3　彩灯控制电路的设计

1. 设计任务

设计一个 8 路彩灯控制器，可实现 4 种工作模式的循环显示，4 种显示模式为：从左到右逐个点亮；从右到左逐个点亮；从两边到中间逐个点亮；从中间到两边逐个点亮。

2. 设计分析

设计由分频器模块和控制器模块构成，分频器负责将输入的时钟信号分频为本设计需要的 1Hz 的时钟信号；控制器采用状态机设计，分别实现 4 种工作模式的切换和各个模式内部发光二极管的闪烁过程。设计的顶层设计原理图如图 10-3 所示。

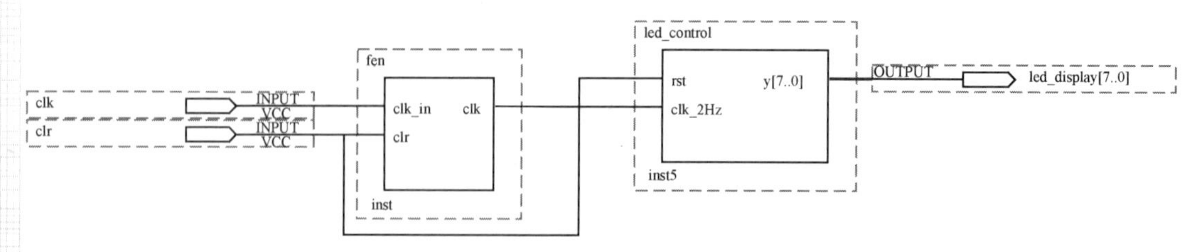

图 10-3　8 路彩灯控制器的顶层原理图

3. 设计源程序

彩灯控制器模块程序设计：

```
LIBRARY IEEE;
USE IEEE.STD_LOGIC_1164.ALL;
USE IEEE.STD_LOGIC_UNSIGNED.ALL;
ENTITY led_control IS
PORT(rst,clk_2Hz:IN STD_LOGIC;
    y:OUT STD_LOGIC_VECTOR(7 DOWNTO 0));
END;
ARCHITECTURE bhv OF led_control IS
TYPE state_type IS(s0,s1,s2,s3);
SIGNAL tmp:STD_LOGIC_VECTOR(7 DOWNTO 0);
SIGNAL cnt:STD_LOGIC_VECTOR(2 DOWNTO 0);
SIGNAL present_state:state_type;
BEGIN
PROCESS(rst,clk_2Hz)
BEGIN
IF (rst='1') THEN   present_state<=s0;
              tmp<="01111111";cnt<="000";
ELSIF (clk_2Hz'EVENT AND clk_2Hz='1') THEN
    CASE present_state IS
        WHEN s0=>IF (cnt="111") THEN
                    tmp<="11111110";
                    present_state<=s1;
                    cnt<="000";
                  ELSE
                    tmp<=tmp(0)&tmp(7 DOWNTO 1);
                    present_state<=s0;
                    cnt<=cnt+1;
                  END IF;
        WHEN s1=>IF (cnt="111") THEN
                    tmp<="01111110";
                    present_state<=s2;
                    cnt<="000";
                  ELSE
                    tmp<=tmp(6 DOWNTO 0)&tmp(7);
                    present_state<=s1;
                    cnt<=cnt+1;
                  END IF;
        WHEN s2=>IF (cnt="011") THEN
                    tmp<="11100111";
                    present_state<=s3;
                    cnt<="000";
```

```
                    ELSE
                       tmp(7 DOWNTO 4)<=tmp(4)&tmp(7 DOWNTO 5);
                       tmp(3 DOWNTO 0)<=tmp(2 DOWNTO 0)&tmp(3);
                       present_state<=s2;
                       cnt<=cnt+1;
                    END IF;
           WHEN s3=>IF (cnt="011") THEN
                       tmp<="01111111";
                       present_state<=s0;
                       cnt<="000";
                    ELSE
                       tmp(7 DOWNTO 4)<=tmp(6 DOWNTO 4)&tmp(7);
                       tmp(3 DOWNTO 0)<=tmp(0)&tmp(3 DOWNTO 1);
                       present_state<=s3;
                       cnt<=cnt+1;
                    END IF;
           WHEN OTHERS=>present_state<=S0;tmp<="01111111";
      END CASE;
  END IF;
  END PROCESS;
  y<=tmp;
  END;
```

4. 仿真结果

对设计进行仿真，仿真结果如图 10-4 所示。本设计中没有分频器程序，读者可自己设计或直接采用上例中的分频程序。

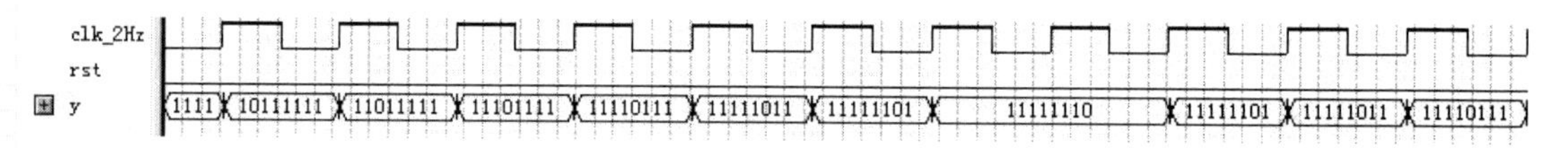

图 10-4　8 路彩灯控制器仿真结果

10.2　蜂鸣器控制电路设计

蜂鸣器和发光二极管类似，只有鸣叫和不鸣叫两种状态，都属于数字系统直接输出高低电平控制的，只有两种状态的外围设备。

10.2.1　基础知识

蜂鸣器采用直流电压供电，作发声器件，广泛应用于各种电子产品。在可编程逻辑数字系统设计时，多用于提示或报警，普通蜂鸣器有两根引脚，较长的一根是正极，较短的一根是负极。蜂鸣器的工作电流一般较大，需要利用放大电路来驱动，一般使用三极管来放大电流就可以了。

10.2.2　蜂鸣器控制电路的设计

1. 设计任务

使蜂鸣器发出“哆来咪发梭拉西哆”的音调。

2. 设计分析

向蜂鸣器发送一定频率的方波可以使蜂鸣器发出相应的音调，通过设计一个状态机和分频器使蜂鸣器发出“哆来咪发梭拉西哆”的音调，音调和频率的关系如表 10-1 所示。状态机用于控制音调持续的时间和音调的切换，分频器用于产生不同的频率，从而实现产生不同的声音。本设计实现蜂鸣器发出中音区的“哆来咪发梭拉西哆”的音调。

表 10-1　音调和频率的关系

低　音	频率/Hz	中　音	频率/Hz	高　音	频率/Hz
1	262	1	523	1	1046
2	294	2	587	2	1175
3	330	3	659	3	1319
4	349	4	698	4	1397
5	392	5	784	5	1568
6	440	6	880	6	1760
7	494	7	988	7	1976

3. 设计源程序

```
LIBRARY IEEE;
USE IEEE.STD_LOGIC_1164.ALL;
USE IEEE.STD_LOGIC_ARITH.ALL;
USE IEEE.STD_LOGIC_UNSIGNED.ALL;
ENTITY buzzer IS
  PORT (
     clk,rst:IN std_logic;    --clk 输入的原始时钟信号
     out_bit:OUT std_logic);    --将分频后的时钟信号送入蜂鸣器，发出不同音响
END;
ARCHITECTURE arch OF buzzer IS
SIGNAL clk_div1:STD_LOGIC_VECTOR(3 DOWNTO 0);  --基频分频计数器，基频为 40M
SIGNAL clk_div2:STD_LOGIC_VECTOR(12 DOWNTO 0);
```

```
                                --音阶分频计数器，由基频分频产生各个音阶
SIGNAL cnt:STD_LOGIC_VECTOR(21 DOWNTO 0);  --各音阶发声时间长短计数器
SIGNAL state:STD_LOGIC_VECTOR(2 DOWNTO 0);   --各个音调的分频系数
CONSTANT  duo:STD_LOGIC_VECTOR(12 DOWNTO 0):="0111011101110";
                                              --(4M÷523)÷2-1
CONSTANT  lai:STD_LOGIC_VECTOR(12 DOWNTO 0):="0110101001101";
                                              --(4M÷587)÷2-1
CONSTANT  mi:STD_LOGIC_VECTOR(12 DOWNTO 0):="0101111011010";
CONSTANT  fa:STD_LOGIC_VECTOR(12 DOWNTO 0):="0101100110001";
CONSTANT  suo:STD_LOGIC_VECTOR(12 DOWNTO 0):="0100111110111";
CONSTANT  la:STD_LOGIC_VECTOR(12 DOWNTO 0):="0100011100001";
CONSTANT  xi:STD_LOGIC_VECTOR(12 DOWNTO 0):="0011111101000";
CONSTANT  duo1:STD_LOGIC_VECTOR(12 DOWNTO 0):="0011101110111";
SIGNAL out_bit_tmp:STD_LOGIC;    --用于临时存储 8 个音调中被选中的那个音调
BEGIN
   out_bit<=out_bit_tmp;    --将选中的音调送往最终输出引脚
--***************十分频部分***************--
PROCESS(clk,rst)
BEGIN
    IF (NOT rst = '1') THEN    -- rst = '0'进行复位操作
        clk_div1 <= "0000";
    ELSIF(clk'EVENT AND clk='1')THEN  -- 将原始时钟进行以 10 为基数的分频
        IF  (clk_div1 /= "1001")  THEN  clk_div1 <= clk_div1 + "0001";
        ELSE  clk_div1 <= "0000";
        END IF;
    END IF;
END PROCESS;
--***************音调控制部分***************--
PROCESS(clk,rst)
BEGIN
IF (NOT rst = '1') THEN
    clk_div2 <= "0000000000000";state <= "000";
    cnt <= "0000000000000000000000";out_bit_tmp <= '0';
ELSIF(clk'EVENT AND clk='1')THEN
    IF (clk_div1 = "1001") THEN   --每 10 个原始时钟周期进行一次状态判断
      CASE state IS
        WHEN "000" =>              --发“哆”
                    cnt <= cnt + "0000000000000000000001";
                    IF (cnt = "1111111111111111111111") THEN state <= "001";
                                 --当计数满 cnt 进行状态切换，音调持续时间
                    END IF;
```

21世纪高等院校自动化类实用规划教材

```
                IF (clk_div2 /= duo) THEN   --分频电路，发出“多”
                        clk_div2 <= clk_div2 + "0000000000001";
                ELSE    clk_div2 <= "0000000000000";
                        out_bit_tmp <= NOT out_bit_tmp;
                END IF;
        WHEN "001" =>               --发“来”
                cnt <= cnt + "0000000000000000000001";
                IF (cnt = "1111111111111111111111") THEN  state <= "010";
                END IF;
                IF (clk_div2 /=lai) THEN
                        clk_div2 <= clk_div2 + "0000000000001";
                ELSE    clk_div2 <= "0000000000000";
                        out_bit_tmp <= NOT out_bit_tmp;
                END IF;
        WHEN "010" =>               --发“咪”
                cnt <= cnt + "0000000000000000000001";
                IF (cnt = "1111111111111111111111") THEN state <= "011";
                END IF;
                IF (clk_div2 /=mi) THEN
                        clk_div2 <= clk_div2 + "0000000000001";
                ELSE    clk_div2 <= "0000000000000";
                        out_bit_tmp <= NOT out_bit_tmp;
                END IF;
        WHEN "011" =>               --发“发”
                cnt <= cnt + "0000000000000000000001";
                IF (cnt = "1111111111111111111111") THEN state <= "100";
                END IF;
                IF (clk_div2 /=fa) THEN
                        clk_div2 <= clk_div2 + "0000000000001";
                ELSE    clk_div2 <= "0000000000000";
                        out_bit_tmp <= NOT out_bit_tmp;
                END IF;
        WHEN "100" =>              --发“梭”
                cnt <= cnt + "0000000000000000000001";
                IF (cnt = "1111111111111111111111") THEN state <= "101";
                END IF;
                IF (clk_div2 /=suo) THEN
                       clk_div2 <= clk_div2 + "0000000000001";
                ELSE   clk_div2 <= "0000000000000";
                       out_bit_tmp <= NOT out_bit_tmp;
                END IF;
```

```
        WHEN "101" =>               --发“拉”
                    cnt <= cnt + "0000000000000000000001";
                    IF (cnt = "1111111111111111111111") THEN state <= "110";
                    END IF;
                    IF (clk_div2 /= la) THEN
                           clk_div2 <= clk_div2 + "0000000000001";
                    ELSE   clk_div2 <= "0000000000000";
                           out_bit_tmp <= NOT out_bit_tmp;
                    END IF;
        WHEN "110" =>               --发“西”
                    cnt <= cnt + "0000000000000000000001";
                    IF (cnt = "1111111111111111111111") THEN state <= "111";
                    END IF;
                    IF (clk_div2 /= xi) THEN
                           clk_div2 <= clk_div2 + "0000000000001";
                    ELSE   clk_div2 <= "0000000000000";
                           out_bit_tmp <= NOT out_bit_tmp;
                    END IF;
        WHEN "111" =>               --发“哆”(高音)
                    cnt <= cnt + "0000000000000000000001";
                    IF (cnt = "1111111111111111111111") THEN state <= "000";
                    END IF;
                    IF (clk_div2 /= duo1) THEN
                           clk_div2 <= clk_div2 + "0000000000001";
                    ELSE   clk_div2 <= "0000000000000";
                           out_bit_tmp <= NOT out_bit_tmp;
                    END IF;
        WHEN OTHERS =>NULL;
        END CASE;
        END IF;
      END IF;
    END PROCESS;
END;
```

10.3 拨码开关控制电路设计

10.3.1 基础知识

拨码开关(DIP 开关)采用的是 0/1 二进制编码原理，可以长时间地维持在高电平或低电平，常常用于需要获得稳定在某一状态的信号输入部件。

10.3.2　拨码开关控制电路的设计

1．设计任务

用数码管显示拨码开关状态对应的十六进制值。8 个拨码开关，可组成两个十六进制值，采用动态扫描法实现在数码管上显示对应的十六进制值。

2．设计分析

设计由四个进程组成，进程 P1 实现对外部输入时钟信号的分频功能；进程 P2 实现两个数码管的动态扫描，循环选中数码管；进程 P3 实现将每四个一组的拨码开关对应的十六进制数送入对应的数码管；进程 P4 实现将四个一组的拨码开关转换为十六进制数。

3．设计源程序

```
LIBRARY IEEE;
USE IEEE.STD_LOGIC_1164.ALL;
USE IEEE.STD_LOGIC_ARITH.ALL;
USE IEEE.STD_LOGIC_UNSIGNED.ALL;
ENTITY dial IS
   PORT (clk,rst:IN STD_LOGIC;
         datain:IN STD_LOGIC_VECTOR(7 DOWNTO 0); --共八个拨码开关
         dataout:OUT std_logic_vector(7 DOWNTO 0);--各段数据输出
         en:OUT STD_LOGIC_VECTOR(1 DOWNTO 0));--COM 使能输出
END;
ARCHITECTURE arch OF dial IS
SIGNAL cnt_scan:STD_LOGIC_VECTOR(15 DOWNTO 0 );
                               --延时(分频)电路，实现原始时钟的延时
SIGNAL reg_data:STD_LOGIC_VECTOR(3 DOWNTO 0);
                               --用于两组各 4 个拨码开关状态的存储
SIGNAL dataout_tmp:STD_LOGIC_VECTOR(7 DOWNTO 0); --程序内暂存各段数据输出
SIGNAL en_tmp:STD_LOGIC_VECTOR(1 DOWNTO 0); --程序内暂存两个 COM 使能输出
BEGIN
 dataout<=dataout_tmp;
 en(1 downto 0)<=en_tmp(1)&en_tmp(0);
--两个数码管动态扫描使能结果输出，此处两个数码管的使能端单独判断，整体输出
--***************分频部分**************--
P1:PROCESS(clk,rst)
BEGIN
IF (rst='0') THEN cnt_scan<="0000000000000000";
ELSIF (clk'event and clk='1') THEN
            cnt_scan<=cnt_scan+1;  --延时(分频)计数部分
```

```
END IF;
END PROCESS;
--*************数码管控制部分************--
P2:PROCESS(cnt_scan(15),rst)
BEGIN
IF (rst='0') THEN en_tmp<="10"; --两个数码管使能原始状态，低电平码管有效，高电平无效
ELSIF (cnt_scan(15)'event and cnt_scan(15)='1') THEN
            en_tmp(1)<= not en_tmp(1);
            en_tmp(0)<= not en_tmp(0);
                --当 cnt 为 1000000000000000 时，两个动态数码管的使能端分别取反
END IF;
    --经过取反低位数码管无效，高位有效，这个切换用于两个数码选中显示
END PROCESS;
--************数码管数据送入部分*********--
P3:PROCESS(en_tmp,reg_data,datain)
BEGIN
IF (en_tmp="10") THEN reg_data<=datain(3 DOWNTO 0);
                    --当低位数码管有效，将拨码开关的低 4 个状态送入
ELSE reg_data<=datain(7 downto 4);
                    --当高位数码管有效，将拨码开关的高 4 个状态送入
END IF;
END PROCESS;
--***************显示部分**************--
P4:PROCESS(reg_data)
BEGIN
CASE reg_data IS  --将拨码开关转换为十六进制数
        WHEN "0000" =>dataout_tmp <= "00111111";
        WHEN "0001" =>dataout_tmp <= "00000110";
        WHEN "0010" =>dataout_tmp <= "01011011";
        WHEN "0011" =>dataout_tmp <= "01001111";
        WHEN "0100" =>dataout_tmp <= "01100110";
        WHEN "0101" =>dataout_tmp <= "01101101";
        WHEN "0110" =>dataout_tmp <= "01111101";
        WHEN "0111" =>dataout_tmp <= "00000111";
        WHEN "1000" =>dataout_tmp <= "01111111";
        WHEN "1001" =>dataout_tmp <= "01101111";
        WHEN "1010" =>dataout_tmp <= "01110111";
        WHEN "1011" =>dataout_tmp <= "01111100";
        WHEN "1100" =>dataout_tmp <= "00111001";
        WHEN "1101" =>dataout_tmp <= "01011110";
```

```
            WHEN "1110" =>dataout_tmp <= "01111001";
            WHEN "1111" =>dataout_tmp <= "01110001";
            WHEN OTHERS =>dataout_tmp <= "00000000";
END CASE;
END PROCESS;
END;
```

4．仿真结果

拨码开关控制电路设计仿真结果如图 10-5 所示。

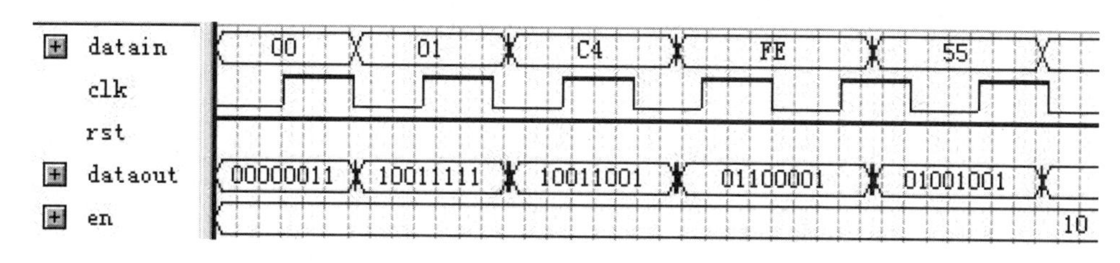

图 10-5　拨码开关控制电路仿真结果

10.4　按键消抖电路设计

按键在闭合和释放的瞬间，输入信号会产生抖动(毛刺)，如果不进行消抖处理，系统会将抖动误认为是用户的输入，导致系统产生误操作，影响系统正常工作。按键的这种抖动是不可避免的，因此需进行专门设计以消除抖动的影响，尽可能减少系统的误操作。本节将利用同步整形法和计数法分别实现按键消除抖动功能。

10.4.1　同步整形消抖电路的设计

1．设计任务

使用同步整形法进行按键电路消抖设计。

2．设计分析

对于同步整形消抖电路，只要抖动不出现在时钟的上升沿处，电路就不会把它当做一次有效的输入。由于抖动持续的时间一般较短(所以才叫毛刺)，因此只要时钟信号的周期足够大，抖动出现在上升沿处的概率较小。同时，正常输入信号应至少持续一个时钟周期，才被正确识别为一个输入脉冲，从而实现按键消抖的目的。

3．同步整形消抖电路设计源程序

```
LIBRARY IEEE;
USE IEEE.STD_LOGIC_1164.ALL;
ENTITY sync IS
```

```
  PORT( clk:IN STD_LOGIC;
        sin:IN STD_LOGIC;
        sout:OUT STD_LOGIC);
END sync;
ARCHITECTURE beh OF sync IS
SIGNAL temp1,temp2:STD_LOGIC;
BEGIN
PROCESS(clk)
BEGIN
IF (clk'EVENT AND clk='1') THEN
   temp1<=sin;
   temp2<=temp1;
END IF;
END PROCESS;
sout<=temp1 AND (NOT temp2);
END beh;
```

4. 仿真结果

程序中利用了信号赋值的“非立即性”，使 temp1 和 temp2 成为一个两级 D 触发器的输出，并将两者通过组合逻辑运算输出。其仿真结果如图 10-6 所示。

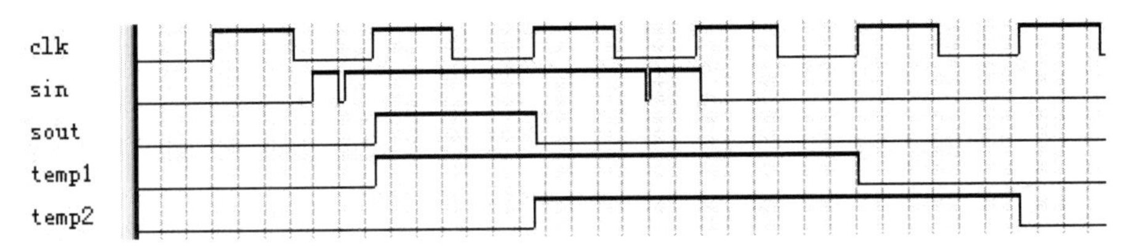

图 10-6 同步整形电路仿真波形

5. 总结

为了有效识别抖动，应尽量增大时钟信号的周期，使抖动出现在时钟上升沿的概率尽量小；同时，为了识别正常的输入，应保证输入能持续一个时钟周期，但是不能由于时钟周期太大而降低有效输入的灵敏度。在设计时，该时钟周期可取 10~1000Hz。若时钟周期为 10Hz，就要求按键持续时间至少 0.1s，且无论持续多长时间都被识别为一次输入。

10.4.2 计数法消抖电路的设计

1. 设计任务

使用计数法进行按键电路消抖设计。

2. 设计分析

计数法实现消抖的原理是对异步输入信号进行计数，当输入为高电平(或低电平)时对其计数，该高电平(或低电平)只有保持一段时间不改变(计数值达到一定值)，才确认它为有效；若持续时间较短，无法达到计数值，则判其无效并复位计数器。由于抖动持续时间较短，大多数情况下无法达到计数值，从而实现按键消抖的目的。

3. 计数法消抖电路设计源程序

```
LIBRARY IEEE;
USE IEEE.STD_LOGIC_1164.ALL;
ENTITY js_xiaodou IS
    PORT(clk,sin:IN STD_LOGIC;
         sout:OUT STD_LOGIC);
END;
ARCHITECTURE bhv OF js_xiaodou IS
CONSTANT n:INTEGER:=7;
SIGNAL cnt:INTEGER RANGE 0 TO n;
BEGIN
PROCESS(clk)
BEGIN
IF (clk'EVENT AND clk='1') THEN
    IF (sin='0') THEN sout<='0';cnt<=0;
    ELSE
        IF (cnt=n) THEN sout<='1';cnt<=0;
        ELSE cnt<=cnt+1;
        END IF;
    END IF;
END IF;
END PROCESS;
END;
```

4. 仿真结果

计数法消抖电路仿真结果如图 10-7 所示。

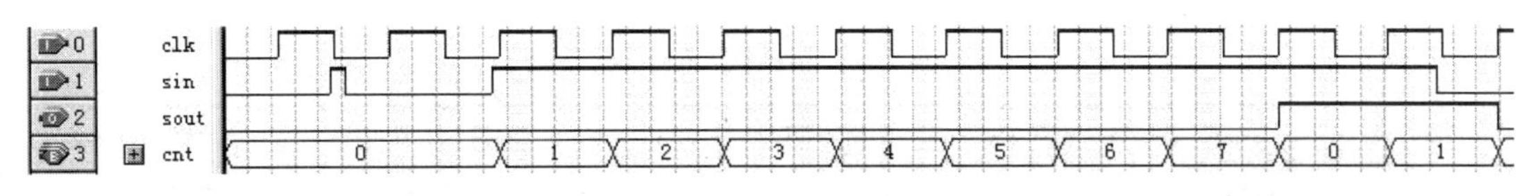

图 10-7 计数法消抖电路仿真结果

5. 总结

为了提高正常输入和抖动的辨别能力，可以增大计数器的最大值，并减小时钟信号的周期。如，取 N 为 100，则正常输入被有效识别的时间为时钟周期的 100 倍。因此程序中的时钟周期不能取太大，应该越小越好，但又不能太小以致将抖动也识别为正常输入。

10.5　数码管控制电路设计

10.5.1　基础知识

1. 数码管基础知识

八段数码管常用于显示阿拉伯数字 0～9，具有控制简单、显示方法灵活的特点。八段数码管由 a～g 七段发光二极管组成(如图 10-8 所示)，外加一个小数点(dp)，因此一个八段数码管中共有 8 个发光二极管。每个发光二极管只能在阳极电压高于阴极电压，且压差大于一个阈值时，才会点亮。

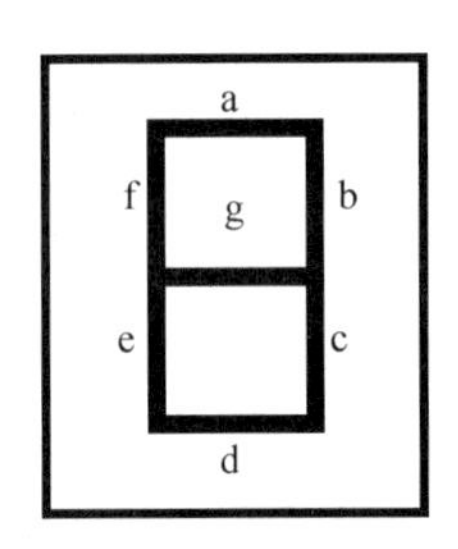

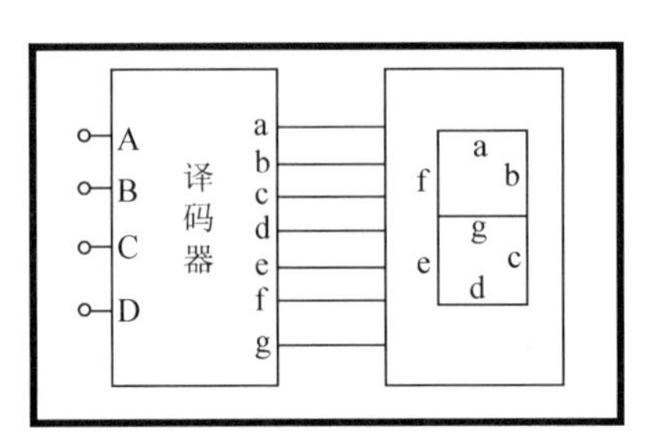

图 10-8　七段数码管与译码器的连接

八段数码管的使用中，通过控制公共端的电平(选通信号)决定该八段数码管是否显示数字，而通过控制驱动输入端来决定显示哪一个数字。以共阴极为例，当需要显示数字时，必须使该数码管公共端(阴极)的电平为低，而通过控制 8 位驱动输入端的电平来显示特定的数字。驱动端输入高电平该段数码管“亮”，否则“灭”。

八段数码管中的 8 个发光二极管有一个公共端，根据公共端的类型不同可以将八段数码管划分为共阳极(阳极形成公共端 COM，驱动输入在 LED 的阴极)和共阴极数码管(阴极形成公共端 COM，驱动输入在 LED 的阴阳)。数码管对应的共阴共阳 LED 显示码如表 10-2 所示，注意 a 端在右端。

表 10-2　共阴共阳 LED 显示码

字符	dp~a 共阳	共阳笔段码	共阴笔段码	字符	dp~a 共阳	共阳笔段码	共阴笔段码
0	11000000	C0H	3FH	8	10000000	80H	7FH
1	11111001	F9H	06H	9	10010000	90H	6FH
2	10100100	A4H	5BH	A	10001000	88H	77H
3	10110000	B0H	4FH	B	10000011	83H	7CH
4	10011001	99H	66H	C	11000110	C6H	39H
5	10010010	92H	6DH	D	10100001	A1H	5EH
6	11000010	82H	7DH	E	10000110	86H	79H
7	11111000	F8H	07H	F	10001110	8EH	71H

1)　共阳极接法

把发光二极管的阳极连在一起构成公共阳极。使用时公共阳极接+5V。阴极端输入低电平的段发光二极管导通点亮，输入高电平的则不亮。

2)　共阴极接法

把发光二极管的阴极连在一起构成公共阴极。使用时公共阴极接地。阳极端输入高电平的段发光二极管导通点亮，输入低电平的则不亮。

2．数码管动态显示基础

实际应用中，需要显示的数字不止一位，因而将多个八段数码管并联起来使用是很平常的事。由上文可知，如果单独控制每个数码管，则需要为每个数码管都提供 9 条控制线。当并联的数码管较多时，如 8 个，则总共需要 72 条控制线。这样的控制方式叫静态扫描控制，其弊端是显而易见的。为了减少控制线数目，实际应用中均采用动态扫描法对并联的数码管进行控制。

动态扫描法的连接是将每个数码管的驱动输入端都并联在一起，因此无论并联的数码管有多少个，驱动输入端口只需要 8 条线即可。同时，将每个数码管的公共端作为该数码管的选通端，单独控制。

所谓动态扫描，是指利用人眼的视觉暂留特性(当画面每秒显示 25 帧以上时，人眼就会觉得画面是连续显示的，电影的原理也是如此)，在较短的时间内依次交替选通每个数码管，并显示与被选通的数码管相对应的数字，只要每个数码管被选通的频率够快(25Hz 以上)，就可以实现多个数码管的动态扫描。

以 8 个并联的数码管为例，根据动态扫描原理，只要以一定的频率轮流交替选通 8 个数码管中的一个，并通过驱动输入端设置显示的内容，即可实现动态扫描。如，选通信号的切换频率为 200Hz，这样每个数码管被选通的频率就为 200Hz 除以 6 得 33Hz 左右，可实现数字的正常显示。

10.5.2　静态数码管显示电路的设计

1．设计任务

设计一个四位二进制计数器，计数结果在数码管上显示。

2．设计分析

静态显示方式是将所有数码管的公共端一起接地(或电源 V_{CC})，各数码管的段选线分别与一个并行口相连，其特点是显示稳定、无闪烁，但所需的硬件资源较多，如果有 8 位数码管，将占用 64 条口线，所以静态显示方式仅用于位数较少的应用场合。本设计的顶层原理图设计如图 10-9 所示。

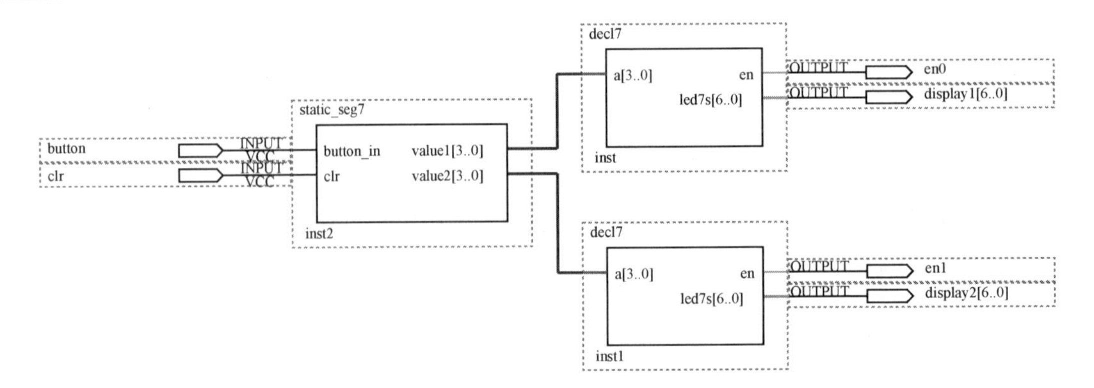

图 10-9 静态数码管显示电路原理图

3. 设计源程序

由于采用静态数码管显示，每个数码管只接收独立的数据源，所以在计数器设计时将输出端分为两组，value1 和 value2，value1 用于输出十位上的数字，value2 用于输出个位上的数字。

计数模块源程序：

```
LIBRARY IEEE;
USE IEEE.STD_LOGIC_1164.ALL;
USE IEEE.STD_LOGIC_UNSIGNED.ALL;
ENTITY static_seg7 IS
PORT(button_in,clr:IN STD_LOGIC;
    value1,value2:OUT STD_LOGIC_VECTOR(3 DOWNTO 0));
END;
ARCHITECTURE bhv OF static_seg7 IS
SIGNAL tmp1,tmp2:STD_LOGIC_VECTOR(3 DOWNTO 0);
BEGIN
PROCESS(button_in,clr)
BEGIN
IF clr='0' THEN
    tmp1<="0000";tmp2<="0000";
ELSIF (button_in'EVENT AND button_in='1') THEN
        IF (tmp1="1001") THEN
                tmp1<="0000";tmp2<=tmp2+1;
            ELSIF (tmp2="1001") THEN tmp2<="0000";
                ELSE tmp1<=tmp1+1;
        END IF;
END IF;
END PROCESS;
value1<=tmp1;
value2<=tmp2;
```

```
END;
```

计数器仿真结果如图 10-10 所示。

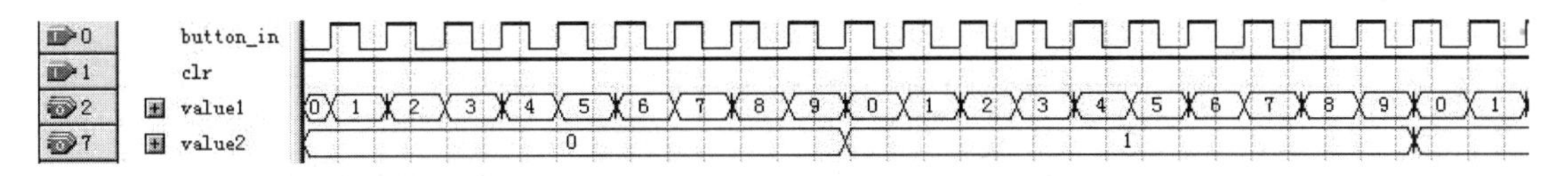

图 10-10　计数器仿真结果

显示译码模块源程序：

```
LIBRARY IEEE;
USE IEEE.STD_LOGIC_1164.ALL;
ENTITY decl7 IS
PORT (a:IN STD_LOGIC_VECTOR(3 DOWNTO 0);
     en:OUT STD_LOGIC;
     led7s:OUT STD_LOGIC_VECTOR(6 DOWNTO 0));
END decl7;
ARCHITECTURE bhv_2 OF decl7 IS
BEGIN
PROCESS(a)
BEGIN
IF a="0000" THEN led7s <= "0111111" ;  --共阴极，g~a
ELSIF a="0001"  THEN  led7s <= "0000110";
ELSIF a="0010"  THEN  led7s <= "1011011";
ELSIF a="0011"  THEN  led7s <= "1001111";
ELSIF a="0100"  THEN  led7s <= "1100110";
ELSIF a="0101"  THEN  led7s <= "1101101";
ELSIF a="0110"  THEN  led7s <= "1111101";
ELSIF a="0111"  THEN  led7s <= "0000111";
ELSIF a="1000"  THEN  led7s <= "1111111";
ELSIF a="1001"  THEN  led7s <= "1101111";
ELSE  led7s<="0000000";
END IF;
END PROCESS;
en<='0';
END;
```

译码器仿真结果如图 10-11 所示。

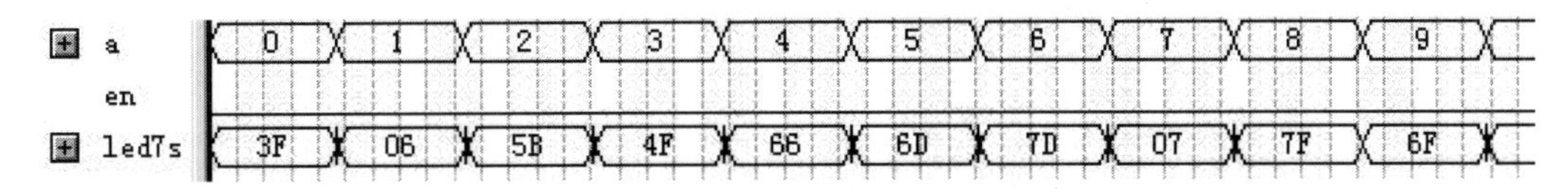

图 10-11　译码器仿真结果

4．仿真结果

计数译码器的仿真结果如图 10-12 所示。

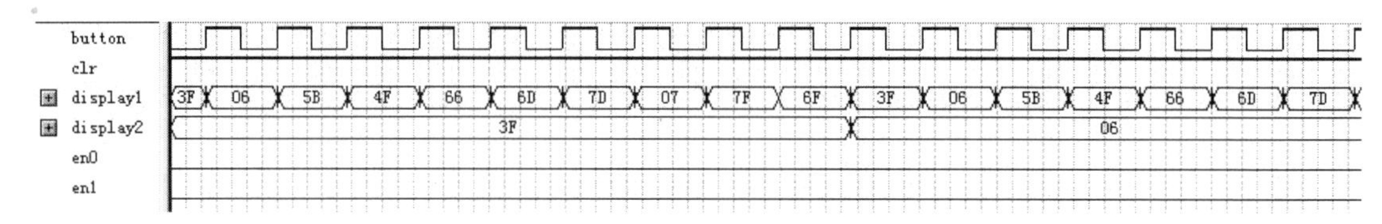

图 10-12　计数译码器仿真结果

10.5.3　动态数码管扫描显示电路的设计

1．设计任务

设计一个四位动态数码管扫描显示电路，以递增方式在 4 位数码管上从 0000 到 9999 循环计数显示。

2．设计分析

动态显示方式是应用最为广泛的一种数码管显示方式，其接口电路是把所有数码管的 8 个端 a~g、dp 的同名端并联在一起，由一个 8 位的字段输出口控制；而每一个数码管的公共端(位选线)各自独立地受位选口控制，实现各位的分时点亮。CPU 向字段口输出字形码时，所有的数码管接收到相同的字形码，但究竟是哪个数码管被点亮取决于位选口的输出。通过程序设计一位一位地轮流点亮各位数码管(扫描)，对于数码管的每一位而言，每隔一段时间点亮一次。在同一时刻只有一位数码管在工作(点亮)，利用人眼的视觉暂留特性和发光二极管熄灭时的余辉效应，看到的是多个字符“同时”显示。

模块 fen_1Hz 实现 1Hz 时钟频率的获得，用于计数器的计数信号；模块 fen_200Hz 实现 200Hz 时钟频率的获得，用于数码管显示的动态扫描控制信号；模块 dymatic_seg7 用于在数码管上显示相应数字。本设计的顶层原理图设计如图 10-13 所示。

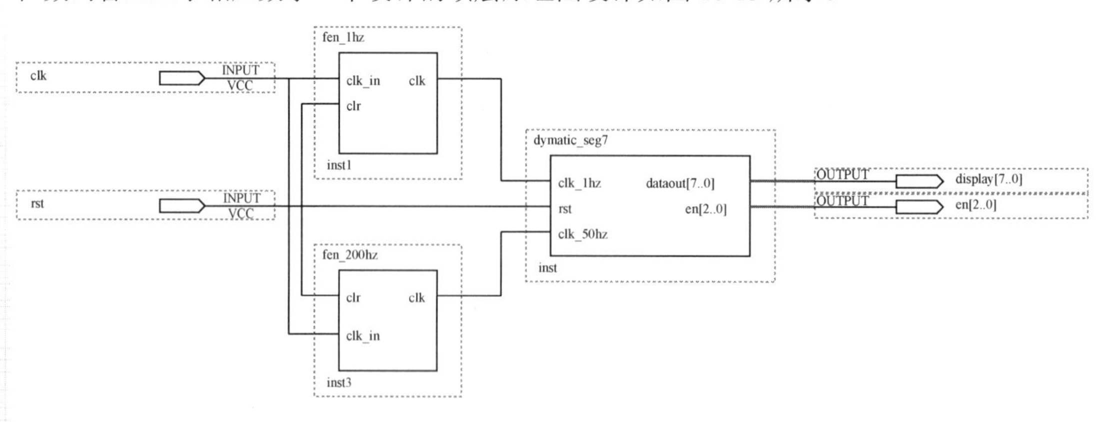

图 10-13　四位动态数码管扫描显示电路顶层原理图

3. 设计源程序

7 段数码管动态扫描显示电路控制器 dymatic_seg7 的源程序：

```
LIBRARY IEEE;
USE IEEE.STD_LOGIC_1164.ALL;
USE IEEE.STD_LOGIC_ARITH.ALL;
USE IEEE.STD_LOGIC_UNSIGNED.ALL;
ENTITY dymatic_seg7 IS
   PORT (clk_1hz,rst,clk_200hz:IN STD_LOGIC;
         dataout:OUT STD_LOGIC_VECTOR(7 DOWNTO 0);   --各段数据输出
         en:OUT STD_LOGIC_VECTOR(2 DOWNTO 0));   --COM 使能输出
END;
ARCHITECTURE bhv OF dymatic_seg7 IS
SIGNAL tmp:STD_LOGIC_VECTOR(3 DOWNTO 0); --用于临时存储当前需要显示的数字
SIGNAL dataout_tmp:STD_LOGIC_VECTOR(7 DOWNTO 0);
SIGNAL en_tmp:STD_LOGIC_VECTOR(2 DOWNTO 0);
SIGNAL cntfirst:STD_LOGIC_VECTOR(3 DOWNTO 0);  --个位计数信号
SIGNAL cntsecond:STD_LOGIC_VECTOR(3 DOWNTO 0); --十位计数信号
SIGNAL cntthird:STD_LOGIC_VECTOR(3 DOWNTO 0);
SIGNAL cntlast:STD_LOGIC_VECTOR(3 DOWNTO 0);
SIGNAL first_over:STD_LOGIC;  --个位计数满后(0 计到 9)向十位的进位信号
SIGNAL second_over:STD_LOGIC; --十位计数满后(0 计到 9)向百位的进位信号
SIGNAL third_over:STD_LOGIC;  --百位计数满后(0 计到 9)向千位的进位信号
SIGNAL last_over:STD_LOGIC;
SIGNAL en_cnt:STD_LOGIC_VECTOR(1 DOWNTO 0);
BEGIN
--***************计数部分***************--
PROCESS(clk_1hz,rst,last_over)                ---个位计数
BEGIN
IF(rst='0') THEN
   cntfirst<="0000";first_over<='0';
 ELSIF(clk_1hz'EVENT AND clk_1hz='1') THEN
   IF(cntfirst="1001" OR last_over='1') THEN
      cntfirst<="0000";first_over<='1';
   ELSE
      first_over<='0';cntfirst<=cntfirst+1;
   END IF;
END IF;
END PROCESS;
PROCESS(first_over,rst)                --十位计数
BEGIN
IF (rst='0') THEN
```

```
    cntsecond<="0000";second_over<='0';
  ELSIF(first_over'EVENT AND first_over='1') THEN
    IF(cntsecond="1001") THEN
       cntsecond<="0000";second_over<='1';
    ELSE
       second_over<='0';cntsecond<=cntsecond+1;
    END IF;
 END IF;
 END PROCESS;
 PROCESS (second_over,rst)              --百位计数
 BEGIN
 IF(rst='0') THEN
    cntthird<="0000";third_over<='0';
 ELSIF(second_over'EVENT AND second_over='1') THEN
    IF (cntthird="1001") THEN
        cntthird<="0000";third_over<='1';
    ELSE
       third_over<='0';cntthird<= cntthird+1;
    END IF;
 END IF;
 END PROCESS;
 PROCESS(third_over,rst)               --千位计数
 BEGIN
 IF (rst='0') THEN
    cntlast<="0000";last_over<='0';
 ELSIF (third_over'EVENT AND third_over='1') THEN
    IF (cntlast="1001") THEN
        cntlast<="0000";last_over<='1';
    ELSE
       last_over<='0';cntlast<= cntlast+1;
    END IF;
 END IF;
 END PROCESS;
 --***************动态使能产生部分***************--
 PROCESS(rst,clk_200Hz)
 BEGIN
 IF (rst='0') THEN
     en_tmp<="000";
 ELSIF(clk_200hz'EVENT AND clk_200hz='1') THEN
      IF (en_cnt="11") THEN en_cnt<="00";
      ELSE en_cnt<=en_cnt+1;
```

```
    END IF;
    CASE en_cnt IS
     WHEN "00"=> en_tmp<="000";
     WHEN "01"=> en_tmp<="001";
     WHEN "10"=> en_tmp<="010";
     WHEN "11"=> en_tmp<="011";
    END CASE;
 END IF;
END PROCESS;
--***************显示部分**************--
PROCESS(en_tmp,cntfirst,cntsecond,cntthird,cntlast)
BEGIN
CASE en_tmp IS
   WHEN "000"=>tmp<=cntfirst;
   WHEN "001"=>tmp<=cntsecond;
   WHEN "010"=>tmp<=cntthird;
   WHEN "011"=>tmp<=cntlast;
   WHEN OTHERS=>tmp<="1010";
END CASE;
END PROCESS;
PROCESS(tmp)
BEGIN
  CASE tmp IS
        WHEN "0000" =>dataout_tmp<= "00111111";    --共阴极，dp~a
        WHEN "0001" =>dataout_tmp<= "00000110";
        WHEN "0010" =>dataout_tmp<= "01011011";
        WHEN "0011" =>dataout_tmp<= "01001111";
        WHEN "0100" =>dataout_tmp<= "01100110";
        WHEN "0101" =>dataout_tmp<= "01101101";
        WHEN "0110" =>dataout_tmp<= "01111101";
        WHEN "0111" =>dataout_tmp<= "00000111";
        WHEN "1000" =>dataout_tmp<= "01111111";
        WHEN "1001" =>dataout_tmp<= "01101111";
        WHEN OTHERS =>dataout_tmp<= "00000000";
     END CASE;
  END PROCESS;
dataout<=dataout_tmp;
en<=en_tmp;
END;
```

4．仿真结果

本程序中的 en 为 3 位，连接 3 线-8 线译码器后，可进行 8 个数码管的选通任务，本设计只需要 4 个数码管，通过仿真波形可以看出 en 信号从 000 到 011 循环变换，依次选通 4 个数码管。四位动态数码管扫描显示电路仿真结果如图 10-14 所示。

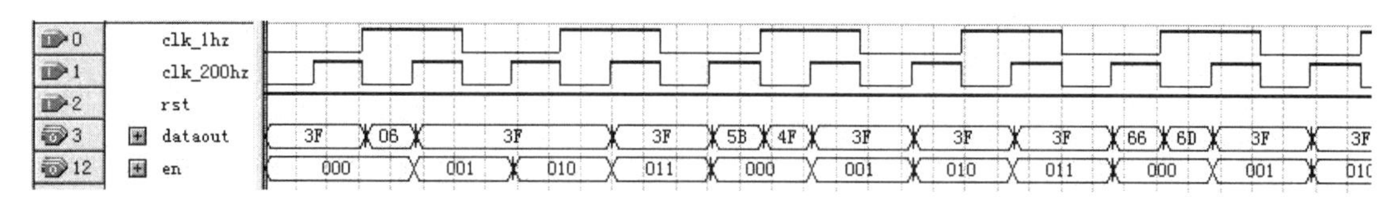

图 10-14　四位动态数码管扫描显示电路仿真结果

10.6　矩阵键盘控制电路设计

10.6.1　基础知识

1．矩阵键盘基础知识

在许多数字系统中，经常采用按键作为系统的输入方式之一，为系统提供数据输入或者命令输入。当按键数目较多时，把每一个按键连接到键盘矩阵中行和列的交叉点，如图 10-15 所示，一个 4×4 行列结构可构成有 16 个按键的矩阵。

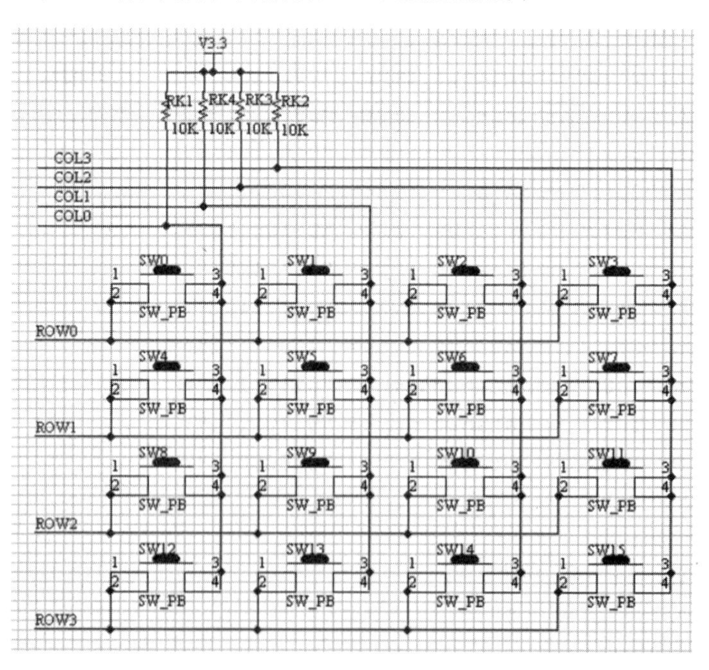

图 10-15　矩阵键盘结构图

开发板上设计了行列式矩阵编码键盘，规模为 4×4，可作为外部输入。采用矩阵编码键盘可以减少对 I/O 口的占用。开发板上的矩阵编码键盘有 4 条行线，4 条列线。行线和列线的交叉处不直接连接，而是通过一个按键加以连接。这样就构成 4×4=16 个按键输入，比直接将信号线用于键盘多出了一倍，而且线数越多，区别越明显，例如再多加一条线就可以构成 20 键的键盘，而直接用端口线则只能多出一键(9 键)。由此可见，在需要的键数比较多时，采用矩阵法来做键盘是合理的。

矩阵式结构的键盘显然比直接法要复杂一些，识别也要复杂一些，如图 10-15 列线通过电阻接正电源，并将行线所接的 FPGA、CPLD 的 I/O 口作为输出端，而列线所接的 I/O 口则作为输入。这样，当按键没有按下时，所有的输出端都是高电平，代表无键按下。行线输出是低电平，一旦有键按下，则输入线就会被拉低，这样，通过读入输入线的状态就可得知是否有键按下了。

2．行扫描法基础知识

行扫描法又称为逐行(或列)扫描查询法，是一种最常用的按键识别方法。

1)　列扫描

(1)　判断键盘中有无键按下：将全部行线 Y0-Y3 置低电平，然后检测列线的状态。只要有一列的电平为低，则表示键盘中有键被按下，而且闭合的键位于低电平线与 4 根行线相交叉的 4 个按键之中。若所有列线均为高电平，则键盘中无键按下。

(2)　判断闭合键所在的位置：在确认有键按下后，即可进入确定具体闭合键的过程。其方法是：依次将行线置为低电平，即在置某根行线为低电平时，其他线为高电平。在确定某根行线位置为低电平后，再逐行检测各列线的电平状态。若某列为低，则该列线与置为低电平的行线交叉处的按键就是闭合的按键。

2)　实验例程中采用(行扫描)

(1)　等待按键并识别按键位置：按一定的频率用低电平循环扫描行线 Y0-Y3，同时检测列线的状态，一旦判断有一列为低，则表示有键被按下，停止扫描并保持当前行线的状态，再读取列线的状态，从而得到当前按键的键码。

(2)　等待按键弹起：检测到各列线都变成高电平后，重新开始扫描过程，等待下一次按键。

10.6.2　矩阵键盘扫描电路的设计

1．设计任务

设计一个 4×4 矩阵键盘扫描电路，按键结果在数码管上显示。

2．设计分析

4×4 矩阵键盘扫描显示程序由三个进程组成，进程 P1 实现行扫描信号的产生，使用一个二位二进制计数器实现四行矩阵键盘的行循环扫描；进程 P2 实现根据输入的列信号状态结合行扫描信号确定哪个按键被按下；进程 P3 实现数码管的显示内容。

3. 设计源程序

```
LIBRARY IEEE;
USE IEEE.STD_LOGIC_1164.ALL;
USE IEEE.STD_LOGIC_ARITH.ALL;
USE IEEE.STD_LOGIC_UNSIGNED.ALL;
ENTITY keyscan IS
   PORT (
      clk,rst: IN STD_LOGIC;
      column: IN STD_LOGIC_VECTOR(3 DOWNTO 0);  --列线
      row: OUT STD_LOGIC_VECTOR(3 DOWNTO 0); --行线
      dataout: OUT STD_LOGIC_VECTOR(7 DOWNTO 0); --数码管显示数据
      en: OUT STD_LOGIC); --数码管显示使能
END;
ARCHITECTURE bhv OF keyscan IS
SIGNAL cnt:STD_LOGIC_VECTOR(1 DOWNTO 0);  --行扫描信号计数值
SIGNAL scan_key:STD_LOGIC_VECTOR(3 DOWNTO 0);  --扫描码寄存器，就是行值 row
SIGNAL key_code:STD_LOGIC_VECTOR(3 DOWNTO 0);  --保存行扫描码
SIGNAL dataout_tmp:STD_LOGIC_VECTOR(7 DOWNTO 0);   -- dataout 的寄存器
BEGIN
 row <= scan_key;
 dataout <= dataout_tmp;
 en <= '0';
--***************行扫描信号产生部分***************--
 P1:PROCESS(clk,rst)  --行扫描信号计数器
 BEGIN
 IF (rst = '0') THEN
    cnt <= "00";
ELSIF(rising_edge(clk))THEN
    cnt <=cnt+ 1;
END IF;
 END PROCESS;
 PROCESS(cnt)   --产生行扫描信号
 BEGIN
    CASE cnt IS
    WHEN "00"=> scan_key<="1110";  --判断第一行是否有键按下
    WHEN "01"=> scan_key<="1101";  --判断第二行是否有键按下
    WHEN "10"=> scan_key<="1011";  --判断第三行是否有键按下
    WHEN "11"=> scan_key<="0111";  --判断第四行是否有键按下
    END CASE;
```

```
 END PROCESS;
--****************键值决定部分***************--
P2:PROCESS(clk,rst)
BEGIN
IF (rst = '0') THEN key_code <= "0000";
ELSIF (clk'EVENT AND clk='1') THEN
  CASE scan_key IS  --检测何处有键按下
     WHEN "1110" =>  --当行扫描第一行时
        CASE column IS
          WHEN "1110" =>--如果第一列为低电平，那么第一行和第一列相交键被按下
                         key_code  <= "0000";    --“0”键被按下
          WHEN "1101" =>--如果第二列为低电平，那么第一行和第二列相交键被按下
                         key_code  <= "0001";    --“1”键被按下
          WHEN "1011" =>--如果第三列为低电平，那么第一行和第三列相交键被按下
                         key_code  <= "0010";    --“2”键被按下
          WHEN "0111" =>--如果第四列为低电平，那么第一行和第四列相交键被按下
                         key_code  <= "0011";    --“3”键被按下
          WHEN OTHERS => NULL;
        END CASE;
     WHEN "1101" =>  --当行扫描第二行时
        CASE column IS
          WHEN "1110" =>--如果第一列为低电平，那么第二行和第一列相交键被按下
                           key_code  <= "0100";    --“4”键
          WHEN "1101" => key_code  <= "0101";    --“5”键
          WHEN "1011" => key_code  <= "0110";    --“6”键
          WHEN "0111" => key_code  <= "0111";    --“7”键
          WHEN OTHERS => NULL;
        END CASE;
      WHEN "1011" =>
         CASE column IS
           WHEN "1110" => key_code  <= "1000";    --“8”键
           WHEN "1101" => key_code  <= "1001";    --“9”键
           WHEN "1011" => key_code  <= "1010";    --“A”键
           WHEN "0111" => key_code  <= "1011";    --“B”键
           WHEN OTHERS => NULL;
          END CASE;
       WHEN "0111" =>
          CASE column IS
           WHEN "1110" => key_code  <= "1100";    --“C”键
           WHEN "1101" => key_code  <= "1101";    --“D”键
           WHEN "1011" => key_code  <= "1110";    --“E”键
```

```
            WHEN "0111" => key_code  <= "1111";    --“F”键
            WHEN OTHERS => NULL;
          END CASE;
       WHEN OTHERS  =>key_code  <= "1111";
  END CASE;
END IF;
END PROCESS;
--***************显示部分**************--
P3:PROCESS(key_code)
BEGIN
  CASE key_code IS
    WHEN "0000" =>dataout_tmp <= "00111111";    --共阴极, dp~a
    WHEN "0001" =>dataout_tmp <= "00000110";
    WHEN "0010" =>dataout_tmp <= "01011011";
    WHEN "0011" =>dataout_tmp <= "01001111";
    WHEN "0100" =>dataout_tmp <= "01100110";
    WHEN "0101" =>dataout_tmp <= "01101101";
    WHEN "0110" =>dataout_tmp <= "01111101";
    WHEN "0111" =>dataout_tmp <= "00000111";
    WHEN "1000" =>dataout_tmp <= "01111111";
    WHEN "1001" =>dataout_tmp <= "01101111";
    WHEN "1010" =>dataout_tmp <= "01110111";
    WHEN "1011" =>dataout_tmp <= "01111100";
    WHEN "1100" =>dataout_tmp <= "00111001";
    WHEN "1101" =>dataout_tmp <= "01011110";
    WHEN "1110" =>dataout_tmp <= "01111001";
    WHEN "1111" =>dataout_tmp <= "01110001";
    WHEN OTHERS =>dataout_tmp <= "00000000";
  END CASE;
END PROCESS;
END;
```

4. 仿真结果

矩阵键盘动态扫描显示电路仿真结果如图 10-16 所示。

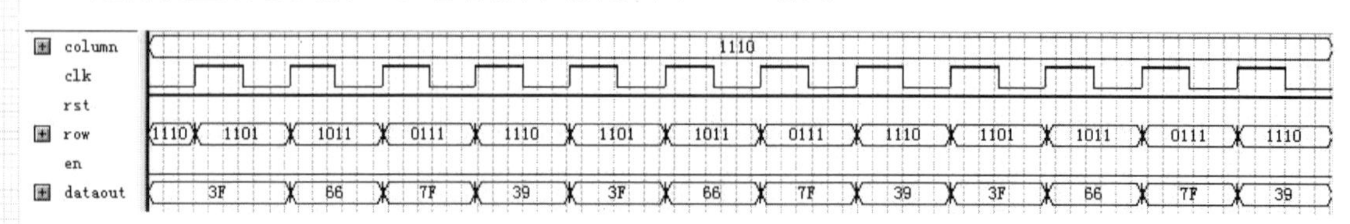

图 10-16 矩阵键盘动态扫描显示电路仿真波形

10.7　8×8 点阵显示控制电路设计

8×8 点阵显示屏将多个 LED 按矩阵的方式组合在一起，通过控制每一个 LED 的亮灭，可完成一些复杂字符和图形的显示，由于可以显示汉字，广泛地应用于字幕显示、活动广告等场合。

10.7.1　基础知识

1．8×8 LED 点阵的原理结构

8×8 LED 点阵的原理结构如图 10-17 所示。8×8 LED 点阵是由 64 个发光二极管均匀排列组成。当某一行置“1”(高电平)，且某一列置“0”(低电平)，则相应行线(A~H)和列线(1～8)交叉点上的发光二极管被点亮。对于 8×8 LED 点阵，若其第 A 行连接的是发光二极管的阳极，则称为共阳型 8×8 LED 点阵；若其第 A 行连接的是发光二极管的阴极，则称为共阴型 8×8 LED 点阵。

按照行、列有规则排列构成的一个小面积的显示屏，可作为简单显示屏。但这种 8×8 显示屏由于面积小、显示复杂汉字字形难看，不便观看。此时，可将多块 8×8 矩阵组合成不同形状的矩阵屏，如 16×16、16×256 和 256×256 等。

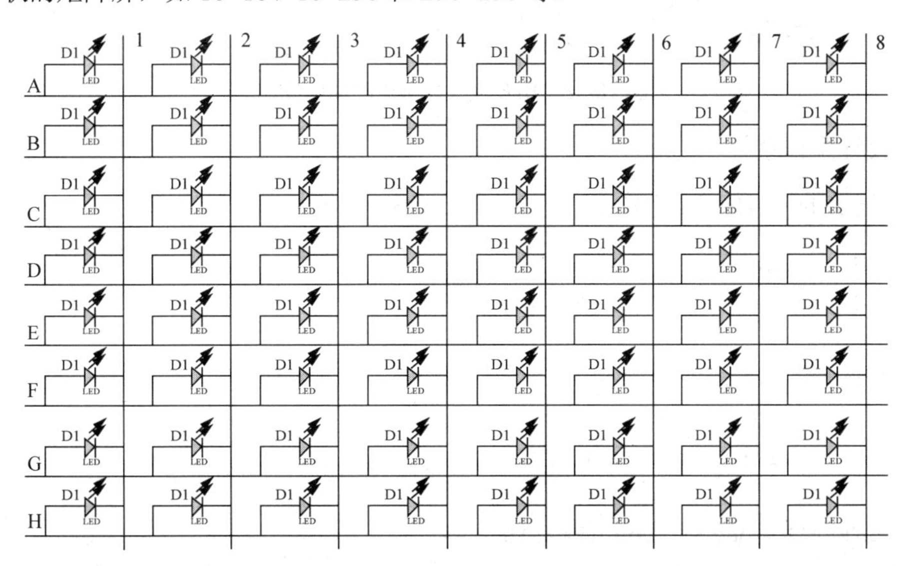

图 10-17　8×8 LED 点阵结构图

2．8×8 LED 点阵的显示原理

8×8 LED 点阵是通过点亮对应字符或汉字的线条或比划的发光二极管来显示相关信息的，所以在设计之初，设计者需根据设计内容预先设计好对应点阵显示管的显示内容。以下将以共阳型 8×8 LED 点阵的行(高电平)扫描显示为例具体说明其扫描显示原理。

所谓行扫描，又称为高电平扫描，即用行数据输入线(A～H)控制哪一行正在显示，列数据线(1～8)用于控制此行哪几个点发光。

10.7.2 行扫描 8×8 点阵数码管显示电路的设计

1. 设计任务

使用 8×8 点阵数码管作为基本矩阵，设计扫描控制电路，在点阵数码管上显示汉字“正”，正字的点阵分布为，第 1 列数据为“10000001”，第 2 列数据为“10001111”，第 3 列数据为“10000001”，第 4 列数据为“11111111”，第 5 列数据为“10010001”，第 6 列数据为“10010001”，第 7 列数据为“10010001”，第 8 列数据为“10000001”。

2. 设计分析

本设计由两部分组成，模块 1(fen_1kHz)将 40MHz 的原始时钟信号分频为 1kHz，用于点阵数码管的扫描时钟信号；模块 2(disp_8_8)用于点阵数码管的控制，本实例采用列扫描方式，即列信号用于点阵列的选中，行信号用于数据的输出。电路顶层设计如图 10-18 所示。

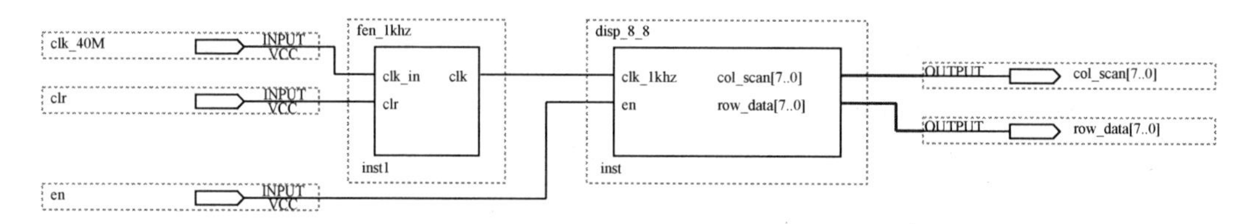

图 10-18 8×8 点阵显示电路顶层设计

3. 设计源程序

1) 模块 fen_1kHz 源程序

```
LIBRARY IEEE;
USE IEEE.STD_LOGIC_UNSIGNED.ALL;
USE IEEE.STD_LOGIC_1164.ALL;
ENTITY fen_1khz IS
PORT(clk_in,clr:IN STD_LOGIC;
            clk:OUT STD_LOGIC);
END;
ARCHITECTURE bhv OF fen_1khz IS
SIGNAL cp:STD_LOGIC;
SIGNAL temp:STD_LOGIC_VECTOR(14 DOWNTO 0);
BEGIN
  PROCESS(clk_in,clr)
  BEGIN
  IF clr='1' THEN
     cp<='0';
```

```
    temp<="000000000000000";
  ELSIF clk_in'event AND clk_in='1'  THEN
        IF  temp="100111000011111"  THEN
            temp<="000000000000000";
            cp<=NOT cp;
        ELSE
            temp<= temp+'1';
        END IF;
END IF;
END PROCESS;
 clk<=cp;
END  bhv;
```

2) 模块 disp_8_8 源程序

```
LIBRARY IEEE;
USE IEEE.STD_LOGIC_1164.ALL;
USE IEEE.STD_LOGIC_UNSIGNED.ALL;
USE IEEE.STD_LOGIC_ARITH.ALL;
ENTITY disp_8_8 IS
    PORT(clk_1khz,en:IN STD_LOGIC;
         col_scan:OUT STD_LOGIC_VECTOR(7 DOWNTO 0); --列扫描信号(7 列-1 列)
         row_data:OUT STD_LOGIC_VECTOR(7 DOWNTO 0)); --行数据输入(A 行-H 行)
END;
ARCHITECTURE bhv OF disp_8_8 IS
SIGNAL st1:STD_LOGIC_VECTOR(7 DOWNTO 0); --存储当前选中的列
SIGNAL data:STD_LOGIC_VECTOR(7 DOWNTO 0);--存储当前需要送入的列数据
SIGNAL d0,d1,d2,d3,d4,d5,d6,d7:STD_LOGIC_VECTOR(7 DOWNTO 0);
             --用于静态存储“正”字字码
BEGIN
row_data<=data;
col_scan<=st1;
d0<="10000001";
d1<="10001111";
d2<="10000001";
d3<="11111111";
d4<="10010001";
d5<="10010001";
d6<="10010001";
d7<="10000001";
PROCESS(clk_1khz)    --在使能信号有效情况下，循环扫描 8 列
BEGIN
```

```
IF (clk_1khz'EVENT AND clk_1khz='1' AND en='0') THEN
    IF (st1="00000000" OR st1="01111111") THEN st1<="11111110";data<=d0;
    ELSIF (st1="11111110") THEN st1<="11111101";data<=d1;
    ELSIF (st1="11111101") THEN st1<="11111011";data<=d2;
    ELSIF (st1="11111011") THEN st1<="11110111";data<=d3;
    ELSIF (st1="11110111") THEN st1<="11101111";data<=d4;
    ELSIF (st1="11101111") THEN st1<="11011111";data<=d5;
    ELSIF (st1="11011111") THEN st1<="10111111";data<=d6;
    ELSIF (st1="10111111") THEN st1<="01111111";data<=d7;
    END IF;
END IF;
END PROCESS;
END bhv;
```

4．仿真结果

8×8 点阵数码管动态扫描显示电路仿真结果如图 10-19 所示。

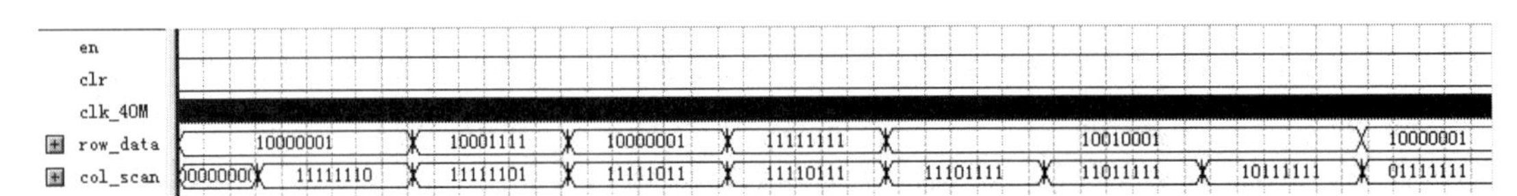

图 10-19 仿真结果

10.7.3 列扫描 16×16 点阵数码管显示电路的设计

1．设计任务

试设计一个 16×16 的点阵屏幕分屏显示“欢迎光临”四个汉字。

2．设计分析

本设计由四个进程组成，进程 P1 实现将 24MHz 系统时钟进行分频得到一个 1kHz 的列选扫描使能信号；进程 P2 实现将系统时钟进行分频得到一个 1s 的使能信号，作为每屏显示时间的计数使能控制信号；进程 P3 实现产生四个汉字分屏显示的定时控制信号，sec 信号的范围决定每屏显示的时间长短；进程 P4 实现在时钟信号的驱动下产生列选扫描信号、行选字符编码数据信号和地址控制信号。

由于设计中四个汉字“欢迎光临”的点阵汉字编码数据量较大，可采用将数据保存在 ROM 中，通过地址线读出预先存储的待显示的字符编码数据，加到行信号输入口上，形成显示效果，从而简化项目 VHDL 程序设计。

3．16×16 点阵控制电路设计源程序

```
LIBRARY IEEE;
```

```
USE IEEE.STD_LOGIC_1164.ALL;
USE IEEE.STD_LOGIC_UNSIGNED.ALL;
ENTITY dot_control IS
    GENERIC (n:INTEGER:=24000;m:INTEGER:=24000000);
    PORT(data:IN STD_LOGIC_VECTOR(15 DOWNTO 0);--汉字编码数据，由 ROM 提供
        clk_sys:IN STD_LOGIC;--系统时钟
        rst:IN STD_LOGIC;--系统复位
        cnt:OUT STD_LOGIC_VECTOR(5 DOWNTO 0); --ROM 的地址控制线
        row:OUT STD_LOGIC_VECTOR(15 DOWNTO 0); --列扫描控制信号
        col:OUT STD_LOGIC_VECTOR(15 DOWNTO 0)); --行选择数据信号
END;
ARCHITECTURE bhv OF dot_control IS
SIGNAL cnt_r:STD_LOGIC_VECTOR(3 DOWNTO 0); --列扫描状态计数器
SIGNAL cnt_1k:INTEGER RANGE 0 TO n-1; --1kHz 分频计数，用于列选扫描信号
SIGNAL cnt_1s:INTEGER RANGE 0 TO m-1; --1Hz 分频计数，用于控制每个字显示时间
SIGNAL en_1k:STD_LOGIC; --1kHz 使能标志
SIGNAL en_1s:STD_LOGIC; --1Hz 使能标志
SIGNAL col_r:STD_LOGIC_VECTOR(15 DOWNTO 0); --行选寄存信号
SIGNAL row_r:STD_LOGIC_VECTOR(15 DOWNTO 0); --列选寄存信号
SIGNAL sec:STD_LOGIC_VECTOR(1 DOWNTO 0); --分频显示四个汉字的计数信号
BEGIN
--****************产生 1kHz 使能信号***************--
P1:PROCESS(clk_sys,rst)
BEGIN
    IF (rst='0') THEN
        cnt_1k<=0;
    ELSIF (clk_sys'EVENT AND clk_sys='1') THEN
        IF (cnt_1k<n-1) THEN
            cnt_1k<=cnt_1k+1;
            en_1k<='0';
        ELSE
            cnt_1k<=0;
            en_1k<='1';
        END IF;
    END IF;
END PROCESS;
--****************产生 1Hz 使能信号***************--
P2:PROCESS(clk_sys,rst)
BEGIN
    IF (rst='0') THEN
        cnt_1s<=0;
```

```
    ELSIF (clk_sys'EVENT AND clk_sys='1') THEN
        IF (cnt_1s<m-1) THEN
            cnt_1s<=cnt_1s+1;
            en_1s<='0';
        ELSE
            cnt_1s<=0;
            en_1s<='1';
        END IF;
    END IF;
END PROCESS;
--****************产生分屏显示控制信号**************--
P3:PROCESS(clk_sys,rst)
BEGIN
    IF (rst='0') THEN
        sec<="00";
    ELSIF (clk_sys'EVENT AND clk_sys='1') THEN
        IF (en_1s='1') THEN
        sec<=sec+1;
        END IF;
    END IF;
END PROCESS;
--****************控制部分**************--
P4:PROCESS(clk_sys,rst)
BEGIN
    IF (rst='0') THEN
        cnt_r<=(OTHERS=>'0');
        row_r<=X"ffff";
    ELSIF (clk_sys'EVENT AND clk_sys='1') THEN
        IF (en_1k='1') THEN
            cnt_r<=cnt_r+1;
            col_r<=data;
            IF (cnt_r="0000") THEN row_r<=X"ffff";
            ELSE row_r<=row_r(0)&row_r(15 DOWNTO 1);
            END IF;
        END IF;
    END IF;
END PROCESS;
col<=col_r;
row<=row_r;
cnt<=sec&cnt_r;
END ;
```

程序说明：根据点阵扫描显示电路原理，LED 是在列选信号的控制下逐列点亮的，因此需要一个列选扫描信号(row)，从 0111111111111111→1011111111111111→…→1111111111111111→0111111111111111，循环变化。同时，通过一个六位计数器作为 ROM 的地址控制信号(cnt)，从 ROM 中顺序读出预先存储的待显示的字符编码数据，加到行信号输入口上(col)。这样在时钟信号的驱动下，对列选信号进行扫描的同时，控制地址计数信号发生变化，使行选信号被加上对应的字符编码数据，从而达到扫描显示的目的。

4．ROM 中汉字“欢迎光临”的点阵编码

按照本书 8.3.4 节内容定制只读存储器(ROM)即可。定制 ROM 初始化文件时，在第 8 章中使用的是 mif(memory initialization file)文件，本设计中使用 Hex 格式文件作为 ROM 的初始化文件。操作过程如下：选择 Quartus 软件菜单中的 File→New 命令，在打开的 New 对话框中选择 Memory File 选项卡，再选择 Hexadecimal[Intel-Format]File 选项，存盘为 Hex 文件，如图 10-20 所示。单击 OK 按钮，弹出设置 ROM 数据文件大小的对话框，设置 Number of Words 为 64，Word Size 为 16。单击 OK 按钮，出现空的 Hex 数据表格，右击窗口边缘地址栏，在弹出的快捷菜单中选择数据格式为十六进制数。接下来输入汉字编码数据即可，如图 10-21 所示。

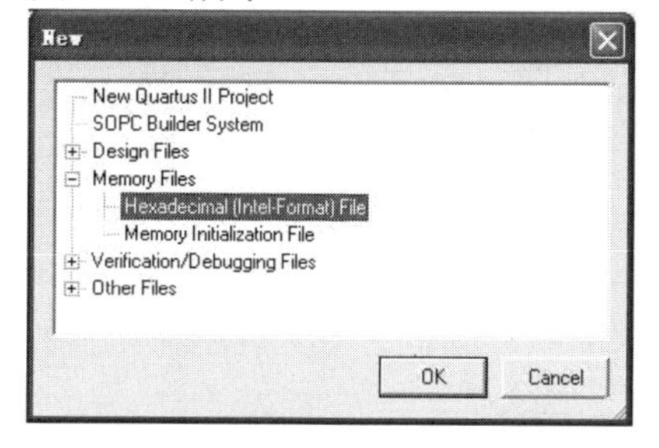

图 10-20　新建 ROM 初始化 Hex 文件

rom_init.hex

Addr	+0	+1	+2	+3	+4	+5	+6	+7
0	2824	2221	2638	0418	F017	1010	1418	1000
8	0408	32C2	C234	0408	30C0	6016	0C06	0400
16	0282	7320	0037	2040	403F	2020	203F	0000
24	0204	F804	02E2	4282	02FA	0242	22C2	0200
32	0002	4222	3A13	02FE	0203	0A72	2206	0200
40	0001	0204	18E0	0000	00FC	0202	0202	1E00
48	001F	0000	7F02	0CF1	5010	1816	1011	1000
56	00F8	0000	FE00	00FE	8484	FC84	84FE	8000

欢
迎
光
临

图 10-21　ROM 初始化数据

对于字符的编码可使用专门的字模提取软件。若采用列扫描方式显示字符时，提取编码要采用从左到右、从上到下、高位在上的纵向提取模式。若采用行扫描方式显示字符时，提取编码要采用从上到下、从左到右、高位在左的横向提取模式。

5．设计顶层原理图

16×16 点阵显示电路顶层设计如图 10-22 所示。

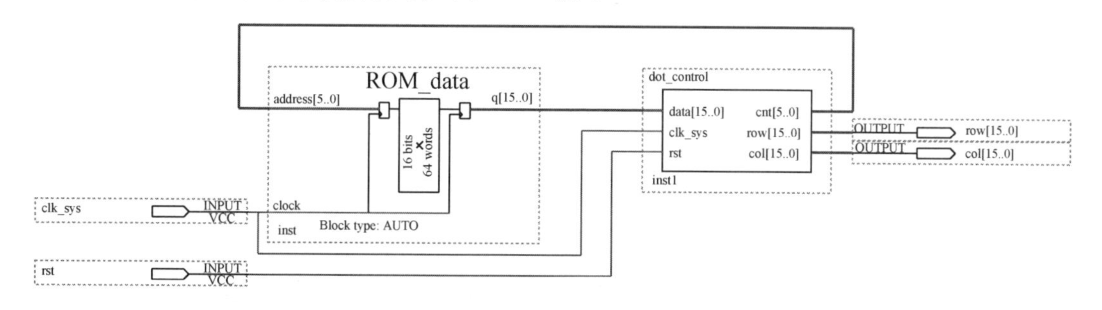

图 10-22　点阵显示电路顶层设计

6．仿真结果

仿真结果如图 10-23 所示。

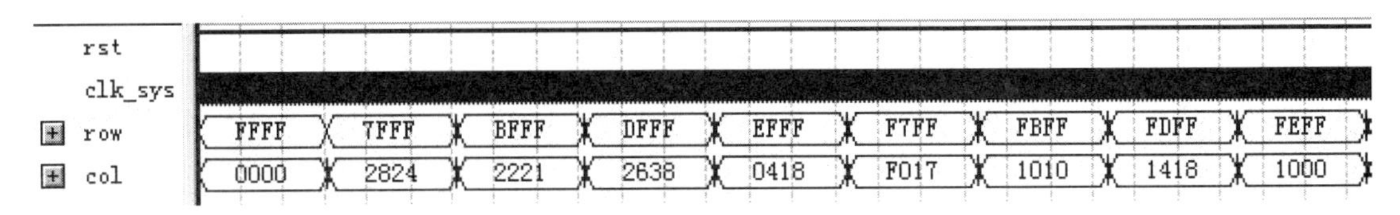

图 10-23　点阵显示电路仿真波形

本 章 小 结

本章介绍了使用 VHDL 进行常用外围接口电路设计的方法，包括 LED 流水灯控制、蜂鸣器控制电路、拨码开关控制电路、矩阵键盘扫描电路、数码管动态扫描电路和点阵数码管动态扫描电路。这些模块有些较为简单，有些却具有一定的复杂度，但都是 VHDL 设计中常用的典型接口电路，希望读者能够细细研读，琢磨各种接口电路的不同设计思路和适用场合。

习　　题

1．设计一个 8 位数码管显示控制电路，数码管上静态显示 0～7。

2．设计一个 8×8 点阵数码管逐点扫描显示控制电路，要求：

(1) 光点从左上角向右开始逐点逐行扫描，终止于右下角，然后重复上述过程。

(2) 扫描一屏的时间为 32s。

3．设计一个二人抢答器，要求：

(1) 先抢答有效，对应的 LED 点亮；后抢答无效。

(2) 二位数码管记分，答对可加 10、20、30 分；答错扣分，如当前为 0 分，不扣分。

(3) 设置复位键，按下复位键，重新抢答。

4．设计一个简易秒表控制电路，要求：

(1) 开机显示 00.00.00，并用 8 个数码管显示计时信息。

(2) 用户可进行清零、计时和暂停操作。

(3) 最大计时 10 分钟，最小精确到 0.1s。

5．设计一个数字显示密码锁，要求：

(1) 密码采用 6 个十进制数字，并用矩阵键盘输入。

(2) 当密码完全输入正确，按动开启按钮，绿灯亮。

(3) 当密码输入错误，红灯亮，报警 15s。

参 考 文 献

[1] 徐飞．EDA 技术与实践[M]．北京：清华大学出版社，2011．

[2] 杨旭，刘盾．EDA 技术基础与实验教程[M]．北京：清华大学出版社，2010．

[3] 唐俊英．EDA 技术应用实例教程[M]．北京：电子工业出版社，2008．

[4] 赵全利，秦春斌．EDA 技术及应用教程[M]．北京：机械工业出版社，2009．

[5] 吴翠娟，陈曙光．EDA 技术[M]．北京：清华大学出版社，2009．

[6] 潘松，黄继业．EDA 技术与 VHDL[M]．北京：清华大学出版社，2007．

[7] 黄科，艾琼龙，李磊．EDA 数字系统设计案例实践[M]．北京：清华大学出版社，2010．

[8] 云创工作室，詹仙宁，田耘．VHDL 开发精解与实例剖析[M]．北京：电子工业出版社，2009．

[9] 江国强．EDA 技术与应用[M]．北京：电子工业出版社，2007．

[10] 焦素敏．EDA 应用技术[M]．北京：清华大学出版社，2011．

[11] 张洪润，张亚凡．FPGA/CPLD 应用设计 200 例[M]．北京：北京航空航天大学出版社，2009．